Zu diesem Buch

Wieweit prägt unser Erkennen der Welt unser Weltbild und wieweit unser Weltbild unser Erkennen der Welt? Gibt es überhaupt eine objektiv beschreibbare Natur außerhalb unserer selbst? Oder erschaffen *wir* die Natur, indem wir uns Modelle – Bilder – von ihr machen, und bewegen uns somit immer nur in unseren Konstrukten, nie in der Realität selbst, was auch immer das sein mag? Wie kommt die Welt überhaupt ins Bewußtsein? Und: Entspringt die Logik, mit der wir sie begreifen wollen, dem Gehirn oder das Gehirn der Logik?

Science goes philosophy: Elf Autoren aus verschiedenen Fachbereichen – Biologie, Physik, Philosophie, Kognitionswissenschaft, Psychologie, Informationstheorie, Computer Science, Astronomie und Hirnforschung – befassen sich mit unseren Möglichkeiten und Grenzen der Erkenntnis.

Die Herausgeber

Valentin Braitenberg, 1926 in Bozen geboren, studierte Medizin und Psychiatrie in Innsbruck und Rom. 1963 Habilitation für Kybernetik und Informationstheorie in Rom, emeritierter Direktor des Max-Planck-Instituts für Biologische Kybernetik in Tübingen. Honorarprofessor in Freiburg (Biologie) und Tübingen (Physik). Braitenberg, italienischer Staatsbürger, verheiratet mit einer Amerikanerin, lebt in Tübingen, Meran und Neapel. Buchveröffentlichungen: *Gehirngespinste, Gescheit sein, Anatomy of the Cortex* u. a.

Inga Hosp, Dr. phil. (Universität Wien), in Süddeutschland und Österreich aufgewachsen, lebt in Bozen (Südtirol). Kulturpublizistin, vor allem für Rundfunk und Fernsehen: Hörbilder, Dokumentarfilme, Porträts, Essays. Mitbegründerin und Mitarbeiterin verschiedener kultureller Initiativen, unter anderem der Bozner Treffen, Autorin mehrerer Bücher über Südtirol. 1995 erschien ihr biographischer Roman *Tschuggmall oder Das Leben durch Maschinen*.

Valentin Braitenberg/Inga Hosp (Hg.)

Die Natur ist unser Modell von ihr

Forschung und Philosophie

Das Bozner Treffen 1995

Mit Texten von Valentin Braitenberg, Alfred Gierer,
Ernst von Glasersfeld, Claus Kiefer, Giuseppe O. Longo, Peter Mulser,
Gerhard Roth, Eva Ruhnau, Thomas Bernhard Seiler,
Andrea Sgarro und Gianfranco Soldati

Rowohlt

rororo science
Lektorat Jens Petersen

Originalausgabe
Veröffentlicht im Rowohlt Taschenbuch Verlag GmbH,
Reinbek bei Hamburg, Oktober 1996

Umschlaggestaltung Barbara Hanke
(Foto: The Image Bank/M. Tscherevkoff)

Satz Sabon (Linotronic 500)
Gesamtherstellung Clausen & Bosse, Leck
Printed in Germany
1890-ISBN 3 499 60254 7

Inhalt

Peter Mulser

Die Welt ist unser Bild von ihr
Einleitung

«Wär nicht das Auge sonnenhaft, die Sonne könnt es nie erblicken», schreibt Goethe in den *Zahmen Xenien*. Diesen Satz stelle man in Parallele zu den Gleichungen von James Clerk Maxwell, dem anderen großen Theoretiker des Lichts. Ihm gelang es, alle Lichtphänomene quantitativ in vier mathematischen Gleichungen zu formulieren, etwa von der Art: «Die zeitliche Änderung des Magnetfeldes ist die negative Wirbelstärke des elektrischen Feldes», so das Induktionsgesetz, eine dieser vier partiellen Differentialgleichungen, in Worte gefaßt. Zwischen den beiden Aussagen liegt ein halbes Jahrhundert, beide wollen dasselbe, aber im Wie trennen sie Welten. Sie gründen sich auf völlig verschiedene Anschauungen: eine auf das Ganze gerichtete mythische Denkweise bei Goethe, in der Verstand und Gefühl vereint sind und große Dankbarkeit mitschwingt für die herrliche Gabe des Sehens; die Verkettung zweier Feldgrößen zum Zwecke des Berechnens der Lichtausbreitung bei Maxwell – das Auge braucht gar nicht erst hinzusehen, ja kann überhaupt nur einen winzigen Teil, einen ganz engen Spektralbereich dessen wahrnehmen, was durch die Maxwellschen Gleichungen beschrieben wird. Wer hat recht? Wer ist der Realität näher? Subjektives Erleben dort, objektiver Sachverhalt hier.

Objektiv? Ein Bild von der Welt hat sich der Mensch nachweislich von jeher gemacht; aus der Gesamtheit der Wirklichkeitserfahrung entsteht ein Weltbild. Bei den Vorsokratikern im sechsten vorchristlichen Jahrhundert setzte ein systematisches Bemühen um mythologische Entrümpelung und um gesicherte, nur auf Denken beruhende Welterkenntnis ein. Und gleich kamen die ersten Zweifel auf, ob das Wahrgenommene auch richtig oder zum Teil nur Schein sei und somit an der Realität vorbeigehe oder diese gar verfälsche, wie uns Zenon von Elea durch seine Paradoxien glaubhaft zu machen versucht. Immerhin wurde durch derlei Überlegungen die Überzeugung gefestigt, daß sich durch den Prozeß des Denkens Täuschung entlarven und die

Welt objektiv erkennen lasse. Erstaunlich, daß sich diese Überzeugung zwei Jahrtausende lang behaupten konnte.

An der Schwelle zur Neuzeit kam etwas Neuartiges auf. Im Bestreben, die Welt genau und objektiv zu erfassen und zu ordnen, stellte man gezielt Fragen an die Natur und suchte nach den Phänomenen, die reproduzierbar waren, denn diese, so argumentierte man, könnten keine Trugschlüsse enthalten, sie seien also «wahr». Das Naturgesetz im heutigen Sinne war gefunden – oder *er*funden? Das so geförderte Wissen war anwendbar in der Technik, die ihrerseits mit immer präziseren Instrumenten und neuen Hilfsmitteln zu weiteren Entdeckungen führte.

Alles, was außerhalb unserer selbst liegt, kann Gegenstand der Untersuchung werden. In der Eigendynamik dieses Prozesses rückt das «Außen» immer näher an das «Selbst» heran, und so entsteht Bedarf, eine Grenze festzulegen. Am radikalsten hat sie wohl Descartes gezogen. Außenwelt hat Ausdehnung, ist *res extensa*; das Selbst ist reiner Geist, Denken, *res cogitans*. Dazwischen klafft ein unüberbrückbarer Graben.

Die neue Methode des Experimentierens war ausgezogen, das Objektive, letztlich Wahre, Gesetzhafte zu finden, und hat notgedrungen zu Überlegungen über Beschränktheit der Wahrnehmung und Schranken der Erfahrung und damit zu der Erkenntnis geführt, daß die Realität nicht mit dem Bild, das wir uns von ihr machen, identisch sein kann. Ein Beispiel: Den Griechen erschien der gestirnte Himmel so, wie ihn das bloße Auge sieht – Sterne bis knapp zur sechsten Größe, zusammen etwa zweitausend auf der nördlichen Halbkugel; dazu ein paar Wandelsterne, das heißt Planeten, und ein fahles Band, die Milchstraße. Galilei sah mit seinem selbstgebauten Fernrohr schon sehr viel mehr Sterne, entdeckte Monde bei den Planeten und mag nicht wenig erstaunt gewesen sein, als er mit dem Fernrohr vergebens nach der Milchstraße Ausschau hielt. Sie hatte sich in eine Ansammlung von Fixsternen aufgelöst.

Heute beobachten wir den Himmel im langwelligen Spektralbereich mit Radiowellen, zu kürzeren Wellenlängen hin im Infrarotbereich, dann im sichtbaren, dem bloßen Auge zugänglichen Ausschnitt der elektromagnetischen Strahlung, weiter im kurzwelligen ultravioletten und schließlich im extrem kurzwelligen Röntgen- und Gammabereich. Jedesmal entsteht ein Bild vom Himmel, man kann bekannte Objekte erkennen und einander zuordnen, und neue kommen jedesmal hinzu, aber kein Bild gleicht dem anderen, der Himmel sieht auf jedem anders aus. Welches ist das richtige Bild? Die einzig mögliche Antwort: Alle zusammen ergeben *ein Bild* unseres heute bekannten Alls. Es umfaßt Himmelsobjekte bis zur achtundzwanzigsten Größe; das Hubble-Teleskop macht es möglich. Das Bild wird sich noch einmal wandeln, wenn dereinst die Gravitationswellenastronomie entwickelt sein wird. Wir machen uns Bilder, überall Bilder, das «Ding an sich» können wir nicht freilegen. Die Realität ist eine «Black box», die nur herausläßt, wozu sie Lust hat, möchte man am liebsten sagen. Die Realität ist nur mittels ihrer Wirkungen für uns erfahrbar, insofern ist sie Wirklichkeit. Die Welt ist unser Bild von ihr.

Georg Wilhelm Friedrich Hegel, dieser Philosoph des reinen, absoluten Geistes und seiner Dynamik, hätte sich sehr gestoßen an dieser letzten Behauptung. Im Bemühen zu erklären, wie das Subjekt Einzelperson zu gesicherter Erkenntnis kommen kann, hat er den Weltgeist erfunden, der alles durchdringt, auch das Subjekt, und der im Dreischritt von These, Antithese und Synthese voranschreitet – und dabei nicht mehr ist als ein gewaltsames Konstrukt, das schon deswegen zu nichts nütze ist, weil es nie erahnen läßt, wann welche Antithese zu welcher gerade geltenden These auftritt. Wie aber Hegels Wirkung gezeigt hat, übt ein geschlossenes Gebäude, eine umfassende Ideologie ihren Zauber aus. Ich hingegen halte es lieber mit Bertrand Russell, der in seiner Geschichte der westlichen Philosophie sagt: «Ich bin der Meinung, daß fast die gesamte Lehre Hegels falsch ist.»

Der deutsche Idealismus und andere wissenschaftsfeindliche philosophische Strömungen konnten zwar für einige Zeit die naturwissenschaftliche Erkenntnis hemmen, diesen immer breiter fließenden Strom jedoch nicht aufhalten. Eine gewisse Gegnerschaft mag schon von der nur im deutschen Kulturraum existierenden unseligen Bezeichnung «Geisteswissenschaften» für alle Wissenschaft über vergangene Äußerungen oder in der Vergangenheit festgelegte Ausdrucksformen menschlichen Geistes herrühren. Die Bezeichnung Geisteswissenschaften ist schon deshalb völlig irreführend, weil gerade diese nichts zur wissenschaftlichen Erkenntnis über den Geist beigetragen haben. Vielmehr sind die Naturwissenschaften die Geistes-Wissenschaften im richtigen Sinne. Die traditionellen Geisteswissenschaften haben eine andere Funktion und Zielsetzung. Geschichtsschreibung zum Beispiel wird kaum jemand als Erforschung menschlichen Geistes, sondern eher als Erforschung menschlichen Verhaltens verstehen wollen.

Was ist Geist? Ich behaupte ganz prosaisch, daß jedes hinreichend komplexe System, das Funktionen des menschlichen Gehirns übernehmen kann und aufgrund hochgradig nichtlinearen und chaotischen Verhaltens zu Überraschungen fähig ist, «Geist» hat. Die großen Computer der Zukunft werden Geist entwickeln. Mit dem Gravitationsgesetz gelang Newton der Nachweis der Universalität der Massenanziehung: Die Erdschwere ist von derselben Art wie die Kraft, die die Erde auf ihrer Bahn hält und zur Entstehung Schwarzer Löcher führt. Ähnliches wiederholte sich mit Maxwell: Die elektromagnetischen Kräfte, die die Aussendung von Licht hervorrufen, sind dieselben wie die, die für die gesamte Chemie, den Aufbau der Lebewesen und überhaupt für unsere ganze Umwelt zuständig sind. Wir haben keinen Grund, daran zu zweifeln, daß Geist durch eben dieselben Kräfte in einem «Apparat», nämlich dem menschlichen Gehirn, erzeugt wird. Vorbei ist es mit der *res cogitans*: Je mehr wir von Geist verstehen, desto flüchtiger wird er. Mit anderen Erscheinungen geht es ebenso: Das leuchtende, belebende, warme Rot ist das durch den «roten» Gegenstand auf ganz bestimmte Art gefilterte Sonnenlicht. Hier sei die Frage nach dem Sinn des Goethe-Zitats gestellt. Was heißt «sonnenhaft»? Wörtlich genommen ergibt der Satz keinen Sinn. Sollte er aber doch eine konkrete Bedeutung haben, so kann mit sonnenhaft wohl nur «durchsichtig» gemeint sein – was das Zitat zur Trivialität degradiert. Also ist es Metapher: Das Auge hat etwas Strahlendes, es funkelt wie der Kristall im Sonnenlicht. Und weiter: Gleiches kann nur durch Gleiches erfaßt werden. Die Natur ist beseelte Einheit. Solches kann die Wissenschaft nicht ausdrücken. Allenfalls könnte sie eine unbeseelte Einheit feststellen in Gestalt einer abstrakten «Weltformel», die trotz großer Anstrengung noch keiner gefunden hat.

Über die Desillusionierung durch die Wissenschaften braucht niemand traurig zu sein. Der Gefühlswert und die Ästhetik der Farben, die Erquickungen des Geistes bleiben bestehen. Lediglich die Art «sicheren» Wissens hat sich gewandelt. Philosophie der Vergangenheit war an den einzelnen gebunden, weithin willkürlich und selten nachvollziehbar; naturwissenschaftliche Erkenntnis ist lehrbar, aufbauend und allgemein. Sie ist unseren auf Gestaltung und Technik abzielenden Erfordernissen angepaßt. Die Naturwissenschaften haben sich nach und nach aller Bereiche bemächtigt und auch vor dem Selbst und dem Bewußtsein nicht haltgemacht. Es wurden überall Bastionen eingerissen, und vermeintlich wesentlich Verschiedenes wurde durch Zerlegung in Teile als Gleiches oder Verwandtes erkannt.

Schließlich schien der Geist eine letzte, ganz wichtige Position für sich zu beanspruchen, nämlich die Logik. Lange schien es so, als ob sie vor aller Erkenntnis sei und diese überhaupt erst hervorbringe und kontrolliere. Wenn die Logik uns aber angeboren ist, entsteht die schwierige Frage nach ihrem Ursprung. Sollte sie nicht doch ein Beweis für die Existenz des Geistes als einer von allem verschiedenen, eigenen Substanz sein, also doch *res cogitans* und vielleicht Weltgeist Hegels?

Heute, nach den vielen Untersuchungen über formale Logik von seiten der Mathematiker und Philosophen, fällt die Antwort leicht. Zum ersten ist die Logik nur in den Grundzügen bei allen Menschen die gleiche. Sobald man ins Detail geht, treten erhebliche Unterschiede auf. Anstatt der vermeintlichen Einheit herrscht auch hier Vielfalt. Zweitens machen wir bei unseren Schlüssen und Beweisen nicht im entferntesten lückenlosen Gebrauch von der Logik; vielmehr schließen wir, salopp gesagt, querfeldein. Wir lassen uns viel lieber von der Intuition leiten als von logischen Schlüssen. Wie sonst erklärte sich die Tatsache, daß sich des einen Denkers unumstößlicher Gottesbeweis dem anderen Denker als gewaltiger Fehlschluß erweist; Aristoteles, Anselm von Canterbury, Leibniz und Kant seien als Beispiele erwähnt. Selbst große Mathematiker haben es so gehalten: Der für seine Zeit vorbildlich strenge Cauchy hat nach heutigen Maßstäben seinen Satz über die Wegunabhängigkeit des Integrals einer holomorphen Funktion keineswegs stichhaltig bewiesen, und Fourier war erst recht nicht imstande, für seinen epochalen Zerlegungssatz einen fundierten Beweis zu liefern. Die Intuition hat jedoch beide vor bösen Abstürzen bewahrt – sie fühlten, daß sie wahre Aussagen machten. Schließlich spricht alles dafür, daß auch der Teil der Logik, der von allen in gleicher Weise benutzt wird, aus der Erfahrung stammt. Jeder akzeptiert den Satz vom Widerspruch, daß ein Ding nicht zugleich sein Gegenteil sein kann, also A nicht zugleich nichtA ist. Sich in seiner Umwelt zu orientieren bedeutet, Entscheidungen zu treffen und Unterschiede und Ausgrenzungen zu machen, also A und nichtA. Wer in grauer Vorzeit solche Unterschiede nicht machte, etwa Freund von Feind nicht unterscheiden konnte, hat nicht überlebt. Schließlich entscheidet immer der Erfolg über die Bilder, die wir uns von der Welt machen: Die erfolgreichen sind wahr, die anderen nennen wir Irrtümer. Ernst Mach hat recht: «Erkenntnis und Irrtum fließen aus denselben psychologischen Quellen; nur der Erfolg vermag beide zu scheiden.»

Für unsere Art des Wissens zahlen wir einen Preis: Es gibt keine Gelehrten mehr. Das naturwissenschaftliche Wissen bringt keine Weisen hervor. Das «gesicherte» Wissen («Tatsachenwissen») hat einen Umfang erreicht, den der einzelne Forscher nicht einmal erahnen kann. Deshalb ist der Gelehrte suspekt und selbst von der Universität verschwunden; gefragt ist der Spezialist. Gelehrtentum mag seine Attraktion haben, ist aber Privatvergnügen. Wissen wird gebraucht zur Umwelt- und Zukunftsgestaltung und muß jederzeit abrufbar sein. Dieser Sachverhalt hat auch die Forschung weithin verändert. Zum überwiegenden Teil wird angewandte Forschung betrieben; Recherche und Sichtung sind wichtiger als Grundlagenforschung. Auf jeden Fall haben sie dieser vorauszugehen – überall dort, wo wir wissenschaftlich in einer Spätzeit leben, mit anderen Worten: enormes Wissen angesammelt haben.

Karl Jaspers meinte, Wissenschaft sei grundsätzlich unfertig, nie abgeschlossen. Aber es kann sehr wohl der Fall eintreten, daß eine wissenschaftliche Disziplin erlahmt, sich erschöpft und niemanden mehr interessiert. Nur Richtungen, die ihre Spätzeiten immer wieder überwinden, überleben. An der Physik sei dies erläutert: Durch Relativitätstheorie und Quantenmechanik hat sie im ersten Viertel des zwanzigsten Jahrhunderts einen gewaltigen Schub erfahren. Beide Theorien waren absolut neu, widersprachen ganz und gar dem Hausverstand und erschienen in vielerlei Hinsicht rätselhaft, bergen bis heute Unverstandenes in sich. Letzteres ist wichtig, denn das Rätselhafte zieht den Forscher an. Die Physik wurde zu *der* Wissenschaft des zwanzigsten Jahrhunderts, der «Atomphysiker» zum Magier.

Diese Bewegung hat eine Parallele in der Renaissancekunst: Über vierzig Jahre alt mußte der Gotiker werden, bevor er ihre subtile Symbolik beherrschte und zum Meister aufstieg. Da kam unversehens die «neue Manier» (Giorgio Vasari) auf, nach der Natur zu gestalten. Jeder durfte dies plötzlich, auch der Jüngste, sofern er Talent mitbrachte. All das Wissen der Gotik war nicht mehr gefragt. Als Masaccio mit 27 Jahren starb, hatte er großartige Fresken geschaffen. Keiner vor ihm hat den Menschen in der Gruppe so zu überhöhen vermocht. Nichts von der «barbarischen» Manier, der Gotik, zu verstehen war geradezu ein Aushängeschild.

Etwas Ähnliches hat sich in der Quantenmechanik ereignet. Ohne viel Vorkenntnisse konnte selbst der Jüngste Erstaunliches darin leisten, die neuen Ergebnisse und Erkenntnisse häuften sich. Und es war durchaus keine Schande, von der alten, der klassischen Physik nicht viel zu wissen, war doch alles «überholt». In ganz Westeuropa und in den USA ist die klassische Physik stark zurückgedrängt worden und erfreut sich eines neuen Interesses eigentlich erst wieder, seitdem das deterministische Chaos entdeckt wurde und die großen Erkenntnisse in der Hochenergiephysik spärlicher zu fließen begannen. Wann kommt der nächste, ähnlich bedeutende Schub? Bleibt er aus, wird die Physik zur Chemie, das heißt zu einer respektablen, unverzichtbaren Disziplin, aber ohne Magier.

Die Naturwissenschaften im Verein mit Mathematik und formaler Logik haben manche wichtige Frage beantwortet, die früher in den Zuständigkeitsbereich der Philosophie fiel, oder sie haben erkannt, daß es keine Antwort darauf gibt. Überall dort, wo die Wissenschaften vordringen, befindet sich die Philosophie auf dem Rückzug. Will sie trotzdem auch da bestehen und mitreden, ist es unabdingbar, daß sie sich zuerst mit deren Ergebnissen gründlich auseinandersetzt. Wohin die Wissenschaften streben und wo überall sie sich etablieren, ist irrational und der naturwissenschaftlichen Erkenntnis entzogen. Die Wissenschaften haben ihre Geschichtlichkeit und bedürfen der Lenkung, sofern nicht der eigene Erfolg die Richtung selbst vorgibt. Hier ist ein Platz für philosophische Analyse.

Aus naturwissenschaftlicher Sicht gesehen ist moderne Philosophie im Sinne vergangener Jahrhunderte schwerlich vorstellbar; sie greift nicht mehr. Ihre Bilder müssen zu neuem Realismus finden. Hierin sehe ich ein weiteres, ihr eigentliches Betätigungsfeld, in der Nähe zu den Naturwissenschaften. Diese liefern deterministische Bilder, echten Zufall gibt es letztlich nicht und auch keine Freiheit. Und doch ist Freiheit eine Grunderfahrung des Menschen und notwendige Hypothese für die Gestaltung von Umwelt und Lebensbedingungen. Wie läßt sich beides zusammenführen? Darauf sollte die Philosophie Antworten suchen.

Ernst von Glasersfeld

Die Welt als «Black box»

Ich spreche seit 35 Jahren fast ausschließlich englisch, eine Sprache, die in manchen Situationen besser paßt als das Deutsche, in anderen aber schlechter. Im Bereich der Epistemologie, der Erkenntnislehre, zum Beispiel gibt es im Englischen nur das eine Wort «reality», auf deutsch hingegen sowohl «Wirklichkeit» als auch «Realität». Für jemanden, der sich für den Wert und die Entstehung unseres Wissens interessiert, sind diese zwei Wörter ein großer Vorteil. Sie erlauben es, die Welt, die wir erleben, deutlich von jener anderen zu trennen, mit der Philosophen sich unentwegt befassen, nämlich der Welt an sich, der Welt, wie sie sein soll, bevor wir sie «erkennen».

Die Wirklichkeit, wie Jakob von Uexküll so hübsch gesagt hat, setzt sich zusammen aus dem, was wir «merken», und dem, was wir «wirken». Im Gegensatz dazu soll die Realität von uns unabhängig, aber – und das ist eine Überzeugung, die Philosophen und viele andere Leute nicht aufgeben wollen – dennoch für uns erkennbar sein.

Ich brauche hier nicht die Argumente anzuführen, die von den Skeptikern seit beinahe dreitausend Jahren unermüdlich wiederholt werden und die in logisch unanfechtbarer Weise zeigen, daß so eine vom Beobachter unabhängige Welt der menschlichen Ratio nicht zugänglich sein kann. Mein Titel hat Ihnen sicher bereits angedeutet, daß ich diese Argumente ernst genommen habe und eben darum die reale Welt mit einer Black box vergleiche.

Was ist nun eine Black box? Der Ausdruck stammt aus der jungen Disziplin der Kybernetik. Doch schon sechs Jahre bevor Norbert Wiener diese Disziplin lancierte, hat Albert Einstein eine vorbildliche Illustration einer Black box geliefert, als er das neue Weltbild der Physik erklärte (Einstein/Infeld 1938):

> Physikalische Begriffe sind freie Schöpfungen des Geistes und ergeben sich nicht etwa, wie man sehr leicht zu glauben geneigt ist, zwangsläufig aus den Verhältnissen in der Außenwelt. Bei unseren

> Bemühungen, die Wirklichkeit zu begreifen, machen wir es manchmal wie ein Mann, der versucht, hinter den Mechanismus einer geschlossenen Taschenuhr zu kommen. Er sieht das Zifferblatt, sieht, wie sich die Zeiger bewegen, und hört sogar das Ticken, doch er hat keine Möglichkeit, das Gehäuse aufzumachen. Wenn er scharfsinnig ist, denkt er sich vielleicht irgendeinen Mechanismus aus, dem er alles das zuschreiben kann, was er sieht, doch ist er sich wohl niemals sicher, daß seine Idee die einzige ist, mit der sich seine Beobachtungen erklären lassen. Er ist niemals in der Lage, seine Ideen an Hand des wirklichen Mechanismus nachzuprüfen.

Einstein spricht da von der «Außenwelt» – also von der Realität –, nennt sie dann jedoch «Wirklichkeit» und verwischt dadurch die Unterscheidung, dies sein Gleichnis aber dennoch klar herausstellt. Zum Teil rührt dies wohl von seinem metaphysischen Glauben, Gott würfle nicht. Damit deutet er an, daß er sich den Mechanismus der Taschenuhr, die in dem zitierten Absatz die Realität symbolisieren soll, dem Menschen zwar unzugänglich vorstellte, aber doch nicht prinzipiell unverständlich.

Ich sehe keinen Grund, diesen metaphysischen Glauben zu teilen. Im Gegenteil, es gibt ein gutes Argument dagegen. Dieses Argument haben in einem anderen Zusammenhang bereits im dritten Jahrhundert byzantinische Weisen formuliert, deren Schule später als «apophantische» oder «negative» Theologie bezeichnet wurde (Meyendorff 1974).

Wenn Gott allmächtig, allwissend und allgegenwärtig ist, sagten sie, dann muß er von allen Dingen verschieden sein, die wir in der Welt antreffen, in der wir leben; da aber all unsere Begriffe von unserer Lebenserfahrung abgeleitet sind, können wir die Eigenschaften des Göttlichen nicht mit ihnen erfassen. – Natürlich haben die byzantinischen Theologen die Möglichkeit der Offenbarung nicht geleugnet. Sie glaubten weiterhin an Gott, machten aber deutlich, daß Offenbarung nicht mit rationalem Wissen vermengt werden darf.

Der Kirche war das freilich nicht sympathisch, denn sie beanspruchte ja von allem Anfang an das Vorrecht, die einzige autorisierte Interpretin Gottes zu sein und genau zu wissen, wer Er ist und was Er will. Die apophantische Lehre wurde darum als Häresie verboten, überlebte aber dennoch und tauchte hier und dort in den Schriften mittelalterlicher Mystiker wieder auf.

Im neunten Jahrhundert hat der Mystiker John Scottus Eriugena das apophantische Argument auf die weltliche Erkenntnislehre übertragen und erklärt, die Vernunft müsse sich ihre eigene Welt konstruieren, weil sie zur Realität keinen Zugang habe. Er formulierte dies ganz ähnlich wie fast ein Jahrtausend später Kant in der Einleitung zu seiner *Kritik der reinen Vernunft* (1787):

> Denn ebenso wie der weise Künstler seine Kunst aus sich in sich erzeugt und in ihr die Dinge vorhersieht, die er machen wird ... so erzeugt der Verstand aus sich und in sich seine Vernunft, in der er alle Dinge, die er machen will, vorherweiß und verursacht.

Aktuell aber war die Idee, zwei Sorten von Wissen zu unterscheiden, schon vor Kant geworden. Sie begann, Gestalt anzunehmen, als Kopernikus und dann Galilei ein Weltbild vorschlugen, in dem die Erde nicht mehr der Mittelpunkt des Universums ist, eine Auffassung, die im krassen Widerspruch zum kirchlichen Dogma stand und dazu führte, daß Galilei der Ketzerei angeklagt wurde. Die Verhöre vor der Inquisition fanden 1633 statt, drei Jahrzehnte nach der Verbrennung des Giordano Bruno. Kardinal Bellarmino, der im Prozeß gegen Bruno der Ankläger gewesen war, hatte sich inzwischen anscheinend Gedanken darüber gemacht, wie sich die Hinrichtung von offensichtlich klugen, aber widerspenstigen Denkern vermeiden ließe. Er schrieb einen Brief an Galilei, in dem er ihm nahelegte, er solle von seinen Theorien stets als Hypothesen sprechen. Auf diese Weise würde er dem Zusammenstoß mit der Kirche ausweichen, denn die hypothetische Auslegung von Beobachtungen und das Errechnen von Vorhersagen seien keine Ketzerei.

Galilei war damit nicht einverstanden, und es heißt, er habe sich erst durch die Vorführung der Folterwerkzeuge dazu bewegen lassen, seinen Behauptungen abzuschwören.

Sein berühmtester Schüler, Evangelista Torricelli, teilte die Ansicht des Kardinals, drückte sie aber auf wissenschaftlichere Weise aus (zitiert nach Belloni 1975, S. 30):

> Ob die Prinzipien des Lehrsatzes *über die Bewegung* wahr oder falsch sind, bedeutet mir sehr wenig. Wenn sie denn nicht wahr sind, tue man immerhin so, als seien sie wahr gemäß unserer Annahme, und dann nehme man all die anderen von diesen Prinzipien abgeleite-

> ten Folgerungen nicht wie gemischte [reale] Sachverhalte, sondern wie rein geometrische. Ich tue so oder setze voraus, daß ein Körper oder ein Punkt sich abwärts oder aufwärts bewegt in dem bekannten Verhältnis sowie horizontal mit gleichförmiger Bewegung. Wenn dem so ist, sage ich, daß alles folgt, was Galileo gesagt hat und ich obendrein. Wenn aber die Blei-, Eisen- oder Steinkugeln nicht dieses vermutete Verhältnis befolgen, zu ihrem Schaden, dann beschließen wir, davon nicht weiter zu sprechen.

In Schulbüchern liest man oft, die moderne Wissenschaft habe mit Galilei begonnen. Meiner Ansicht nach stimmt das auch, aber die Begründung ist meistens falsch. Das Revolutionäre war nicht, daß Galilei Experimente machte, sondern daß er abstrakte, mathematische Formeln als Naturgesetze postulierte, die mit empirischen Daten erst dann übereinstimmten, wenn man störende Faktoren in die Rechnung einbezog.

Sein Gesetz vom «freien Fall» zum Beispiel verlangt, daß Gegenstände, die man zur gleichen Zeit fallen läßt, unabhängig von ihrem Gewicht gleichzeitig am Boden ankommen. Hätte er dies, wie manchmal erzählt wird, am Schiefen Turm von Pisa ausprobiert, so hätte er nur feststellen können, daß Taschentücher erheblich langsamer fallen als Kanonenkugeln. Zieht man jedoch Faktoren wie Luftwiderstand und Reibung in Betracht, dann funktioniert das Fallgesetz sehr gut. Doch Galileo war keineswegs in der Lage, diese bremsenden Einflüsse genau zu messen. Die moderne Wissenschaft begann also mit Galileis genialem Kniff, abstrakte Gesetze für *ideale* Körper zu erfinden und diese Gesetze dann unter Einbeziehung von Störfaktoren an die Wirklichkeit anzupassen, so daß man empirische Vorgänge und Zustände mehr oder weniger genau vorhersagen konnte.

Wir haben somit zwei verschiedene Weisen, die Welt zu sehen: erstens die wissenschaftliche Perspektive, die durch die Brille ihrer idealen Gesetze schaut und stets das zu sehen sucht, was die Gesetze zulassen – in Kants Worten: «Die Natur nötigt, auf ihre Fragen zu antworten» (Werke, Band 3, A XIII). Dabei stammen die Fragen freilich immer aus der Welt des Erlebens, der Begriffswelt der Wissenschaftler, nicht aus der Realität.

Die zweite Perspektive ist die der Mystiker. Sie erwächst aus der Offenbarung und der Eingebung und bringt das hervor, was Giambattista Vico *la sapienza poetica* – die «poetische Weisheit» – genannt hat.

Dazu gehören nicht nur Mythologie und Religion, sondern auch alle Metaphysik und Kunst.

Vico war meines Wissens der Begründer des Konstruktivismus. Einer seiner Gedanken erscheint mir hinsichtlich der Konstruktion von Weltbildern besonders wichtig. In seiner *Scienza Nuova* (1744) zeigt Vico einen Weg, das rationale Wissen vom mystischen zu unterscheiden – und zwar aufgrund der Sprache, genauer gesagt, aufgrund der Metaphern, die in dem jeweiligen Bereich verwendet werden.

Metaphern beruhen auf der Hervorhebung einer Ähnlichkeit zwischen zwei Dingen. In der rationalen Entwicklung von Ideen wird die Eigenschaft, auf der die Ähnlichkeit beruht, Dingen zugeschrieben, die der Erfahrungswelt (also der Wirklichkeit) angehören. In der Mystik hingegen wird eine Eigenschaft, die man von Dingen der Wirklichkeit abstrahiert hat, auf Ideen projiziert, die sich in einer Realität außerhalb der Erfahrung befinden sollen.

Ich halte diese Unterscheidung für ein außerordentlich brauchbares Meßinstrument. Man kann damit sehr oft die Stellen finden, wo ein Wissenschaftler metaphysische (sprich mystische) Elemente in seine rationalen Ausführungen einbaut. Ein klassisches Beispiel ist der Äther, den die Physik des neunzehnten Jahrhunderts als Metapher für die Fortbewegung der Lichtwellen brauchte und dem man darum «Starrheit» zuschrieb, obwohl diese Eigenschaft die Bewegung fester Körper in keiner Weise zu hindern schien und im übrigen auch nicht festgestellt, nicht erfahren werden konnte.

Für die Erfindungen der Physik, die Einstein «freie Schöpfungen des Geistes» nannte, hat Hans Vaihinger (1913) eine weitere nützliche Unterscheidung vorgeschlagen. Er spricht einerseits von *Hypothesen* und versteht darunter nicht nur Vorhersagen, sondern auch Begriffe und begriffliche Beziehungen, von denen man annimmt, daß sie sich früher oder später in der Wirklichkeit erfahren lassen werden. Im Gegensatz dazu nennt er *Fiktionen* jene Bestandteile, die zum Aufbau von nützlichen Theorien nötig sind, von denen man aber nicht erwartet, daß sie sich in der tatsächlichen Erlebenswelt offenbaren können. Diese zweite Sorte hat Vaihinger von Kant übernommen, der sie «heuristische Fiktionen» nannte und an erster Stelle das «Ding an sich» zu ihnen zählte.

Um diesen kurzen und ziemlich lückenhaften Überblick über ein Stück abendländischer Ideengeschichte auf den Punkt zu bringen, nenne ich mit Goethe die Realität das «Unzulängliche» – das, wohin man nicht langen kann und was darum stets unerreichbar und unerkannt bleibt.

Einsteins Taschenuhr, die nicht aufgemacht werden kann, ist also eine gute Metapher – und ebensogut ist der kybernetische Ausdruck «Black box». Die Kybernetik hat jedoch mehr zu unserem Thema beigetragen als nur eine Metapher. Eine offensichtliche, aber selten hervorgehobene Eigenart dieser jungen Disziplin ist es, daß sie Erklärungen nicht wie andere Wissenschaften auf kausale Verbindungen gründet, sondern auf das Aufzeigen von Schranken, die begrenzen, was möglich wäre.

Der gute alte Thermostat einer Klimaanlage, der seit den Anfängen der Kybernetik zu ihrer Erläuterung herhalten muß, kann auch diesen Punkt anschaulich machen. Obgleich es so aussieht, als setze man eine bestimmte Temperatur fest, hält der Thermostat die Temperatur nicht auf einem fixen Grad, sondern zwischen zwei Grenzen. Wenn es zu kalt wird, schaltet er die Heizung ein, wenn es zu heiß wird, die Kühlanlage. Er hält die Temperatur nicht (wie oft gesagt wird) «konstant», sondern er hält sie innerhalb eines Spielraums, der dem Benutzer angemessen erscheint. Der Mechanismus ist nur zu einer einzigen Wahrnehmung fähig: daß der gewählte Spielraum in der einen oder anderen Richtung überschritten wird.

Warren McCulloch, einer der Pioniere der Kybernetik, hat dieses Prinzip auf die Epistemologie angewandt und gesagt: «Der Zusammenbruch einer Hypothese ist der Höhepunkt unseres Wissens» (1965, S. 154). Damit wurde der herkömmliche Begriff der Erkenntnis zunichte gemacht, und Wissen konnte nun nicht mehr Ursachen und Wirkungen betreffen, sondern einzig und allein die Dynamik der Anpassung.

Gregory Bateson hat darauf hingewiesen, daß Darwins Evolutionslehre keine kausale Theorie ist, sondern auf dem Begriff der Einschränkung beruht (Bateson 1972). Alles, was den Hindernissen der Umwelt nicht gewachsen ist, stirbt aus. Nur jene Organismen überleben, die sich zwischen den Umweltschranken behaupten. Wie sie das anstellen, ist gleichgültig. Die Welt läßt sozusagen einen Spielraum, innerhalb dessen das Überleben möglich ist. Welche zufälligen Mutationen einen Organismus oder eine Art zum Überleben befähigen oder durch welche Verhaltensweisen sie es zuwege bringen, läßt sich kausal nicht erklären. Der liebe Gott ist vielleicht in der Lage zu wissen, welche Mutationen nach der nächsten Umweltveränderung lebensfähig machen werden, die Mutanten selbst merken lediglich, ob sie umkommen oder nicht.

Diese Einsicht zeigt, daß die evolutionäre Erkenntnislehre, wie sie etwa von Konrad Lorenz formuliert wurde, auf einer Illusion beruht. Die Tatsache, daß wir mit unseren Begriffen von Raum und Zeit in der Erfahrungswelt gut weiterkommen, kann nicht als «Erkenntnis» hingestellt werden, diese Begriffe beschrieben die Realität wahrheitsgetreu. Unser Erfolg zeigt nur, daß die beiden Grundbegriffe es uns erlauben, eine relativ kohärente Vorstellungswelt aufzubauen. Für den Glauben, daß dies die einzig richtige Vorstellungswelt sei, gibt es keine stichhaltige Begründung.

Gegen diese relativistische Anschauung werden viele Argumente vorgebracht. Fast alle beruhen auf metaphysischen Annahmen, die mit einer rationalen Weltanschauung nichts zu tun haben sollten. Ein Argument jedoch hat den Anschein der Solidität. Es fußt auf der Beobachtung, daß die Mathematik und ihre Resultate nicht bestritten werden können. Darum steht es dafür, die Mathematik genauer zu betrachten.

Das Rohmaterial der Mathematik sind nicht Dinge der erlebten Welt, sondern Zahlen und geometrische Vorstellungen. Beide sind abstrakte Produkte der rationalen Reflexion, das heißt Erzeugnisse von mentalen Operationen. Diese Behauptung möchte ich mit zwei Beispielen untermauern.

Bevor wir einen Zahlbegriff bilden können, müssen wir den Unterschied zwischen einer Einheit und einer Mehrzahl begreifen. Wir tun dies früh – zumeist vor dem Ende des zweiten Lebensjahres. Zu diesem Zeitpunkt haben wir bereits eine Reihe von Begriffen geformt, die es uns erlauben, etwa Löffel, Tassen, Äpfel usw. als mehr oder weniger dauerhafte Gegenstände zu kennen und zu erkennen. Kinder in diesem Alter kommen zum Beispiel in die Küche, zeigen auf den Tisch und sagen mit einiger Zuversicht: «Tasse», «Tasse», «Apfel», «Apfel». Ein paar Wochen später sagen sie unter Umständen auch «Tassen» oder «Äpfel». Was mußte geschehen, damit sie den Unterschied sehen? An keinem der Gegenstände läßt sich die Mehrzahl *wahrnehmen* – sie muß von dem Wahrnehmenden konstruiert werden. Wie das vor sich geht, ist im Grunde sehr einfach, aber ich habe es noch nirgends erklärt gefunden. Eine Pluralität kann nur gebildet werden, wenn ein aktives Subjekt der Tatsache gewahr wird, daß es ein und dieselbe Prozedur des Erkennens, die es eben ausgeführt hat, nun anhand einer neuen Wahrnehmung wiederholt. Nicht die Wahrnehmung als solche, sondern ihre Wiederholung schafft den Begriff der Mehrzahl. Es handelt sich also nicht um Sinnliches, sondern um mentale Operationen.

Der Zahlbegriff wird nötig, wenn es darum geht, Pluralitäten zu unterscheiden. Ein Unterschied zwischen zum Beispiel fünf Tassen und drei Tassen läßt sich nicht darauf gründen, daß man hier wie dort Tassen erkannt hat, sondern nur darauf, daß man im ersten Fall das Erkennen einer Tasse öfter ausgeführt hat als im zweiten. Wieder ist es nicht die sinnliche Wahrnehmung, sondern das Gewahrwerden mentaler Operationen. Genau das ist es, was John Locke im Sinn hatte, als er schrieb, die Quelle aller komplexen Ideen sei die Reflexion unserer eigenen mentalen Operationen (Locke 1690, Zweites Buch, Erstes Kapitel, § 4).

In bezug auf Zahlen war dies bereits zwei Jahrzehnte früher von Juan Caramuel in einer Anekdote klargemacht worden. In der Einleitung zu seiner *Mathesis biceps*, der ersten europäischen Abhandlung über das binäre Zahlensystem, schrieb er:

> Jemand sprach im Schlaf, und als die Uhr vier schlug, sagte er: «Eins, eins, eins, eins. Diese Uhr ist verrückt. Sie hat viermal eins geschlagen.» Dieser Mensch hatte also viermal einen Schlag gezählt und nicht vier Schläge. Das heißt, er hatte nicht vier im Sinn, sondern viermal eins. Das beweist, daß zählen und mehrere Dinge gleichzeitig bedenken verschiedene Aktivitäten sind. Wenn ich also in meiner Bibliothek vier Pendeluhren hätte und sie alle schlügen gleichzeitig eins, würde ich nicht sagen, sie hätten vier geschlagen, sondern viermal eins. Dieser Unterschied ist den Dingen nicht eingeschrieben, ist nicht unabhängig von den Denkhandlungen: Er hängt vielmehr vom Bewußtsein dessen ab, der zählt. Der Intellekt «macht» also die Zahlen, er «findet» sie nicht; er betrachtet unterschiedliche Dinge als jeweils in sich unterschiedlich und als ausdrücklich vereint durch den Gedanken.

Obschon die Mathematik mit Ideen arbeitet, die keinen sinnlichen Inhalt haben, werden diese doch aufgrund von sinnlichen Wahrnehmungen abstrahiert. Auch das läßt sich durch eine Anekdote belegen. Sie wurde mir in der Schule erzählt und betrifft Descartes' Biographie. Die

Geschichte ist vielleicht apokryph, aber darum nicht weniger einleuchtend und lehrreich.

Als er 23 Jahre alt war, trat Descartes in die Armee des Herzogs von Bayern ein und wurde gegen Ende des Jahres 1619 in einem bayrischen Bauernhaus einquartiert. Er hatte schon mehrere Jahre als Freiwilliger in Holland gedient, war aber anscheinend kaum in Gefechte verwickelt worden und konnte die meiste Zeit friedlich lesen und studieren. Der bayrische Winter brachte keine militärischen Strapazen, war aber überaus kalt. Descartes notierte später, daß er die ganze Zeit «dans un poêle» verbrachte, das heißt in einem Ofen. Diese erstaunliche Erinnerung wird verständlich, wenn man die Bauernöfen kennt, die in der Stubenecke stehen und von einem Holzgerüst umrahmt sind, das über dem Ofen eine «Ofenbank» trägt, auf der man sich bequem in der Wärme ausstrecken kann.

Descartes verbrachte seine Tage also auf der Ofenbank, grübelte über die Zweifel, die ihm beim Lesen der Schriften Montaignes gekommen waren, und dachte zur Erholung über Mathematik nach, das einzige Wissensgebiet, das ihn bisher befriedigt hatte.

Er war nicht der einzige, der die Wärme über dem Ofen genoß. Auch die Fliegen in der Bauernstube wissen, wo es am wärmsten ist. Da lag Descartes und sah auf dem Plafond, ob er wollte oder nicht, die Fliegen hin- und herkrabbeln. Es ist kaum verwunderlich, daß in einem Mathematiker bei solchem Anblick früher oder später die Frage aufsteigt, wie man die Bewegungen dieser Fliegen geometrisch beschreiben könnte. Die Fläche, auf der sie sich bewegen, ist die Ecke des Plafonds, die an zwei Seiten von Schnittlinien mit den Wänden begrenzt ist, die einen rechten Winkel bilden. Ein origineller Denker, wie Descartes es zweifellos war, kann da leicht auf den Gedanken kommen, die Endpunkte der Fliegenpfade mittels *orthogonaler* Koordinaten auf die beiden Linien zu projizieren und die Abstände dann dort zu messen. Tut er das, so hat er die analytische Geometrie erfunden.

Wenn diese Geschichte nicht wahr ist, dann ist sie doch vortrefflich erfunden. Mir ist sie lieb, weil sie plausibel macht, daß mathematische Ideen sehr gut aus der sensomotorischen Erfahrungswelt abstrahiert werden können.

Nach diesem Ausflug in die Abstraktion komme ich auf die Idee der Welt als Black box zurück. Sie ist in der Weiterentwicklung der Kybernetik komplizierter, aber epistemologisch auch präziser geworden.

Die Kybernetik zweiter Ordnung beobachtet den Beobachter und fragt, was dieser als «Input» für seine begrifflichen Konstruktionen betrachten kann. Er lebt in seiner Wirklichkeit, und das, was er Realität nennt, liegt außerhalb. Also möchte er annehmen, daß seine Wahrnehmungen die Realität irgendwie widerspiegeln. Aber Wahrnehmungen bereiten so manche Schwierigkeiten, über die ein Hirnforscher mehr erzählen kann. Ich will nur einen Punkt vorbringen: In der Mitte des neunzehnten Jahrhunderts hat der Physiologe Johannes Müller festgestellt, daß die elektrochemischen Signale von den Sinnesorganen, die im Gehirn ankommen, *qualitativ* alle gleich sind. Heinz von Foerster hat dies sehr hübsch ausgedrückt, indem er sagte: «Die neuronalen Impulse geben an, *wieviel*, aber nie, *was*» (1973, S. 38).

Es scheint also Unsinn zu sein, daß die Farben, die Formen und die gegenständlichen Beziehungen, die die Welt unseres Erlebens ausmachen, als «Informationen» aus einer realen Außenwelt in unsere Wirklichkeit kommen. Die Begriffe und Beziehungen, mit denen wir Modelle bauen, um die Black box zu «erklären», sind also unter allen Umständen unsere eigenen Konstrukte. Sie können, wie Einstein sagte, nie mit dem verglichen und geprüft werden, was Realisten als Ursachen unserer Beobachtungen erkennen möchten.

Der Konstruktivismus, den ich vertrete, gründet sich auf Analysen des Denkens – wenn Sie wollen, auf Logik. Er braucht keine Beweise durch empirische Befunde. Er ist ein Modell des Denkens und hat nicht den geringsten Ehrgeiz, eine Realität zu beschreiben. Darum ist er auch keine Erkenntnistheorie im herkömmlichen Sinne. Trotzdem ist es gar nicht unangenehm zu entdecken, daß die neuesten empirischen Forschungen ihm in keiner Weise widersprechen. Die Viabilität eines Modells verlangt letzten Endes auch, daß es mit den Modellen anderer Disziplinen nicht unvereinbar ist.

Abschließend möchte ich sagen, daß der Konstruktivismus es sich keineswegs anmaßt, das Konstruieren *möglicher* Realitäten zu verachten – er wehrt sich nur gegen die Behauptung, daß irgend so ein Modell das «wahre» sei. Er betrachtet die reale Welt als Fiktion im Sinne Vaihingers, das heißt als *heuristisches Hilfsmittel*, das, wie für Kant das «Ding an sich», eine Annahme ist, die unerläßlich wird, wenn wir mit anderen Menschen umgehen und zusammenarbeiten möchten.

Literatur

Bateson, Gregory, 1972: «Cybernetic explanation», in: *Steps to an Ecology of Mind*, S. 399–410, New York: Ballantine (dt.: «Kybernetische Erklärung», in: *Ökologie des Geistes*, S. 515–529, Frankfurt a. M. 1981: Suhrkamp).

Belloni, Lanfranco, 1975: *Opere scelte di Torricelli*, Turin: Unione Tipografico-Editrice Torinese.

Caramuel, Juan, 1670: *Mathesis biceps, Meditatio prooemialis*, Campania: Officina Episcopali.

Einstein, Albert, und Infeld, Leopold, 1938: *The Evolution of Physics*, New York: Simon & Schuster, 1967 (dt.: *Die Evolution der Physik*, Reinbek: Rowohlt, Neuausgabe 1995).

Foerster, Heinz von, 1973: «On constructing a reality», in: F. E. Preiser (Hg.), *Environmental Design Research*, Band 2, S. 35–46, Stroudsburg: Dowden, Hutchinson & Ross.

Kearney, R., Hg., 1985: *The Irish Mind*, Dublin: Wolfhound Press.

Locke, John, 1690: An Essay Concerning Human Understanding (dt.: *Über den menschlichen Verstand*, Berlin 1962: Akademie-Verlag).

McCulloch, Warren S., 1965: *Embodiments of Mind*, Cambridge, Massachusetts: MIT Press.

Meyendorff, John, 1974: *Byzantine Theology*, New York: Fordham University Press.

Vaihinger, Hans, 1913: *Die Philosophie des Als Ob*, Berlin: Reuther & Reichard (Neudruck der 9./10. Auflage, Aalen: Scientia Verlag, 1986).

Vico, Giambattista, 1744: Principi di scienza nuova (dt.: *Die neue Wissenschaft über die gemeinschaftliche Natur der Völker*, Reinbek: Rowohlt 1966).

Thomas Bernhard Seiler

Sind wir selbst die Schöpfer unserer Weltbilder?

Du brauchst eine neue Begriffsbrille.
Ludwig Wittgenstein

Weltbilder bestehen aus Wissensstücken und Meinungen über Sinn und Struktur der Welt. Um mit Wittgenstein zu reden, können wir sie als Brille bezeichnen, durch die wir die Welt, die uns umgibt, wahrnehmen, begreifen und interpretieren. Immer wenn wir handeln, denken und reden, liegt jedem einzelnen Akt, sei es implizit, sei es explizit, ein Bild der Welt zugrunde, in die hinein wir handeln, von der wir denken oder reden. In jeder Aussage, mit der wir uns an andere wenden, bringen wir unsere Betrachtungsweise und Bewertung zum Ausdruck. In diesem Essay geht es um die Frage, worin diese Sehweisen bestehen, wie sie entstanden sind und ob wir sie nach Belieben auf- und absetzen können.

Weltbilder – Wissen und Meinen über Sinn und Struktur der Welt

Wir sprechen von «Weltbildern». Welcher Art sind diese Bilder? Wie können wir sie näher bestimmen? Handelt es sich dabei um Bilder im eigentlichen Sinne, um fotografieartige Abbilder der materiellen Dinge und Situationen, die wir gesehen haben? Keineswegs!

Manche Weltbilder mögen einzelne bildhafte oder, wie man auch sagt, figurative Aspekte enthalten, vor allem natürlich, wenn sie sich auf konkrete, visuell wahrnehmbare Gegenstände beziehen. Aber auch in diesen Fällen handelt es sich nie um vollständige und getreue Abbilder. Wir wissen ja, daß sogar Wahrnehmungsbilder und erst recht Vorstellungsbilder immer nur eine selektive Auswahl an charakterisierenden Merkmalen ihrer Gegenstände umfassen. Wenn wir uns einen ganz bestimmten Stuhl vorstellen und erst recht, wenn wir uns ein Bild vom «typischen Stuhl» machen, beschränkt sich unser Vorstellungsbild auf einige Aspekte und Konfigurationen, die in unserer Erfahrung immer wieder vorkamen, vor allem jedoch auf diejenigen, welche die Funktion des Sitzens gewährleisten.

Viel richtiger liegen wir daher, wenn wir Weltbilder als komplexe Wissensstrukturen und als Mittel des Verstehens bezeichnen. Denn wenn auch in dem, was wir unsere Weltbilder nennen, einzelne wahrnehmbare und figurative Aspekte der Welt enthalten sein mögen, so ist doch kennzeichnender für sie, daß sie unser Wissen über die Welt und unser Handeln in der Welt enthalten. Aber auch diese Bestimmung ist noch zu vage und greift aus vielerlei Gründen zu kurz. Sie ist zu vage, weil es nicht nur *eine* Form von Wissen gibt. Wir können und müssen mindestens zwischen drei grundlegend verschiedenen Arten von Wissen unterscheiden:

Erstens Wissen, das nur im unmittelbaren Handeln und Wahrnehmen besteht und kein Denken und kein sekundäres Bewußtsein voraussetzt, zum Beispiel die frühen sensomotorischen Schemata des Kleinkindes. Aber auch der Erwachsene besitzt zahlreiche Wissensstrukturen dieser Art. Zweitens begriffliches Wissen, das auf inneren Vorstellungen und Begriffen beruht. Drittens reflexives Wissen, bei dem wir Gegenstände und Aspekte unserer inneren und äußeren Welt nicht nur auf direkte Weise erfassen, sondern uns gleichzeitig bewußt sind, daß wir um sie wissen. Ein Wissen also, bei dem wir bewußt zwischen den Gegenständen, um die wir wissen, und den Akten, Voraussetzungen und Bedingungen dieses Wissens zu differenzieren vermögen. Man könnte auch sagen, ein Wissen, das von anderem Wissen begleitet und gesteuert wird.

Um diese Differenzierung zu verstehen, ist es notwendig, sich klarzumachen, daß schon das sensomotorische Wissen und in besonderer Weise das begriffliche Wissen von unmittelbarer und gegenstandsbezogener Aufmerksamkeit, einer Vorform von Bewußtsein, begleitet sind. Begriffliches Wissen enthält zusätzlich Momente reflexiven oder sekundären Bewußtseins, die sich anfänglich nur auf den Gegenstand und nicht auf das Denken beziehen.

Welche Art von Wissen ist denn nun gemeint, wenn man von Weltbildern spricht? Üblicherweise werden unter der Bezeichnung «Weltbilder» zusammenhängende, begriffliche Wissensinhalte verstanden, die sich auf die natürliche wie auch die soziokulturelle und die gesellschaftliche Ordnung beziehen, in der wir leben. Von Weltbildern reden wir, wenn wir das konventionelle und kulturell sanktionierte Wissen einer Kultur oder Gesellschaft über einen Ausschnitt der sie umgebenden Welt, aber auch, wenn wir das damit übereinstimmende oder davon abweichende subjektive Wissen und Meinen einer Person bezeichnen wollen.

In beiden Fällen wird dieses Wissen aus expliziten Vorstellungen über die Gegenstände, Beziehungen und Abhängigkeiten des betreffenden Wirklichkeitsausschnittes konstituiert, immer liegen ihm aber auch implizite Annahmen zugrunde, die den oder dem Menschen nicht bewußt sind. Was diese Weltbilder alles beinhalten, kann vom Denkenden und Handelnden wohl nie vollständig bewußtgemacht werden. Mit anderen Worten, es sind immer nur einzelne ihrer Inhalte, Gegenstände und Aspekte, auf die er in einer aktuellen Situation bewußt achtet. Dennoch bestimmen diese Sehweisen sein Verstehen und Handeln meist mit der Gesamtheit ihrer Inhalte, Annahmen und Bewertungen. Auch dem reflexiven Denken sind sie im allgemeinen nur partiell zugänglich. Es erfordert fast immer ein hohes Maß von Reflexion und geistiger Arbeit, um auch nur die wichtigsten in ihnen enthaltenen Aspekte, Beziehungen und Annahmen explizit zu machen, und selbst das gelingt nie vollständig.

Die Umschreibung von Weltbildern als Gebilde von zusammenhängenden Wissensinhalten greift aber immer noch zu kurz. Es ist genauso wichtig zu sehen, daß sie keine bloß kognitiven oder rationalen Erkenntnisstrukturen bilden, sondern stets emotional besetzte Rekonstruktionen von Welt sind, die als solche positive oder negative Wertstrukturen darstellen. Mit ihnen und durch sie bewerten wir, beziehen wir Position und freuen oder ärgern uns dabei. Aus all diesen Gründen können Weltbilder nicht den Anspruch erheben, neutrale oder objektive Beschreibungen einer außerhalb unserer Erfahrung existierenden Wirklichkeit zu sein.

All das, was hier über Weltbilder gesagt wurde, gilt genauso für das, was man in der Kognitionstheorie «Begriffe» nennt. Auch Begriffe bestehen nicht bloß aus reinem Wissen, sie sind auch nicht Listen von Merkmalen, die einer bestimmten Menge von Gegenständen gemeinsam sind, wie viele psychologisch orientierte Autoren behaupten. Ebensowenig beschränken sie sich auf die Repräsentation eines typischen Exemplars der betreffenden Begriffsklasse, wie andere Kognitionswissenschaftler im Gefolge von Eleonore Rosch meinen. Es handelt sich bei ihnen immer um Komplexe oder Systeme von Merkmalen, Beziehungen und Annahmen, mit denen wir einen Ausschnitt von Welt einfangen, eingrenzen, beschreiben, erklären und bewerten. Begriffe sind ebenso wie Weltbilder emotional besetzte Wertvorstellungen. Aus diesen Gründen werden Begriffe am besten als Alltagstheorien des erkennenden und denkenden Menschen definiert.

Auf dieses begriffliche Wissen greift der Mensch zurück, wenn er sprachlichen Ausdrücken und Worten Bedeutung verleiht. Nur über die Sprache haben wir Zugang zu den Begriffen. Daher beschäftigt sich Begriffsforschung sowohl mit den kollektiven oder normativen Bedeutungen von Worten als auch mit ihren idiosynkratischen Verwendungen durch den einzelnen, vor allem aber versucht sie, das Weltbild, das hinter der Sprachverwendung steht und sie begründet, sowie die Prozesse seiner Entwicklung und Veränderung zu erfassen und zu erklären.

Begriffe und Weltbilder mögen sich darin unterscheiden, daß letztere im allgemeinen nicht isolierte Objekte und Ereignisse zum Gegenstand haben, wie das bei einzelnen Begriffen der Fall sein kann. Wenn wir von Weltbildern reden, meinen wir eher ein Wissen und Verstehen, das sich auf globale Zusammenhänge, auf grundlegende Charakteristika, auf den Aufbau, den Sinn und Zweck der uns umgebenden Welt bezieht.

Da die Welt, in der wir leben, so vielseitig und komplex ist, daß wir sie nicht bloß einer, sondern zahllosen Perspektiven unterwerfen können, und enorm unterschiedliche Bereiche für unser Leben und Denken wichtig sind, ist es nicht möglich, die Zahl und die Arten von Weltbildern und erst recht von Begriffen, über die wir verfügen, auf einige wenige zu beschränken. Zum Zweck einer theoretischen Ordnung mag es aber sinnvoll sein, die Klasse der physikalisch-biologischen Weltbilder von solchen, die sich auf die soziale Welt beziehen, zu unterscheiden.

Die erste Klasse umfaßt so grundlegende Kategorien wie Raum, Zeit, Invarianz, Kausalität usw., die unser Wahrnehmen und Denken über Gegenstände und Ereignisse der Welt bestimmen. Dazu gehören aber auch die Unterteilungen, mit denen wir diese Welt gliedern, wie zum Beispiel belebte und unbelebte Natur, die Gruppen von Gegenständen und Lebewesen, die wir zusammenfassen und denen wir gemeinsame und trennende Merkmale, unterschiedliche Funktionen und Rollen zuschreiben.

Die zweite Klasse ist gewiß nicht ganz unabhängig von der ersten, da viele Funktionen, Rollen und Merkmale, die wir ihren Unterklassen zuschreiben, auch eine soziale Funktion haben, und sie nur aus sozialen Gesichtspunkten und Zielsetzungen heraus so und nicht anders zusammengefaßt und gesehen werden. Dennoch ist es dienlich, rein sozial bestimmte Weltbilder von solchen über die natürliche und physikalische Welt zu unterscheiden. Weltbilder, die eindeutig zur zweiten Klasse gehören, umfassen beispielsweise solche Begriffe wie «Geld», «Arbeit», «Gemeinschaft», «Verantwortung», «Freundschaft», «Hilfe» usw.

Um von vornherein einem grundlegenden und weitverbreiteten Mißverständnis zu begegnen, scheint es angebracht, ja notwendig, schon hier eine wichtige Ergänzung anzubringen. Alle Weltbilder, ob sie der ersten oder der zweiten Klasse zugerechnet werden, sind auch durch die Kultur der Menschen bestimmt, die sie vertreten. Mit anderen Worten, es gibt keine kulturunabhängigen Weltbilder. Selbst bei scheinbar einfachen und objektiven Vorstellungen, die wir uns über unsere Umwelt und die Gegenstände und Ereignisse in ihr machen, sind immer auch kulturbestimmte Erfahrungen und Sehweisen mit im Spiel.

Neben den erwähnten Klassen oder Arten von Weltbildern, die auf der üblichen Unterscheidung von natürlichen und sozialen Gegenständen beruhen, lassen sich Weltbilder auch bezüglich der Ausprägung ihres Wertcharakters in zwei Gruppen einteilen: in Realbilder und Idealbilder.

Von *Idealbildern* sprechen wir, wenn wir die Bilder, die wir uns von der Welt machen, nicht nur implizit bewerten, sondern explizit der Meinung sind, daß die Welt so sein sollte, wie wir sie uns vorstellen. Die meisten unserer Weltbilder sind positive oder negative Idealbilder. In ihnen machen wir uns Vorstellungen von der Welt, wie sie nach unserer Meinung sein sollte. Oder wir beklagen oder verwerfen das, was wir von ihr sehen und glauben.

Von *Realbildern* könnte man sprechen, wenn man Weltbilder im Auge hat, mit denen jemand explizit die Intention verfolgt und zum Ausdruck bringt, daß die Welt so sei, wie sie ihm erscheint, wie er sie sieht und sich vorstellt. Ich möchte allerdings betonen, daß eine pointierte Gegenüberstellung von Realbildern und Idealbildern eine grob vereinfachende und abstrahierende Redeweise ist. In Wirklichkeit haben wir es mit einer komplexen Dimension und fließenden Übergängen zu tun. Wie für alle unsere Begriffe gilt auch für die Sehweisen, die wir unsere Weltbilder nennen, daß sie zwischen den beiden Extremen stehen und sich je nach Fall und Situation mal dem einen, mal dem anderen Pol annähern.

Zeit und Natur als grundlegende Raster des Welterlebens

Bevor wir auf Funktion, Entstehung und Entwicklung von Weltbildern zu sprechen kommen, sollen zwei Beispiele vorgestellt und ihre inhaltliche Komplexität und interindividuelle Variationsbreite thematisiert werden. Folgende Fragen leiten uns: Sind die Weltbilder der Erwachsenen unserer Kultur und Gesellschaft einheitlich und geschlossen? Sind sie bei allen identisch? Sind sie einfach oder komplex? Wenn komplex, welche Komponenten lassen sich unterscheiden? Wie unterschiedlich kann ihre Bewertung ausfallen? Die Beispiele und Analysen entstammen der entwicklungspsychologisch orientierten Begriffsforschung unserer Arbeitsgruppe in Darmstadt.

Am Beispiel des *Zeitbegriffs* möchte ich zuerst zeigen, wie komplex und vielschichtig Weltbilder sein können. Wir werden dann im nächsten Abschnitt auch sehen, daß unterschiedliche Kulturen und Personen nicht immer alle dieser möglichen Aspekte in ihre Sicht integrieren, daß sie sich oft auf einzelne Komponenten beschränken oder doch ihr Hauptaugenmerk darauf richten. Extrem unterschiedlich fällt insbesondere die Akzentuierung und Bewertung dieser Aspekte in divergenten Kulturen aus, aber auch Individuen unterscheiden sich in der Bevorzugung einzelner Aspekte und ihrer Gewichtung.

Wir können nicht handeln und denken, ohne in der Zeit zu stehen, ohne den ständigen Fluß der Zeit mitzudenken. Ganz unabhängig von der Frage, mit der wir uns hier nicht auseinandersetzen, ob es auch eine Zeit gibt, welche die Ereignisse der Welt realiter bestimmt oder nicht, haben wir auf alle Fälle immer eine Brille auf, die wir nicht absetzen können und die sowohl den äußeren als auch den inneren Geschehnissen einen zeitlichen Charakter des Verlaufs oder Vergehens aufprägt. Alle Dinge und Ereignisse scheinen uns dem Fluß der Zeit unterworfen zu sein, und auch unser inneres Erleben kennt das Kommen und Vergehen, erfährt das längere oder kürzere Verweilen. Die Regeln eines nicht aufhaltbaren Vorrückens bestimmen unser Handeln und Denken.

Die Zeiterfahrung scheint universell zu sein. Daher ist es nicht verwunderlich, daß es keine Kultur und keine Person gibt, die nicht über Zeitvorstellungen verfügt. Welche Inhalte und Komponenten machen diese Zeitvorstellungen aus? Ich möchte gleichsam am normalen und durchschnittlichen Zeitbild von Erwachsenen unserer Kultur aufzeigen, wie vielfältig und komplex seine Komponenten und Aspekte sind, was wir alles explizit oder implizit verstehen und meinen, wenn wir von der Zeit reden, oder auch nur in der Vorstellung unser Denken und Tun der Zeit unterworfen sehen. Die Übersicht, die ich hier vorstelle, beruht auf einer Literaturanalyse, die Susanne Spies (1995) erarbeitet hat.

Danach lassen sich im Weltbild von Zeit drei Hauptkategorien unterscheiden, von denen jede eine Reihe von Komponenten enthält. Die drei Hauptkategorien strukturieren die Zeitdimension der externalen Welt, das Zeiterleben der internalen Welt und die Dimensionen der kulturellen oder gesellschaftlichen Zeit (siehe Tabelle S. 34).

Das *objektive Zeitschema* beruht auf der abstrakten und idealisierten Systematisierung von Zeitvorgängen in der äußeren Welt. Sie wird als einheitlicher, inhalts- und erlebnisunabhängiger Verlauf gedacht und erlebt, der alle Ereignisse umfaßt und der durch die Merkmale der Kontinuierlichkeit, Vorwärtsgerichtetheit, Stetigkeit, Universalität und Unendlichkeit gekennzeichnet ist. Dieses Zeitschema ist auch Grundlage und Ausgangspunkt unseres Bemühens, Beginn, Dauer und Ende von zeitlichen Ereignissen zu messen. In differenzierterer Form liegt es wissenschaftlichen Beschreibungen und Analysen der Welt zugrunde. Es lassen sich in diesem Schema folgende Teilkomponenten unterscheiden:

1. *Physikalische Zeit:* Zeitschemata und Zeitmaße, die von den Menschen im Verlauf der Kulturgeschichte erarbeitet und von der Wissenschaft präzisiert worden sind. Sie werden jedem Geschehen, jeder Bewegung und jeder Veränderung unterlegt.
2. *Konventionelles Zeitsystem:* Auf dem objektiven Zeitschema der makrophysikalischen Zeit beruhende Zeitrechnung. Sie umfaßt Einheiten des Uhr- und Kalenderschemas und bildet ein System von koordinierbaren, ineinandergeschachtelten Teilelementen von fester Abfolge und Dauer.

Hauptkategorien	Merkmale	Komponenten
Zeitstrukturierung der externalen Welt (objektive Zeit): auf der Grundlage von regelmäßigen Naturereignissen theoretisch konstruierter und idealisierter Zeitverlauf	• homogen • inhaltsunabhängig • kontinuierlich • linear, stetig • metrisch • universell • unendlich	• physikalische Zeit • konventionellesZeitsystem (Uhr, Kalender) • Naturzyklen • formales Schema von Vergangenheit, Gegenwart und Zukunft
Zeitstrukturierung der gesellschaftlichen Welt: kulturell und gesellschaftlich bestimmte Untergliederungen des alltäglichen und lebenszeitlichen Verlaufs der Zeit	• normativ • kulturspezifisch • inhaltsabhängig • interpersonal gültig	• Alltagszeituntergliederung • Lebenszeituntergliederung • Zeitnormen und kulturelle Zeitauffassungen • Geschichte und kulturelle Zukunft
Zeitstrukturierung der internalen Welt (subjektive Zeit): die Zeit, wie sie in der inneren Erfahrung des Subjekts erlebt wird	• inhomogen • diskontinuierlich • inhaltsabhängig • individuumsspezifisch • begrenzt	• Alltagszeit – Zeiterleben – Umgang mit Zeit • Lebenszeit – Alter und Altern: Lebensphasen und Lebenszeit – Zeitperspektive

Komponenten des Zeitbegriffs

3. Das *formale Schema von Vergangenheit, Gegenwart und Zukunft:* Es beruht auf dem Begriff des stetigen Zeitflusses und drückt in besonderer Weise die Linearität und Vorwärtsgerichtetheit der Zeit aus. Die zeitlichen Verläufe aller äußeren Ereignisse werden in dieses Schema eingeordnet.

Die *subjektive Zeit* gründet auf der Zeiterfahrung der internalen Welt und strukturiert ihr Erleben im Bewußtsein. Dieses Zeiterleben und seine Strukturierung sind durch andere Merkmale gekennzeichnet als die objektive Zeit. Es ist eher inhomogen und diskontinuierlich. Seine Strukturierung ist spezifisch für das einzelne Individuum und für die Situation, in der es sich befindet. Darum ist die subjektive Zeit inhalts- und erlebnisabhängig. Das subjektive Zeiterleben kann sich entweder auf die Alltagszeit oder die Lebenszeit beziehen.

Die *Alltagszeit* ist die Zeitorientierung, die sich auf das tagtägliche Handeln und seine Organisation bezieht. Sie läßt sich in eine eher emotionsbetonte und eine eher auf das Handeln ausgerichtete Komponente aufgliedern:

1. *Zeiterleben:* Das subjektive Erfahren und Empfinden eines inneren oder äußeren Ereignisses als schnell oder langsam vergehend, das in der relativen Dichte der in ihm wahrgenommenen Veränderungen verankert ist. Es ist abhängig von externalen Faktoren der Ereignis- und Situationsqualität und ihrem Anforderungsgehalt sowie von internalen Faktoren sowohl der Handlungsqualität und der Aufmerksamkeitsanspannung als auch der zur Zeit vorherrschenden Emotion und Motivation.
2. Der *Umgang mit Zeit:* Er bezieht sich auf das bewußte Erleben und die handelnde Gestaltung von Alltagszeit sowie auf die Bewältigung von vorgegebenen oder selbstgesetzten Anforderungen hinsichtlich der Verwendung von Alltagszeit. Er beinhaltet: zeitliche Orientierung, Einhaltung von Zeitgrenzen, Zeitplanung, Zeiteinteilung und das Ausfüllen von Zeitspannen, die sich aus der Organisation des Alltags ergeben.

Die *Lebenszeit* ist das subjektive Erleben, das sich auf Beginn, Ablauf und Ende des menschlichen Daseins bezieht. Wie die Alltagszeit unterliegt auch dieses Erleben kulturellen und gesellschaftlichen Vorgaben und Normen. Sie wird im allgemeinen in folgende Unterkomponenten gegliedert:

1. *Alter* und *Altern, Lebensphasenuntergliederung* und Bewußtsein der *Begrenztheit* der menschlichen Lebensspanne. Der Prozeß des Alterns ist ein chronologischer Vorgang, der von biologischen, psychologischen und sozialen Faktoren abhängt. Für die zeitliche Strukturierung der Lebenszeit orientiert sich das Individuum an kulturbestimmten Lebensphasenuntergliederungen und auf sie bezogene Erwartungen.

2. Die *persönliche Zeitperspektive* ist die gedankliche Repräsentation der persönlichen Erlebnisse und des eigenen Lebenslaufes im Raster von Vergangenheit, Gegenwart und Zukunft. Sie beinhaltet die Auseinandersetzung mit Erfahrungen aus der Vergangenheit, die Verarbeitung gegenwärtigen Geschehens und die daran ausgerichteten Zukunftsvorstellungen. Die Vergangenheit gewinnt ihre Bedeutung durch die Rekonstruktion der sie im Gedächtnis konstituierenden Ereignisse. Die Gegenwart ist Handlungs-, Entscheidungs- und Bewußtseinsraum. Zukunft wird als ungewiß und unbestimmt erlebt und ist Gegenstand von Erwartungen, Hoffnungen, Befürchtungen und Planungen.

Die *konventionelle Zeitordnung einer Kultur* ist die Gesamtheit kultureller Zeitstrukturierungen, normativer Vorstellungen und Wertorientierungen, die entweder explizit sanktioniert und kodiert oder wenigstens implizit dem Denken der Angehörigen einer Kultur und ihren Praktiken vorgegeben sind. Sie hängt natürlich mit objektiv wahrgenommenen und ständig wiederkehrenden Naturereignissen und ihrer kulturellen und wissenschaftlichen Strukturierung zusammen, ist aber auch eng verbunden mit dem Grad an Komplexität des kulturellen und wirtschaftlichen Lebenskontextes. Die konventionelle Zeitordnung beeinflußt und bestimmt ihrerseits das subjektive Zeiterleben und beruht umgekehrt auf den Erfahrungen der Individuen, welche die Kultur tragen. Darum wurde sie in der Tabelle zwischen die objektive und die subjektive Zeitordnung geschoben. Es lassen sich verschiedene Ebenen der kulturellen Zeitordnung unterscheiden, die sich alle auf das individuelle und subjektive Zeiterleben auswirken:

1. *Konventionelle Zeituntergliederungen im Bereich der Alltagszeit:* Zeitraster von Tag, Woche, Monat und Jahr. Öffentliche Zeit. Dieses konventionelle Raster, von dem einzelne Momente (wie zum Beispiel Tag und Nacht) durchaus universell sind, dient dem Zweck reibungslosen gesellschaftlichen Zusammenlebens und ist um so differenzierter, je komplexer und arbeitsteiliger eine Gesellschaft ist.
2. *Konventionelle Zeituntergliederungen im Bereich der Lebenszeit:* Jede Kultur hält ein System von zeitlichen Gliederungen des Lebenslaufes, von darauf bezogenen Rollenerwartungen und Verhaltensforderungen und von entsprechenden Angeboten und Restriktionen bereit.

3. *Zeitregeln und kulturbestimmte Zeitauffassungen:* Jede Kultur hält moralische Bewertungen und normative Leitprinzipien für verschiedene Formen der Zeitverwendung bereit, die für die einzelnen, entsprechend ihrem Stand und ihrem Alter, mehr oder weniger stark verpflichtend sind. Sie beziehen sich zum Beispiel auf das Bewußtsein von Zeitknappheit und Zeitdisziplin sowie auf Vergangenheits- und Zukunftsorientierungen.
4. *Kulturelle Zeitperspektive:* Damit ist das Bewußtsein um die kollektive Vergangenheit in Geschichte und Tradition sowie um die Gestaltung der kulturellen Zukunft etc. angesprochen.

Diese Analyse macht die Komplexität unseres Zeitbegriffs überdeutlich. Alle aufgeführten Komponenten sind im Denken eines Erwachsenen unserer Kultur zumindest potentiell gegenwärtig. Auch wenn er nicht explizit an sie denkt, bestimmen sie sein Denken, Erleben und Handeln. Die bewußte Verfügbarkeit und erst recht die Akzentuierung und Bewertung der einzelnen Komponenten fallen allerdings, wie im nächsten Abschnitt zu zeigen ist, sehr unterschiedlich aus.

Neben mehr oder weniger vielschichtigen und komplexen Zeitvorstellungen haben alle Menschen auch ein Bild von der *Natur*, die sie umgibt und von der sie ein Teil sind. Ulrike Sieloff bezeichnet diese Bilder als Naturideale. In ihrem Dissertationsprojekt (1995) hat sie die Naturideale von Personen untersucht, die in einer leitenden oder ausführenden oder direkt betroffenen oder gar nicht betroffenen Funktion mit dem Bau eines Kohlekraftwerks (Bexbach) im Saarland verbunden waren. Sie unterscheidet vier Haupttypen von Naturidealen und Arbeitsidealen, die sie als fatalistisch, instrumentalistisch, funktionalistisch und interaktionistisch kennzeichnet und die bezüglich ihrer emotionalen und normativen Bewertung positiv oder negativ ausfallen konnten. Diese positiven und negativen Idealvorstellungen über Natur und Arbeit mußte sie zusätzlich nach der eher vorherrschenden Tendenz in zeitgemäß optimistische, zeitgemäß pessimistische sowie zeitlos optimistische Formen variieren (eine zeitlos pessimistische Variante trat nicht auf). Es ist leider nicht möglich, hier diese hochinteressante und gut fundierte Analyse vorzustellen, die sowohl die kognitiv-strukturierenden als auch die affektiv bewertenden und die normativen Komponenten herausgearbeitet hat. Nur einige globale Befunde sollen genannt werden.

Alle diese bei näherer Betrachtung extrem unterschiedlichen Naturideale mit ihren Varianten treten in der befragten Population auf. Dabei ist es aufschlußreich zu sehen, daß manche Personen neben einem dominanten Natur- und Arbeitsideal auch noch über andere Ideale verfügen, die sie je nach Situation aktualisieren. Die Häufigkeit der einzelnen Typen ist jedoch nicht gleich: In beiden Inhaltsbereichen (Natur und Arbeit) kommen die instrumentalistischen Idealvorstellungen mit Abstand am häufigsten vor (im Falle des Naturideals: 50 von 99, beim Arbeitsideal noch stärker: 57 von 100, von denen 32 pessimistisch orientiert sind). Für die Interpretation ist sicher auch von Interesse, daß kognitiv besonders anspruchsvolle interaktionistische Idealvorstellungen sich häufiger im Inhaltsbereich Natur als im Inhaltsbereich Arbeit finden.

Einen wesentlichen Befund, der meines Erachtens so nicht zu erwarten war, sehe ich im Verhältnis der positiven zu den negativen Idealen. Sowohl bei den Naturidealen als auch, was vielleicht noch mehr erstaunt, bei den Arbeitsidealen herrschen die positiv gestimmten dominanten Ideale sehr deutlich vor (74 positive gegen nur 25 negative Naturideale: 61 gegen 39 bei den Arbeitsidealen). Daß gleichzeitig die zeitgemäßen Vorstellungen die zeitlosen überwiegen (67 gegen 32), macht diesen Trend noch bemerkenswerter. Mit anderen Worten, die Befragten zeigen sich bei der Konstruktion der idealen Beziehungen des Menschen zur Natur und zur Arbeitswelt mehrheitlich optimistisch, auch wenn sie dabei explizit auf heutige Umstände Bezug nehmen.

Von den zahlreichen anderen Befunden möchte ich nur noch folgende erwähnen: Erstens wirkt sich das Alter der Person fast nur auf die Dimension zeitgemäß gegen zeitlos aus, nicht aber auf den Typ des Ideals: Zeitgemäße Ideale finden sich vor allem im frühen Erwachsenenalter, während der Anteil zeitloser Idealvorstellungen im mittleren und im höheren Erwachsenenalter steigt. Zweitens finden sich, einigermaßen überraschend, keine systematischen Beziehungen zwischen dem Bildungsniveau der befragten Personen und dem von ihnen vertretenen Haupttyp der Natur- und Arbeitsideale, wenn sich auch eine leichte Tendenz zeigt, daß pessimistische Ideale eher mit einem niedrigeren Bildungsniveau einhergehen. Drittens: Sehr aufschlußreich und für die Validität der erhobenen Daten sprechend scheint mir der Befund zu sein, daß sich interaktionistische Naturideale (22 Fälle) in etwa vergleichbaren Fallzahlen sowohl in den Betroffenengruppen

(7 Fälle) als auch in den Handlungsgruppen der Untersuchung (11 Fälle) finden. Viertens: Eine vermehrte Präferenz für zeitlos-optimistische Naturideale vom funktionalistischen Typ tritt bei den Handlungsgruppen und hier insbesondere bei den Umweltschützern auf. «Deshalb läßt sich vermuten», meint Ulrike Sieloff, «daß überregionales ökologisches Engagement eine besonders günstige Anregungsbedingung zur Entfaltung von Denkformen darstellt, die ökosystemare Vorstellungen von der Ordnung im Lebensbereich Natur ... beinhalten» (S. 312).

Wie entstehen solche Weltbilder?

Die beispielhafte Vorstellung und Analyse des Zeitbegriffs und einiger Naturideale hat gezeigt, daß diese Weltbilder nicht nur äußerst komplex sind, sondern auch eine erhebliche Variationsbreite der Auffassungen innerhalb ein und derselben Kultur und Gesellschaft aufweisen, so daß ihre Angehörigen oft extrem unterschiedliche Meinungen vertreten. Das ist auch ein durchgängiger Befund aller psychologischen und entwicklungspsychologischen Einstellungs- und Begriffsforschungen. Noch weniger sind Weltbilder bei Menschen unterschiedlicher Kulturen identisch. Wir wissen nicht bloß aus kulturvergleichenden entwicklungspsychologischen Studien, sondern auch aus anthropologischen, ethnologischen und kulturhistorischen Forschungen, daß in unterschiedlichen Kulturen und Gesellschaften oft extrem divergente Weltbilder vorherrschen.

Es ist aber auch von wesentlicher Bedeutung zu sehen, daß Weltbilder nicht unveränderlich sind. Weltbilder haben eine Geschichte, sie entstehen, entwickeln und verändern sich sowohl in einem kulturhistorischen als auch in einem ontogenetischen und individualgenetischen Bildungsprozeß. Es ist hier nicht möglich, auf den kulturhistorischen Entwicklungsprozeß und seine Bedingungen einzugehen. Interessierte seien zum Beispiel auf Peter Damerows interessante Analysen (1993) zur Entwicklung des Zahlbegriffs in der mesopotamischen Kultur verwiesen, die er auf der Basis einer strukturgenetischen Theorie unternimmt. Dagegen möchte ich auf die Ontogenese von Weltbildern eingehen und zuerst ihren Entwicklungsverlauf am Beispiel kulturell unterschiedlicher Zeitvorstellungen exemplifizieren.

Bei Untersuchungen dieser Art steht nicht das Denken der Erwachsenen zur Debatte, sondern die Weltsicht der Kinder und Jugendlichen, und wir fragen uns: Wie sehen Kinder und Jugendliche die Welt? Welche Veränderungen durchlaufen ihre Begriffe, und wie nähern sie sich den Vorstellungen Erwachsener an? Im folgenden vierten Abschnitt werden wir uns dann mit den Gesetzen dieser Entwicklung beschäftigen.

In ihrem Dissertationsprojekt hat Susanne Spies (1995) die Kulturabhängigkeit des Alltagsverständnisses von Zeit und seiner Entwicklung bei türkischen und deutschen Kindern in einer gut geplanten und nach aller Regel gesicherten Studie untersucht. Die türkischen Kinder, die sie systematisch und umfassend befragt hat, stammten aus einem Dorf aus dem Südosten der Türkei, die deutschen Kinder aus dem Odenwald. Es wurden jeweils drei Altersgruppen von je 14 Kindern (Sechsjährige, Neunjährige und Zwölfjährige), also insgesamt 84, in die Untersuchung einbezogen. Es ist nicht möglich, hier alle Befunde darzustellen; ich möchte nur auf einige Kulturunterschiede im Zeitverständnis und auf unterschiedliche Entwicklungsverläufe hinweisen.

Es zeigt sich in dieser Untersuchung, daß die übergreifenden strukturellen Merkmale des Entwicklungsverlaufes in beiden Kulturen gleich sind. Unterschiede zeigen sich dagegen in der inhaltlichen Ausprägung, in der Akzentuierung bestimmter Aspekte und im früheren oder späteren Auftreten von bestimmten Entwicklungsniveaus des Zeitbegriffs oder einzelner seiner Hauptkategorien und Hauptkomponenten. Solche Befunde werfen die Frage auf, wie es gleichzeitig sowohl zu diesen massiven kulturellen Unterschieden in den Akzentuierungen und Inhalten als auch zu den kulturübergreifenden Gemeinsamkeiten im strukturellen Entwicklungsverlauf kommt.

Die Entwicklung des Zeitverständnisses beginnt bei den sechsjährigen Kindern beider Kulturen mit strikt tätigkeitsgebundenen Vorstellungen. Es gibt für sie noch keine zeitliche Ordnungsstruktur, die den Ereignissen vor- oder übergeordnet ist; vielmehr scheinen es die Aktivitäten, Ereignisse und Veränderungen selbst zu sein, die den Zeitfluß bestimmen. Bei einigen wenigen Sechsjährigen und deutlich bei den Neunjährigen beginnen sich diese Vorstellungen dann zu differenzieren, indem zum Beispiel konkrete Handlungen und Ereignisse mit zeitlichen Attributen versehen werden.

In einer nächsten Entwicklungsstufe, die vor allem Neunjährige, aber auch noch einige Zwölfjährige kennzeichnet, werden die Ereignisse auf eine Zeitachse verlegt, und der Charakter der Zeit als einer Ordnungsdimension, in die variierende Aktivitäten eingebettet erscheinen, wird klar erkannt. Zeit nimmt die Gestalt einer Hintergrundbedingung an, die alle konkreten Alltagsvollzüge bestimmt. Innerhalb der als eigenständige Größe erkannten Zeit beginnen die Neunjährigen nun auch deren Teilkomponenten zu unterscheiden. So wird der sukzessive Verlauf der Zeit erfaßt, weshalb diese Kinder über einen verfestigteren zeitlichen Ordnungssinn verfügen. Ebenso werden auch konkrete Merkmale der Zeit, zum Beispiel ihr unaufhaltbares Vergehen, erarbeitet. Auch Vergangenheit und Zukunft sind nicht mehr rein inhaltlich, sondern als explizite Zeitzonen repräsentiert. Dennoch bleibt dieses Erklärungssystem noch völlig konkreten Gegebenheiten und Alltagserfahrungen verhaftet.

Die meisten Zwölfjährigen dieser Studie erreichen dagegen ein wesentlich abstrakteres Niveau im Zeitverständnis. Die Zeit wird objektiviert und von den konkreten Vollzügen abgelöst. Ein einheitliches Zeitschema, das alle Vorgänge, Handlungen und Ereignisse umfaßt, wird ausgebildet. Diese Dimension weitet sich über den persönlichen Erfahrungshorizont hinaus aus, und die Jugendlichen sind jetzt in der Lage, unterschiedliche Ereignisse in diese einheitliche Zeitdimension einzuordnen.

Ein weiteres Entwicklungsniveau, zu dem aber nur ein Teil der Zwölfjährigen dieser Studie gelangt, ist durch Bewußtwerdungsprozesse gekennzeichnet. Sie zeigen sich vor allem in dem Befund, daß viele dieser Jugendlichen über den abstrakten Begriff der Zeit und seine Inhalte zu reden beginnen. Sie sind in der Lage, die objektive Zeit in abstrakter Weise zu charakterisieren, und beginnen davon deutlich die subjektive Zeit zu unterscheiden, die sie an innere Kriterien binden. Sie erkennen auch, daß es verschiedene Möglichkeiten der Zeitgestaltung gibt. Damit geht eine aktivere und konstruktivere Sicht der Handhabung von Zeit einher. Zeit wird zum Objekt des Handelns.

Dieser Entwicklungsverlauf ist also nicht nur durch eine quantitative und extensionale Ausweitung gekennzeichnet, sondern eher durch grundlegende qualitative Veränderungen. Auf den höheren Entwicklungsniveaus haben Kinder und Jugendliche die Teilkomponenten von Zeit zumindest in ihren wichtigsten Grundzügen erarbeitet, voneinander abgegrenzt und ein differenzierteres und integrierteres Zeitsystem herausgebildet. Sie können explizit die zentralen Merkmale von Zeit und ihren Teilbereichen benennen und gegeneinander abwägen.

Während in groben Zügen dieser Entwicklungsverlauf in beiden Kulturen ähnlich verläuft, zeigen sich inhaltlich große Kulturunterschiede. In der Altersgruppe der Sechsjährigen sind diese Unterschiede noch minimal, insofern nämlich die deutschen Kinder öfter als die türkischen dieses Alters konkrete Einzelhandlungen und Einzelereignisse mit Zeitattributen versehen. Leichte Kulturunterschiede zeigen sich bei den Schulanfängern auch in den Bereichen, die von hoher Alltagsrelevanz sind. Türkische Schulanfänger rücken die Zeit verstärkt in den Kontext ihrer intuitiven Vorstellungen von Lebendigkeit, während bei deutschen die Terminierung (zeitliche Festlegungen und Grenzen) privilegierter Tätigkeiten im Vordergrund steht.

In der Folge dagegen prägen sich mit dem Älterwerden der Kinder und ihrer kognitiven Entwicklung Kulturunterschiede immer deutlicher aus. Die Vorstellungen der Kinder nähern sich zusehends den Aspekten an, die in der Zeiterfahrung und Zeiterfassung ihrer Kultur zentral sind. So treten bei türkischen Kindern die Zeitmerkmale in den Vordergrund, die mit dem Ablauf des Lebens und mit der Begrenztheit der Lebenszeit verbunden sind, insbesondere das unaufhaltsame Vergehen der Zeit. Von deutschen Kindern dagegen wird die Zeit primär in den Kontext der Alltagszeit mit ihren zeitlichen Regelungen, Einteilungen und Spielräumen gestellt. Sie betonen Zeitmerkmale, die mit der Ausrichtung des Handelns an der Alltagszeitorganisation zusammenhängen. Die dafür unverzichtbaren Mittel, Uhr und Kalender, gewinnen in diesem Rahmen eine weit höhere Bedeutung, als dies im Rahmen der Lebenszeitakzentuierung bei den türkischen Kindern der Fall ist.

Gleichzeitig bleibt das Zeitwissen der türkischen Kinder stärker auf gröbere Zeiteinteilungen begrenzt, während die deutschen Kinder in den meisten Etappen der beobachteten Entwicklung uhrzeitfixiert sind und vielfältige Koordinationen zwischen ihrem Zeitwissen und ihrem Alltagsleben herstellen. Demgegenüber verbinden die türkischen Kinder ihr in der Schule erworbenes Zeitwissen kaum mit den Rhythmen der alltäglichen Lebenswelt.

Eine kulturspezifische Erarbeitung liegt daher bei allen Zeitaspekten vor, die mit der Zeitmessung und dem Uhrzeitschema verbunden sind. Diese werden von deutschen Kindern in früherem Alter erfaßt, darüber hinaus erreichen sie in diesem Verständniskomplex ein abstrakteres

Begriffsniveau. Auch kommt es bei ihnen in einem früheren Alter zur Differenzierung von subjektiver und objektiver Zeit.

Der Einfluß kultureller Lebensbedingungen – das kollektivistische Familiendenken in der Türkei und die individualistischen Wertorientierungen bei uns – ist im Bereich von Einstellungen gegenüber der eigenen Zukunft festzustellen und wirkt sich hier auf die Kontrollorientierung aus. Türkische Kinder richten sich in höherem Maße nach externalen Kontrollorientierungen, während ältere deutsche Kinder die Plan- und Gestaltbarkeit der Zukunft hervorheben. Kaum Kulturunterschiede liegen hingegen im Bereich der allgemeineren Merkmale von Vergangenheit, Gegenwart und Zukunft oder anderen eher globalen Zeitkennzeichen vor. Die kulturellen Schwerpunktsetzungen werden gerade da – und von früh an – relevant, wo es um praxisnahe und alltagsrelevante Zeitaspekte geht. Die Entwicklung der zeitlichen Weltsicht ist natürlich mit den hier beobachteten Alters- und Entwicklungsstufen noch nicht abgeschlossen. Extrem unterschiedliche Präferenzen und persönliche Einstellungen zur Zeit bilden sich bei Jugendlichen und Erwachsenen heraus, wie sich in den Untersuchungen von Bauer und Bauer (1994) und von Cavalli (1988) gezeigt hat.

Ähnliche Befunde ließen sich auch für die Entwicklung ökonomischer Vorstellungen, insbesondere der Geld- und Arbeitsbegriffe, anführen. Zu beiden Begriffen liegen umfangreiche entwicklungspsychologische Untersuchungen aus unserem Forschungsbereich vor (vgl. Claar 1990 und Seiler 1988).

Haben wir unsere Weltbilder selber geschaffen?

Welches sind die wichtigsten Folgerungen, die sich aus den bisher vorgestellten Analysen und Untersuchungen ergeben? Es zeigte sich in eindrücklicher Weise, daß Weltbilder nicht nur äußerst komplex und von Kultur zu Kultur verschieden sind. Gleichzeitig wurde deutlich, daß sie auch kulturabhängig sind und sich im Verlauf ihrer Entwicklung ganz eindeutig Schritt für Schritt der kulturell vorherrschenden Weltsicht annähern, ohne daß allerdings die Weltbilder der einzelnen Personen mit den vorgegebenen kulturellen und konventionellen Sehweisen und dem Denken der Erwachsenen in der Umgebung vollständig identisch würden. Das ist auch der Grund, warum wir auch bei den Angehörigen derselben Kultur keine einheitlichen und uniformen Weltbilder finden, sondern im Gegenteil eine enorme Variation von Person zu Person. Wenn wir uns jetzt mit der Entstehung von Weltbildern befassen, haben wir diesen Befunden und Tatsachen Rechnung zu tragen.

Daß der Mensch seine Weltbilder, wenn wir einmal von reflexartigen Reaktionsweisen und sensomotorischen Vorbahnungen absehen, nicht in die Wiege gelegt bekommen hat, scheint heute von den meisten Philosophen und Wissenschaftlern als selbstverständlich angenommen zu werden. Welche anderen Erklärungen bieten sich dann an? Mit Jean Piaget (zum Beispiel 1964) könnte man neben der erwähnten Quelle, der Anlage und der physiologischen Reifung, noch drei andere unterscheiden: Erstens die Erkenntnis und Erfahrung der objektiven Gegebenheiten der Welt als solche. Zweitens soziale Interaktion, fortwährender Diskurs und direkte oder indirekte Belehrung. Drittens die konstruktive Tätigkeit der kognitiven Strukturen selbst. Dazu gehört ihre assimilative und akkommodative Interaktion mit der dinglichen Umwelt und dem sozialen Angebot, wobei in diesem Prozeß auch die ständige gegenseitige Interaktion und die verschiedenen Gleichgewichtsstufen, die sich zwischen ihnen einstellen, als grundlegend wichtig angesehen werden.

Der Annahme, daß menschliche Weltbilder auf einer empiristisch zu verstehenden Erfahrung beruhen, aufgrund deren die objektiven Gegebenheiten der Welt in den Weltbildern vorurteilsfrei abgebildet werden, scheinen sowohl die Befunde über kulturelle Verschiedenheiten als auch vielleicht mehr noch die Tatsache zu widersprechen, daß Personen ein und derselben Gesellschaft und Zeit in bezug auf dieselben Bereiche und Aspekte der Wirklichkeit hochdifferente Auffassungen vertreten können. Daraus darf man auch folgern, daß menschliche Weltbilder nicht einen absoluten Wahrheitscharakter beanspruchen können, sondern allenfalls als alternative Weltsichten zu bezeichnen sind, von denen jede eine bestimmte Brille, das heißt einen bestimmten Erfahrungshintergrund und ein spezifisches Erkenntnisinteresse voraussetzt.

Die Sachlage ist also äußerst komplex. Sowohl die Tatsache der interkulturellen und gesellschaftlichen Differenzen als auch der intrakulturellen und interindividuellen Unterschiede muß beachtet werden, aber in gleichem Maße sollte eine angemessene Erklärung den universellen und interindividuellen Übereinstimmungen Rechnung tragen. Ein besonderes Gewicht erhält diese Argumentation, wenn wir die Gemeinsamkeiten und die Differenzen im Entwicklungsverlauf der Weltbilder unter die Lupe nehmen. Wären die Vorstellungen innerhalb einer Gesellschaft homogen und würden sich alle Kinder und Jugendlichen im Verlauf ihrer Begriffsentwicklung dieselben Vorstellungen in Übereinstimmung mit den erwachsenen Vorbildern aneignen, wäre es wohl naheliegend, ihre Entstehung und Veränderung als einen reinen Internalisierungs- und Sozialisierungsprozeß zu verstehen, der von außen nach innen geht, der ausschließlich durch gegebene gesellschaftliche Bedingungen bestimmt wird. Soziale Interaktion und Vermittlung reichen als Erklärung nicht aus; unsere Untersuchungen haben gezeigt, daß weder Erziehung noch Unterricht, mögen sie noch so ausgefeilt und determinierend sein, den Erfolg garantieren können. Das hat nichts mit einem Rauschen in der übermittelnden Leitung zu tun, denn es handelt sich nicht bloß um Ausfälle und Lücken, sondern um grundlegende Abweichungen und eigenständige Denkwege, die viele Individuen geradezu explizit gegen die indoktrinierende Meinung einschlagen. Wir haben daher eine komplexe Kausalität, ein Zusammenspiel von externen und internen Bedingungen, für die Entwicklung von Weltbildern anzunehmen.

Argumente dieser Art, die hier nur andeutungsweise ausgeführt werden konnten, sprechen meines Erachtens dafür, daß nur eine konstruktivistische Erkenntnistheorie, im Sinne der genetischen Epistemologie von Jean Piaget, eine befriedigende Perspektive aufzeigt. Vor allem Befunde der Art, die wir bei der Untersuchung der Entwicklung des Arbeitsbegriffs (Seiler 1988) vorgelegt haben und denen zufolge soziale, wirtschaftliche und gesellschaftliche Gegebenheiten und Bedingungen von Arbeit, obwohl sie in der Schule explizit vermittelt werden, vom Subjekt kaum in sein aktives und spontanes Verständnis aufgenommen werden, ist ein Indiz für eine konstruktivistische und strukturgenetische Erklärung der Begriffsentwicklung, die im folgenden schrittweise entfaltet werden soll.

Der erste Schritt in dieser Erklärung besagt, daß jedes Erkennen Erkenntnismittel voraussetzt. Jedes Wesen kann nur die Dinge erkennen, für die es geeignete Handlungs- und Erkenntnisschemata mitbringt, und es erkennt sie nur in der Weise, die diesen Schemata entspricht, und nur mit den Merkmalen, die in ihnen schon enthalten sind. Daher wird ein Schüler höchstens so viel von dem verstehen, was ein Lehrer ihm zu erklären versucht, wozu seine Schemata ihn befähigen, was in irgendeiner Weise in ihnen schon enthalten ist oder was er mit anderen Vorstellungen und Begriffen annähern und in analoger Weise aufnehmen kann. Bleibt Erkennen also auf der Stelle stehen, ist es nicht progressiv, ja vielleicht sogar solipsistisch? Wenn Erkennen auf diesen ersten Aspekt, Piaget nennt ihn den assimilativen, beschränkt bliebe, wäre diese Folgerung unausweichlich.

Der zweite Schritt fordert daher für jeden Erkenntnisvorgang auch eine akkommodative Seite. Das sich ergänzende Zusammenspiel der Erkenntnisschemata und die dadurch zustande kommenden veränderten oder ganz neuen Schemata begründen die Fähigkeit des erkennenden Subjekts, auch Dinge und Aspekte zu erfassen, die ihm bisher verschlossen waren. Es sind diese konstruktive Tätigkeit der Erkenntnisstrukturen und ihre Tendenz, sich mit immer neuen Gegenständen und Situationen zu konfrontieren, die zwar auch keine endgültige und vollständige Wahrheit, aber einen adaptiven Erkenntnisfortschritt ermöglichen und erklären.

Eine entscheidende Folgerung aus diesen Überlegungen besagt, daß der Mensch die Entwicklung seines Bewußsteins und seiner Weltbilder nicht einfach erleidet, sondern daß er sie selber aktiv gestaltet. Es handelt sich also weder um einen Konditionierungs-, noch um einen Prägungsprozeß. Der Mensch übernimmt seine Weltbilder nicht kraft cincs durch die Umwelt ausgeübten Indoktrinationsprozesses, sondern bringt sie selber hervor.

Folgt daraus und können und müssen wir sagen, daß das menschliche Subjekt sich seine Weltbilder selber konstruiert? Ja, wenn wir zwei grundlegende Einschränkungen beachten: Erstens ist diese Konstruktion nicht willkürlich oder solipsistisch. Kraft der Akkommodationsdynamik der Strukturen konstruiert das Subjekt seine Weltbilder in adaptiver Weise, indem es seine Strukturen laufend mit anderen Erfahrungen und Interpretationen, die es macht, konfrontiert. Zweitens darf die Konstruktion nicht so gedacht werden, als sei sie von einem übergeordneten Bewußtsein gesteuert. Die Konstruktion unserer Weltbilder setzt keinen Homunculus und kein Bewußtsein ihrer selbst und der konstruierenden Person voraus. Das reflexive Bewußtsein der konstruierenden Person ist ontogenetisch gesehen selber eine späte Konstruktion. Und auch wenn eine Person im Verlauf ihrer Denkentwicklung die Fähigkeit zu reflexivem Bewußtsein ausgebildet hat, bleibt eine bewußte Konstruktion auf seltene Momente und Situationen beschränkt.

Der dritte Schritt erfordert daher, den Konstruktionsprozeß und die Kräfte, die ihn vorantreiben, nicht in ein metaphysisches Subjekt oder Bewußtsein zu verlegen, sondern in die Erkenntnisschemata oder Erkenntnisstrukturen und ihr Zusammenspiel selber. Nicht ein allgemeines Erkenntnisvermögen, sondern die Handlungs- und Erkenntnisstrukturen des Subjekts selbst tragen diesen Prozeß und treiben ihn voran. Daher ist es sinnvoll, nicht bloß von einer adaptiven konstruktivistischen Erkenntnistheorie oder, wie Piaget sagt, von genetischer Epistemologie zu sprechen, sondern von adaptiver Strukturgenese.

Hier müßten natürlich auch die komplexen Facetten und Bedingungen dieses Prozesses analysiert und diskutiert werden, was leider nicht möglich ist. Von grundlegender Wichtigkeit wäre in diesem Zusammenhang sowohl die Analyse des Akkommodationsvorganges, der nicht empiristisch gedeutet werden darf, als auch die Betrachtung der affektiven, motivationalen und wertbestimmten Aspekte, die jeder Erkenntnisstruktur zukommen und ihre Aktivierung mitbestimmen. Mit anderen Worten, die Weiterentwicklung der kognitiven Strukturen hängt ganz wesentlich von ihrer emotionalen Gewichtung und ihren motivationalen Tendenzen ab. Das gilt in besonderer Weise für die komplexen Begriffe und Vorstellungen, die wir eingangs als die charakteristischen Weltbilder vorgestellt haben und die sehr schön durch die Naturideale von Ulrike Sieloff exemplifiziert werden.

Welchen Part spielt die soziokulturelle Umwelt bei der Konstruktion der Weltbilder?

Folgt aus der Theorie der Strukturgenese, daß der Mensch der einsame Schöpfer seiner eigenen Weltbilder ist, daß die soziale Umwelt und die Kultur, in der er steht, keine Rolle spielt, wie das in polemischen Auseinandersetzungen oft behauptet wird? Ich habe bei der Vorstellung und Begründung der strukturgenetischen Thesen laufend auf die essentielle Notwendigkeit und Funktion der Umwelt und des sozialen Angebotes hingewiesen. Diese Hinweise reichen aber nicht aus, und die Funktion ist näher zu bestimmen und präziser zu fassen.

Auch wenn auf der einen Seite die Verschiedenheiten und die Abweichungen individueller Konstruktionen von den übermittelten und kulturbestimmten Weltbildern immer wieder in die Augen stechen, sind auf der anderen Seite die Ähnlichkeiten und die Abhängigkeiten, die immer bestehen, keineswegs zu übersehen. Die Konstruktion ist offensichtlich und eindeutig auch in dem Sinne adaptiv, als sie sich Schritt für Schritt den sozialen Gegebenheiten und den in laufenden Kommunikationen und Diskursen angebotenen Inhalten angleicht, ohne allerdings, wie wiederholt betont wurde, je vollständig mit ihnen identisch zu werden.

Ein wesentlicher Vorzug konstruktivistischer und strukturgenetischer Erklärungen besteht genau darin, daß sie sowohl dem konstruktiven und kreativen als auch dem adaptiven Charakter menschlicher Begriffsbildungen Rechnung tragen. Die assimilative und akkommodative Konstruktion neuer Erkenntnisschemata (neuer Begriffe oder Weltbilder) erfolgt in der aktiven Auseinandersetzung der Schemata mit den Gegebenheiten der Umwelt.

Die Gegebenheiten, mit denen das Subjekt sich auseinandersetzt, sind von zweifacher Natur. Sie enthalten in erster Analyse die «dingliche» Umwelt als solche, die aber auch immer und wesentlich von sozialen Maßnahmen bestimmt und geformt ist. Im Grunde genommen gibt es keine Umwelt, gibt es keine Dinge, die nicht von der sozialen Umwelt, von der Kultur und der Gesellschaft geprägt sind. Diese Gesetzmäßigkeit ist aber als Erklärung nicht hinreichend.

In zweiter Analyse bestehen die genannten Gegebenheiten aus den Bedeutungen und Interpretationen, die dem einzelnen Subjekt durch Kommunikation und Diskurs nahegebracht werden. Kraft der Entwicklung verinnerlichter kognitiver Strukturen und ihrer allmählichen Versprachlichung wird das menschliche Subjekt in zunehmendem Maße in die Lage versetzt, in einen immer intensiveren diskursiven Austausch mit seiner sozialen Umwelt zu treten. Das Wesen dieses Diskurses ist nicht eine unidirektionale Übermittlung von Informationen an das heranwachsende Individuum, noch weniger ist es eine «Abrichtung», wie Wittgenstein und viele andere behaupten. Information wird nicht in fertiger Form übermittelt und passiv aufgenommen, sie wird vom verstehenden Subjekt selber erzeugt und konstruiert, indem es im assimilativen und akkommodativen Erkenntnisprozeß, wie er oben skizziert wurde, das sprachliche und nichtsprachliche Angebot in gleichzeitiger Kenntnis und notwendiger Berücksichtigung der Situation mit den Erkenntnisschemata, die ihm zur Verfügung stehen, interpretiert. Jede sprachliche und nichtsprachliche Verständigung setzt notwendigerweise eine solche subjektive Interpretation voraus. Weder die Bedeutung der Worte noch die der Handlungen ist direkt erfahrbar. Nur das, was das konstruierende Subjekt in das Angebot hineinzuinterpretieren vermag, wird zum aktiven Bestandteil seines Denkens und Wissens. Weder die dingliche noch die soziale Umwelt und auch nicht das sprachliche Angebot des sozial-interaktiven Diskurses vermögen aus sich heraus eine effektiv kausale Wirkung auf das Denken eines menschlichen Subjekts auszuüben. Viel eher sollte man von einer exemplarischen Kausalität im Sinne von Aristoteles sprechen.

Der Mensch, als Kind wie als Erwachsener, rekonstruiert in eigener Regie auf der Basis seiner bisherigen Einsichten seine Umwelt und ebenso ihr Informationsangebot. Ob und wie er das tut, hängt zusätzlich vom emotionalen und motivationalen Gehalt seiner Strukturen und von seinen Einstellungen zu den Dingen, Personen und Situationen ab, mit denen er es zu tun hat. Ihrem Wesen nach ist Entwicklung von Begriffen kreative Konstruktion, die in eigenständiger und origineller Weise die Angebote der Wirklichkeit und der sozialen Welt rekonstruiert. Indem sie das in einem fortlaufenden und nie endenden Interaktionsprozeß tut, können wir davon ausgehen, daß sie sich dem intendierten Gehalt ständig und schrittweise annähert und sich gleichzeitig implizit davon unterscheidet oder sogar explizit davon distanziert.

Wir dürfen daher in paradoxer Weise formulieren, daß die Herausbildung unserer Weltbilder sowohl als eine kreative Eigenkonstruktion als auch gleichzeitig als eine rekonstruierende Übernahme und Nachahmung sozialer Vorbilder zu begreifen ist. Das sind die beiden Seiten dieses adaptiven Konstruktionsprozesses. Auf die immer notwendige, in vielen Punkten aber auch problematische Rolle sprachlicher Diskurse und Interaktionen in diesem Prozeß und auf seine Konsequenzen für Erziehung und Bildung können wir hier leider nicht eingehen (vgl. Seiler 1994).

Abschließend möchte ich aber doch betonen, daß die eigendynamische Konstruktion von Weltbildern nicht bloß Sache und Aufgabe von Kindern und Jugendlichen ist, die mit dem Erwachsenwerden abgeschlossen wäre. Im Gegenteil, die geistigen Fähigkeiten einer reflexiv bewußten Konstruktion, die allmählich herausgebildet wurden, können und sollten immer gezielter dazu eingesetzt werden, die bisher konstruierten Weltbilder zu überdenken, vorurteilshafte Meinungen zu durchschauen und unsere Sehweisen nicht nur mit neuen Tatsachen zu konfrontieren, sondern auch an angemessenen Wertvorstellungen zu orientieren. Wir sind aufgerufen, unsere Weltbilder ständig neu zu ergänzen, sie zu erweitern, sie besser zu begründen. Damit übernehmen wir zugleich die Verpflichtung, die Welt nach den Idealvorstellungen, die wir von ihr haben, zu gestalten.

Literatur

Bauer, Susanne, und Bauer, Klaus, 1994: «Entwicklung des Zeitbewußtseins: Begriffsanalyse kognitiver und handlungsrelevanter Aspekte bei Jugendlichen und Erwachsenen», Darmstadt: Diplomarbeit.

Cavalli, Alessandro, 1988: «Zeiterfahrung von Jugendlichen», in: ders., *Zerstörung und Wiederaneignung von Zeit*, Frankfurt/Main: Suhrkamp, S. 387–404.

Claar, Annette, 1990: *Die Entwicklung ökonomischer Begriffe im Jugendalter: Eine strukturgenetische Analyse*, Berlin u. a. O.: Springer.

Damarow, Peter, 1994: «Zum Verhältnis von Ontogenese und Historiogenese des Zahlbegriffs», in: W. Edelstein und S. Hoppe-Graff (Hg.), *Die Konstruktion kognitiver Strukturen: Perspektiven einer konstruktivistischen Entwicklungspsychologie*, Bern u. a. O.: Huber, S. 195–259.

Piaget, Jean, 1964: *Six études de psychologie*, Genève.

Seiler, Thomas, 1988: «Thesen und Befunde zur Entwicklung des Arbeitsbegriffs», in I. Oomen-Welke und C. von Rhöneck (Hg.), *Schüler: Persönlichkeit und Lernverhalten*, Tübingen: Gunter Narr Verlag.

Seiler, Thomas B., und Claar, Annette, 1993: «Begriffsentwicklung aus strukturgenetisch-konstruktivistischer Perspektive», in: W. Edelstein und S. Hoppe-Graff (Hg.), *Die Konstruktion kognitiver Strukturen: Perspektiven einer konstruktivistischen Entwicklungspsychologie*. Bern u. a. O.: Huber, S. 107–125.

Seiler, Thomas B., 1994: «Zur Entwicklung des Verstehens – oder wie lernen Kinder und Jugendliche verstehen?», in: Kurt Reusser und Marianne Reusser (Hg.), *Verstehen: Psychologischer Prozeß und didaktische Aufgabe*, Bern u. a. O.: Huber.

Sieloff, Ulrike, 1995: «Natur- und Arbeitsideale von Erwachsenen: Ein komponentenorientierter Ansatz zur texthermeneutischen Rekonstruktion alltäglicher moralischer Willensvorstellungen», Darmstadt: Dissertation.

Spies, Susanne, 1995: «Entwicklung des Zeitbegriffs im kulturellen Lebenskontext: Das Alltagsverständnis von Zeit bei türkischen und deutschen Kindern aus strukturgenetischer Sicht», Darmstadt: Dissertation.

Wittgenstein, Ludwig, 1989: *Bemerkungen über die Philosophie der Psychologie: Letzte Schriften über die Philosophie der Psychologie*, Frankfurt/Main: Suhrkamp.

Alfred Gierer

Lebensvorgänge und mechanistisches Denken
Beziehungen und Beziehungskrisen vom siebzehnten Jahrhundert bis heute

Die Einheit der Naturwissenschaft und der Bereich des Lebens

Zur Motivation von Wissenschaft gehört das Streben nach technischem und medizinischem Nutzen, in persönlichen Bereichen sicherlich auch die Aussicht auf Auskommen, Karriere und Prestige. Das Urmotiv des Abenteuers Naturwissenschaft aber ist doch der Wunsch, die Natur zu verstehen, Antworten zu finden auf Fragen des Typs: Warum scheint die Sonne, was bewirkt den Regenbogen? Antworten, von altersher, auf darüber hinausgehende philosophische Fragen zum Welt- und Menschenbild. Wir möchten mit den Naturgesetzen die innere Ordnung der Natur verstehen und auf dem Umweg über die Natur etwas über uns selbst erfahren; zum einen, indem wir mit der Struktur und Geschichte der Naturwissenschaften die Reichweite und Grenzen des menschlichen Denkens ausloten, zum anderen, indem wir die biologische Natur des Menschen besser verstehen – sowohl in den Eigenschaften, die die Spezies Mensch mit den höheren Tieren gemeinsam hat, als auch in den Merkmalen, die ihn unterscheiden.

Naturerklärung in philosophischer Absicht, das war Motiv der frühesten vorsokratischen Philosophen, die vor zweieinhalbtausend Jahren das theoretische Denken über die Natur sozusagen erfunden haben. Sie suchten Erklärungen nicht durch willkürliche Eingriffe der Götter, sondern durch Gesetzmäßigkeiten und theoretische Begriffe der Mathematik oder der Materie, aber auch in metatheoretischen Konzepten wie «logos» und «Geist». Die umfassende Erklärung der Natur sollte von vornherein für die belebte wie die unbelebte Welt gelten. Schon einer der frühesten Naturphilosophen überhaupt, Anaximander von Milet, lehrte das Prinzip Evolution, und bei Empedokles findet sich bei wohlwollender Interpretation die Verbindung von Zufall und Selektion als Prinzip biologischer Entwicklung. Als eigentlichen Begründer der Biologie als Wissenschaft darf man wohl Aristoteles ansehen. Er erkannte Reproduktion und Stoffwechsel als Grundmerkmale allen Lebens. Er hat sich sehr intensiv und detailliert mit der Biologie beschäftigt, und die ganze aristotelische Physik ist wesentlich durch die Lebensvorgänge inspiriert, indem sie zielgerichtete Prozesse zum vorrangigen Prinzip erhebt. Seine Denkschule wurde «Mainstream» im mittelalterlichen Europa; der qualitative, teleologische Ansatz führte aber schließlich die aristotelische Physik in eine Sackgasse ohne wirkliche Entwicklungsmöglichkeiten.

Der schwierige Abschied von dieser Denkweise stand am Anfang der neuzeitlichen Naturwissenschaft. Galilei, Kepler und Newton begründeten die moderne Mechanik, ausgehend von Experimenten und Beobachtungen in der unbelebten Natur auf der Grundlage von Gesetzen, die die Bewegungen von Körpern unter dem Einfluß von Kräften darstellen: wenige Kräfte, mathematisch einfache, schöne Gesetze sollen allen Ereignissen in Raum und Zeit zugrunde liegen. Mit diesem Anspruch wirft die neuzeitliche Mechanik die Frage nach dem Verhältnis von Mechanismen und Organismen überhaupt erst in aller Schärfe auf: Kann eine Naturgesetzlichkeit, die ausschließlich im Bereich der unbelebten Natur erschlossen ist, zu einem Verständnis der belebten Welt führen? Wie steht es mit der Natur des Menschen, zu der Geist und Bewußtsein gehören?

Aus heutiger Sicht läßt sich dieser Fragenkomplex etwa so darstellen: Alles weist darauf hin, daß die Gesetze der Physik für alle Ereignisse in Raum und Zeit gelten, den Bereich der belebten Natur eingeschlossen. Die Erweiterung der Physik zur Quantentheorie in den zwanziger Jahren unseres Jahrhunderts führte zur physikalischen Erklärung der chemischen Bindung, und die wiederum schließt auch das Verständnis der Struktur und der Eigenschaften der Nukleinsäuren und der Proteine ein, Kettenmoleküle, in denen wenige Typen von chemischen Bausteinen in spezifischen Folgen aneinandergereiht sind. Proteine lenken als Enzyme den Stoffwechsel der Zellen. Nukleinsäuren bilden die Erbsubstanz. Ähnlich wie die Buchstabenfolge einer Schrift Information enthält, fungieren Nukleinsäuren mittels der spezifischen Reihenfolge ihrer Bausteine als Träger und Überträger der Information zum Aufbau des Organismus. Diese Information wird über eine Art Kopiermechanismus im molekularen Bereich von Generation zu Generation weitergegeben. Auch die eindrucksvollsten Eigenschaften höherer Organismen, komplexe Gestalten und komplexes Verhalten, lassen sich im Prinzip auf einer physikalisch-chemischen Grundlage verstehen. So spielen bei der Neubildung von Strukturen im Laufe jeder Generation physikalisch-chemische Prozesse der Selbstorganisation im Wechselspiel von Aktivierung und Hemmung eine wesentliche Rolle. Den komplexen Verhaltensweisen der Tiere und des Menschen liegen Prozesse der Informationsverarbeitung im Gehirn zugrunde, die auf elektrophysiologischen, also letztlich physikalischen Interaktionen im Netzwerk der Neuronen beruhen.

Dennoch wäre es ein Fehler, Biologie auf Physik zu reduzieren und zu behaupten, Leben sei nichts anderes als Mechanik. Die belebte Natur ist ein im Vergleich zur unbelebten Welt erweiterter Erfahrungsbereich; wenn auch die gleichen Grundgesetze der Physik überall gelten, so erfordert doch jeder Anwendungsbereich – die Chemie, die Geologie, die Astronomie, die Kosmologie und erst recht die Biologie – eine erweiterte Anschauung und eine erweiterte Begrifflichkeit; im Falle der Biologie mit spezifischen Begriffen wie Vererbung und genetische Information. Zudem hat die Physik ihre eigenen inneren Grenzen. Heisenbergs Unschärferelation begrenzt die Möglichkeiten und die Genauigkeit der Vorausberechnungen. Dieses Unbestimmtheitsprinzip der Quantenphysik betrifft alle Ereignisse an einzelnen Atomen und Molekülen und deshalb auch diejenigen molekularen Vorgänge, die den Mutationen und Rekombinationen der Erbsubstanz Nukleinsäure zugrunde liegen. Schon aus diesem rein physikalischen Grund trägt die Evolution des Lebens auf der Erde bis zu einem gewissen Grad zufällige Merkmale, die in keiner Weise aus allgemeinen Naturgesetzen ableitbar wären; was aber an der Evolution zufällig und was determiniert ist, das wiederum ist eine naturwissenschaftlich schwer entscheidbare Frage. Auch die erblichen Eigenschaften aller einzelnen künftig gezeugten Lebewesen sind grundsätzlich nicht vorherberechenbar, und dies gilt nicht zuletzt für alle zukünftigen Menschen.

Grenzen naturwissenschaftlicher Erklärung kann es aber auch im Problemfeld Körper und Seele, Gehirn und Geist geben. Zwar gilt die Physik im Gehirn, und jeder Vorgang der Informationsverarbeitung, den man formal genau beschreiben kann, läßt sich auch im Prinzip physikalisch realisieren, zum Beispiel durch elektrische Schaltkreise. Deshalb dürfen wir vermuten, daß jede geistige Fähigkeit, die sich formal genau beschreiben läßt – höhere menschliche Fähigkeiten wie die der Sprache und des Gestaltsehens eingeschlossen –, letztlich auf der Grundlage physikalischer Prozesse der Informationsverarbeitung im Netz der Neuronen zu verstehen ist.

Offen bleibt aber, wieweit eine naturwissenschaftliche Theorie bewußten Erlebens reichen kann. Bewußtes Erleben ist uns unmittelbar ohne Kenntnis von Gehirnprozessen gegeben. Eine vollständige Objektivierung ist darum nicht leicht, vielleicht unmöglich. Zwar ist es relativ einfach, eine Liste von Merkmalen des menschlichen Bewußtseins, physiologischen wie psychischen, zu erstellen; aber es gilt: Notwendige Kriterien zu finden ist leicht, hinreichende zu finden schwer. Daher könnte es Grenzen der Formalisierbarkeit geben, besonders hinsichtlich der selbstbezüglichen Eigenschaften des Bewußtseins. Dann aber ist es keine selbstverständliche Konsequenz der Gültigkeit der Physik im Gehirn mehr, daß auch eine vollständige naturwissenschaftliche Theorie des menschlichen Bewußtseins möglich sein könnte. Im Gegenteil: Vielleicht sind Gehirnzustände in bezug auf seelische Zustände mit endlichen, innerweltlichen Mitteln nicht vollständig zu entschlüsseln, sozusagen zu dekodieren, wie ja auch ein Geheimcode so beschaffen sein kann, daß er mit endlichen Mitteln nicht – und zwar nicht einmal in guter Näherung – zu brechen ist. Ob dies wirklich zutrifft, wissen wir nicht, und es gibt darüber verschiedene Intuitionen. Meine Vermutung ist, daß es solche prinzipiellen Schranken für ein naturwissenschaftliches Verständnis gibt. Jedenfalls ist die psychophysische Beziehung nicht nur in bezug auf Lösungen, sondern auch in bezug auf Grenzen der Lösbarkeit noch ein offenes Feld.

Kreative Antimechanisten in der Geschichte der Biologie

Reichweite und Grenzen der Erkenntnis, die Evolution der biologischen Merkmale des Menschen und die Suche nach der Seele im Netz der Neuronen werfen offensichtlich naturphilosophische Fragen auf; dabei ist der Deutungsspielraum erheblich, die Deutungsmuster und ihre Bestandteile aber sind zum Teil uralt. Sie reichen in die frühesten Anfänge der vorsokratischen Philosophie zurück.

Zwar sind philosophische Deutungen unseres Wissens und Unwissens über die Natur nur auf der Grundlage gegenwärtiger Kenntnisse sinnvoll; aber der Rückblick in die Geschichte kann doch auch verfremdete und darum um so anregendere Deutungsbestandteile und Deutungsmuster aufzeigen. Auch läßt sich aus früheren Einstellungen zu den damals offenen Problemen etwas lernen. Welche erwiesen sich als unfruchtbar und welche als fruchtbar? Die Antworten sind bisweilen überraschend. Meine Grundthese in diesem Artikel: Im Konfliktbereich mechanistischer und organismischer Erklärungen behielten die Mechanisten letztlich überwiegend recht, jedenfalls was die Gültigkeit und Vollständigkeit der physikalischen Grundgesetze in bezug auf die Biologie angeht, wenn auch die begriffliche Eigenständigkeit der Biologie wiederum von den Mechanisten oft unterschätzt wurde. Insgesamt aber leistete – trotz ihrer Skepsis gegenüber der Mechanik – die organismische Denkweise die kreativeren Beiträge zum Verständnis der belebten Welt, denn nur sie vermied es, schwer lösbare Probleme auszugrenzen, ja bestand vielmehr darauf, sie zu thematisieren, gleichgültig, ob sie sich dem mechanistischen Denken ihrer Zeit fügten oder nicht. Ich möchte dies an dem Denken zweier bemerkenswerter Mediziner des achtzehnten Jahrhunderts zeigen, Georg Ernst Stahl und Caspar Friedrich Wolff.

Georg Ernst Stahl

Seit dem frühen siebzehnten Jahrhundert hatte William Harveys Entdeckung, daß das Herz eine Pumpe ist, mechanistischen Erklärungsversuchen von Lebensvorgängen großen Auftrieb gegeben. Am folgenreichsten aber wurde die Philosophie Descartes', die Geist und Materie als grundverschieden ansah, verbunden (wenn überhaupt) nur in einem kleinen Gehirnareal, der Zirbeldrüse. Diese Philosophie definierte Geist und Seele sozusagen aus der Naturwissenschaft heraus, und dadurch wurde es leichter, das, was dann von der Biologie bleibt, mechanistisch zu deuten.

Einer derjenigen, die gegen diese cartesische Denkweise opponierten, war Georg Ernst Stahl: «einer der größten und berühmtesten deutschen Ärzte, 1660 in Ansbach geboren, Student in Jena, Leibarzt des Herzogs von Weimar, 1694 Professor der Medizin in Halle, 1716 Hofrat in Berlin, 1734 im Alter von 74 Jahren gestorben. Er war ein Mann von durchdringendem Verstande, der um große Lectur und Collectanea sich nicht bekümmerte, liebte kein Ansehen der Person, entdeckte auch großer Aerzte Fehler sehr freymüthig, hielt es in zweifelhaften Sachen größthentheils mit der kleinesten Parthey ... wollte der Physic und Medicin von den Mechanischen Lehrsätzen schlechtes Urtheil versprechen ... suchte die gesamte Arzneikunst auf besseren Fuß zu setzen, legte in seiner Theoria medica vera den Grund zu einem neuen medizinischen Lehrgebäude ... leitete den gesunden und kranken Zustand des Menschen vornehmlich von der Seele her, wobei er aber die causas materiales nicht ausschloß ... bedient sich aber einer etwas dunklen Schreibart und hatte das Vergnügen, daß seine Lehrsätze vielen Beyfall fanden, ob sie gleich von Widerspruch nicht frey blieben.»

So steht es in Zedlers *Universallexikon aller Wissenschaften und Künste* von 1744, erschienen zehn Jahre nach Stahls Tod. Ein Aspekt von Stahls Werk, seine Phlogiston-Theorie der Verbrennung, auf die sich die meisten wissenschaftshistorischen Untersuchungen über Stahl beziehen, ist darin nicht einmal erwähnt. Die Betonung liegt nicht ganz zu Unrecht auf seiner Lehre von der Interaktion von Körper und Seele im Kontext der Medizin. Alle physiologischen und rationalen Vorgänge beruhen, so Stahl, auf der schönsten Harmonie; diese ergibt sich aus der organisierenden Wirkung der Seele, die er zwar als unmechanisch auffaßt, die aber in enger Wechselbeziehung mit dem Körper wirkt. Man kann solche Auffassungen leicht als sentimentalen Widerstand gegen den kalten Wind cartesischer Rationalität abtun und als Rückgriff auf die alten aristotelischen Lehren von der Seele abzuwerten suchen. Abgesehen davon, daß Aristoteles, was die Biologie angeht, geniale und weitsichtige Konzepte entwickelt hat – sein Begriff der vegetativen Seele ist dem modernen der genetischen Information nicht nur entfernt verwandt –, Stahls Lehre ist im ganzen mehr auf die Zukunft der Medizin und nicht auf die Vergangenheit der Philosophie gerichtet.

Mehrere Motive lassen sich dabei in Stahls Schriften ausmachen oder wenigstens begründet vermuten: Zum einen widerspricht die Lehre von der Unabhängigkeit von Körper und Seele schlicht seiner Anschauung als Arzt, da doch zum Beispiel Pulsfrequenzen und seelische Erregungen engstens aufeinander bezogen sind. Die maschinelle Auffassung des Körpers vernachlässigt die psychischen Aspekte von Krankheiten. Der spekulative Charakter der Anwendungen des cartesischen Gedankengebäudes auf die Medizin seiner Zeit verführt zu komplexen, weit hergeholten und schwer kontrollierbaren Behandlungsvorschlägen; sie sind nutzlos, wenn nicht gefährlich, und noch dazu teuer. Stahl aber stand Vertretern des protestantischen Pietismus in Halle nahe, einer religiösen Bewegung, die sich der Fürsorge für die Armen besonders widmete. Nicht nur die Reichen, auch die Armen benötigen ärztliche Hilfe, und dies wiederum erfordert, daß Medizin möglichst einfach und billig ist. Dies kommt Stahls Auffassung entgegen, die Natur könne sich oft selber helfen, und wenn nicht, so soll doch der Arzt die Natur mit moderaten Methoden unterstützen. Er wendet sich gegen Ärzte, die «dem Körper Roßkuren zumuten ... die die Natur statt der Krankheit bekämpfen, die dann noch Honorar dafür fordern, wenn die Kranken trotzdem dem Tode entrannen». Einer seiner Lieblingsbegriffe war – ganz modern klingend – Synergie. Damit bezeichnete er den «Vorgang im erkrankten Menschen, bei dem Natur und Arznei zusammenwirken».

Der organisierenden Wirkung der Seele schreibt Stahl in etwa das zu, was die moderne Biologie als Wirkung genetischer Information ansieht: die Organisation und Regelung der Gestaltbildung bei der Entstehung der Organismen und die homöostatische Erhaltung der Lebewesen trotz der Neigung der Komponenten zu schneller Zersetzung.

Natürlich hat die Seele im Verständnis von Stahl auch die höheren Funktionen der menschlichen Psyche im modernen Sinne des Wortes. Hierbei unterscheidet sich sein Konzept von der cartesischen Denkweise besonders in drei Punkten: Er betont die starke Wechselwirkung von Vernunft und Affekten; zur Tätigkeit der Seele gehört «die unverkennbare Beziehung, die durch die Empfindung des Angenehmen oder Unangenehmen hervorgerufenen Äußerungen des Begehrungsvermögens zur besseren Erhaltung, Beschützung und Ernährung des Körpers, zur Entfernung der Schädlichkeiten haben, wozu sie ungemein geschickt ist, danach ihr erstes Bestreben auf die Erhaltung der Gattung gerichtet ist». Stahl lenkt zudem die Aufmerksamkeit auf das Phänomen der Aufmerksamkeit selbst: «Die Seele kann sich der Sinnesorgane nach freiem Willen bedienen, sowohl in Hinsicht der Zeit, solange sie will, als des Gegenstandes, den sie sich auswählt.» Er wendet sich gegen ein simples, quasi-automatisches Reiz-Reaktions-Denken, das in cartesischen Vorstellungen seiner Zeit ebenso wie im klassischen Behaviorismus des zwanzigsten Jahrhunderts zu finden ist, und betont statt dessen die seelischen Voraussetzungen willentlicher Handlungen – seine *Theoria Medica Vera* enthält ein ganzes Kapitel über willkürliche Bewegungen. Hinsichtlich menschlicher Vernunft lehrt er, daß Verhalten gemäß der *ratio* vernünftig organisiert ist, obwohl es zumeist nicht auf vernünftigen Überlegungen beruht; die konsequente, vernünftige Überlegung – *ratiocinatio* – ist eine besondere Fähigkeit des Menschen, zugleich die wichtigste Voraussetzung der Erkenntnisfähigkeit. Wenn er auch das Wort «Bewußtsein» eher selten benutzt, so läßt sich doch «ratiocinatio» in Stahls Sinne wohl als «bewußtes Denken» deuten, zu unterscheiden von den vielen zwar vernunftgemäßen, aber doch unbewußten Steuerungen des Verhaltens.

All diese Vorstellungen dürfen natürlich nicht als visionäre Vorwegnahmen künftiger wissenschaftlicher Erkenntnisse gedeutet werden. Vor solchen Schlüssen werden wir von Wissenschaftshistorikern aus guten Gründen gewarnt, und dazu waren auch Stahls Begriffe zu unbestimmt. Wohl aber findet sich in seinen Gedanken das weitsichtige Verlangen nach einer Psychologie im modernen Sinne, die die Grundlagen der engen mechanistischen Vorstellungen seiner Zeit verlassen muß, wenn sie der Natur des Menschen gerecht werden will.

Caspar Friedrich Wolff und der Weg in die moderne Entwicklungsbiologie

Das Todesjahr von Stahl, 1734, ist das Geburtsjahr von Caspar Friedrich Wolff, der ein weiteres wichtiges Thema in die Organismus-Mechanismus-Debatte einbrachte: die Bildung von Struktur bei der Vermehrung der Organismen. Zu seiner Zeit war die dominierende Theorie hierzu die der Präformation, besonders vertreten durch Charles Bonnet und Albrecht von Haller. In ihrer extremen Form sagte sie, Gott habe mit der Erschaffung des Lebens alle Organismen erzeugt, nicht nur die Arten, sondern auch die Individuen, wobei das Ei die künftigen Generationen nach Art der Puppen in der Puppe eingeschachtelt enthalte. Sie brauchten sich dann in jeder Generation nur zu entfalten. Mit dieser Theorie verschwindet im Grunde das naturwissenschaftliche Problem der biologischen Entwicklung, und der Rest – Entfaltung und Wachstum des bereits Vorgeformten – wäre mechanisch leicht zu verstehen.

Caspar Friedrich Wolff untersuchte in seiner Doktorarbeit in Halle die Frühentwicklung des Hühnerkükens und kam zu einer ähnlichen Auffassung, wie sie bereits Aristoteles vertreten hatte, die er aber nun mit detaillierten mikroskopischen Beobachtungen am Hühnerembryo im Ei belegte – die Struktur des Organismus entwickelt sich in jeder Generation neu; Prozesse und zeitliche Reihenfolge der Ausbildung von Teilstrukturen sprechen gegen die Präexistenz des Organismus. Seine Erklärungen wurden vom mächtigen, einflußreichen Albrecht von Haller scharf kritisiert, der schrieb, Wolff scheine zu glauben: «Was ich nicht sehe, ist nicht da». Vorgeformte Strukturen aber gebe es sehr wohl, auch wenn sie zu klein oder zu transparent seien, um ohne weiteres sichtbar zu sein. Wolff entgegnete, die Auflösung seiner mikroskopischen Beobachtungen sei groß genug, um Vorformen zu erkennen, wenn es sie gäbe. Gegen den Einwand der Transparenz vorgeformter Strukturen hatte er auch einige Argumente vorzubringen. Um den Prozeß der Entwicklung zu erklären, postulierte Wolff eine «wesentliche Kraft», spezifisch für die belebte Natur, die den Fluß, die Sekretion und Verfestigung von Säften organisiere. Hallers Einwände wurden immer schärfer; schließlich berief er sich auf theologische, calvinistisch-deterministische Prinzipien und behauptete, nur seine – Hallers – Präformationstheorie sei mit Gottes Allmacht vereinbar. Wolff fürchtete theologische Fallgruben und gab in seiner Antwort fast nach, meinte dann aber doch, man könne ja Gott als Schöpfer der Naturgesetze ansehen, er müsse doch nicht jede Struktur einzeln erschaffen.

Der karriereschädigende Streit bewog Wolff schließlich, eine Stellung an der Sankt Petersburger Akademie anzunehmen, wo er bis zu seinem Tod arbeitete. In der Folgezeit nahm der Göttinger Mediziner und Biologe Johann Friedrich Blumenbach das Thema wieder auf. Über die Präformationstheorie machte er sich nur noch lustig. Er vertrat wie Wolff die Neubildung, postulierte dafür aber einen artspezifischen Bildungstrieb. Wolffs «wesentliche Kraft» mochte er nicht, und dies war für ihn Anlaß genug, die Arbeit seines Vorgängers im ganzen kaum zur Kenntnis zu nehmen. Immerhin regte Blumenbachs Konzept Wolff zu neuen Gedanken an, die in seinem Sankt Petersburger Nachlaß gefunden wurden: Es gebe, zusätzlich zur «wesentlichen Kraft», eine «materia qualificata vegetabilis», eine Substanz, die vermöge ihrer qualitativen Eigenschaften die biologische Strukturbildung bestimme, und die sei artspezifisch. Sie liege nicht in der Gestalt selbst – der gleiche Samen erzeuge in Sankt Petersburg beziehungsweise in Sibirien unter verschiedenen klimatischen Bedingungen recht verschiedene Pflanzen. Damit kommt er der Unterscheidung von Genotyp und Phänotyp sehr nahe.

Blumenbachs «Bildungstrieb» war eine Zeitlang populär, zumal Kant den «Hofrat Blumenbach» in seiner *Kritik der Urteilskraft* positiv zitierte und Blumenbach Kantianer wurde, bis Goethe und andere Wolff wiederentdeckten und ihm Gerechtigkeit widerfahren ließen, «unserem trefflichen Landsmann, den eine beherrschende Schule, mit der er keine Verständigung finden konnte, aus seinem Vaterland getrieben hatte».

Wolff hatte die ursprünglich aristotelischen Gedanken der Entwicklung aufgenommen, diese aber empirisch gestützt und wurde so zu einem Begründer der modernen Entwicklungsbiologie überhaupt. Er war ein gemäßigter Antimechanist, aber in erster Linie ging es ihm um eine naturwissenschaftliche Erklärung des Generationszyklus, das Grundproblem der Biologie, das die Präformisten aus der Wissenschaft auszuschließen suchten. Die Geschichten um Stahl und Wolff im achtzehnten Jahrhundert, die ich hier erzählt habe, zeigen beispielhaft auf, daß die mechanistische Auffassung der belebten Welt nicht die geniale Vorwegnahme der Biologie des zwanzigsten Jahrhunderts war, sondern mit ihrem exklusiven mechanischen Reduktionismus eher steril wirkte, indem sie die interessantesten biologischen Probleme wie Homöostasis, Vererbung, Psychologie und Gestaltbildung aus der Biologie hinausdrängte. Die Kreativeren waren zwar Antimechanisten, aber doch bezogen auf die Mechanik ihrer Zeit. Wissenschaftsgeschichte – wir wissen es inzwischen – ist keine gradlinige, gleichmäßige Sequenz von Erkenntnisfortschritten; am allerwenigsten entwickelt sich Wissenschaft sozusagen *bottom to top*, vom Grundlegenden zum Angewandten, vom Einfachen zum Komplexen. Die Chemie zum Beispiel ist sehr weit entwickelt worden, ohne daß man eine auch nur annähernd richtige Erklärung dafür hatte, aus welchen physikalischen Gründen sich etwa Sauerstoff und Wasserstoff zu Wasser verbinden. Sie wurde erst 1930 durch die Quantenphysik gewissermaßen nachgeliefert. So wundert es auch nicht, daß die großen Begründer der modernen Entwicklungsbiologie, von Driesch bis Spemann, dieses Fachgebiet entwickelt haben, obwohl sie an die Möglichkeit einer physikalischen Erklärung der Formbildung nicht so recht glaubten: zu Unrecht, wie wir heute wissen.

Wie Strukturbildung und Informationsverarbeitung auf physikalischer Grundlage zu verstehen ist, zeigt sich in unserem Jahrhundert doch nur mit Hilfe einer sehr erweiterten Physik und einer wesentlich erweiterten Mathematik der Systeme. Die Unterscheidung Organismen – Mechanismen wird durch die moderne physikalisch begründete Biologie nicht beseitigt, sondern konzeptionell spezifiziert; physikalische Grundlegung der Biologie heißt nicht Reduktion der Biologie auf Physik. Die Eigenständigkeit der belebten Welt auf der Ebene der Begriffe – von der Genetik bis zur Psychologie – bleibt erhalten.

Naturphilosophische Perspektiven: der Wahrheitsanspruch der Wissenschaft und die Einheit der Natur

Naturwissenschaft in philosophischer Absicht: dies zielt auf eine Verknüpfung inhaltlichen Wissens mit Sinn- und Deutungsfragen. Gefordert ist Naturphilosophie, aber damit kann nicht der enge Begriff gemeint sein, der sich in der Zeit der Romantik um 1800 eingebürgert hat, sondern vielmehr das Bestreben seit 2500 Jahren, Wissen und Weisheit zu verbinden, indem man über die Natur der menschlichen Erkenntnis und über die Erkenntnis der Natur – zumal der menschlichen Natur – nachdenkt; nicht in erster Linie mit Begriffsakrobatik, sondern mit Bezug auf die Naturwissenschaften insgesamt oder zumindest auf weite Teilbereiche. Naturphilosophisch besonders ergiebig scheinen mir dabei zwei Quellen: zum einen Erkenntnisse der Wissenschaftsgeschichte, zum anderen die Beziehung Mechanismen – Organismen. Ein besonderer Reiz der Geschichten um Stahl und Wolff liegt darin, daß sie die historische Perspektive und den Problemkreis «Physik, Biologie und Menschenbild» außerdem untereinander verknüpfen.

Die Langzeitretrospektive in die Wissenschaftsgeschichte ist die beste Quelle für Erkenntnisse über den Wahrheitsanspruch der Wissenschaft und seine Grenzen; und die Integration der Biologie in den Gesamtrahmen einer physikalisch begründeten Naturwissenschaft zeigt am deutlichsten, wieweit und in welchem Sinne Natur als Einheit anzusehen ist.

Was den Wahrheitsanspruch wissenschaftlichen Denkens angeht, so wird dieser in der Gegenwart von extrem skeptischen Positionen und Moden – Beispiel: radikaler Konstruktivismus – rundweg bestritten. Alles sei historisch relativ, kulturspezifisch; Wissenschaft sei mehr oder weniger willkürliche Konstruktion des menschlichen Denkens.

Die reale Wissenschaftsgeschichte bildet gerade zu dieser Wahrheitsfrage reiches Anschauungsmaterial, und zwar sowohl für erratische als auch für bestandsfähige Entwicklungen wissenschaftlichen Denkens. Die Langzeitretrospektive widerlegt dabei extrem relativistische Thesen. Über die Präformationslehre kann man sich noch lustig machen, über die These «DNS ist Erbsubstanz» wohl kaum, und auch die Einsteinformel $E = mc^2$ (obwohl zweifellos Konstruktion des menschlichen Denkens) ist doch naturwissenschaftlich als richtig erkannt – im Gegensatz zu anderen, ebenfalls schönen Formeln, die sich als falsch erwiesen haben.

Die Gültigkeit der physikalischen Grundgesetze für alle Ereignisse in Raum und Zeit in der unbelebten wie in der belebten Welt zeigt uns einen gedanklich verbindenden Zug des gesamten Naturgeschehens. Sie läßt sich als eine Verbindung von Natur und Geist verstehen, wenn wir unter Geist die Reichweite des menschlichen Denkens in bezug auf die Gesetzlichkeit der Natur subsumieren. In Grenzen – mit Vorsicht und mit einigen Einschränkungen – darf man von einer Art Einheit der Natur in den Gesetzen der Physik sprechen. Die naturwissenschaftliche Antwort auf eine Frage wie zum Beispiel «Warum schwimmt Eis auf Wasser?» besteht in der Regel in einer Kette von Erklärungen, an deren Ende die immer gleichen Grundgesetze der Physik stehen. Die Grenzen der so begründeten Einheit der Natur zeigen sich, wenn man versucht, die Schlußkette umzukehren: Man kann aus den Gleichungen der Physik und ein paar materiellen Randbedingungen nicht die ganze Wirklichkeit ableiten, schon gar nicht die Wirklichkeit der belebten Natur. Ein Grund dafür ist die Rolle des Zufalls: Lebensvorgänge – wie die der Evolution der Arten oder die Vermehrung der Individuen – haben Merkmale, die prinzipiell nicht von vornherein berechenbar sind. Ein weiterer, besonders wichtiger, oft unterschätzter Grund ist darüber hinaus entscheidungstheoretischer Natur: Wir wissen, daß es prinzipiell unmöglich ist, bei komplexen Prozessen aus vorgegebenen Voraussetzungen mit endlichen Mitteln der Analyse jeden wahren Schluß zu ziehen, und dies betrifft auch die Grundgesetze der Physik: Es gibt kein endliches Verfahren, um aus ihnen wesentliche Merkmale der belebten Welt abzuleiten, wenn man nicht schon vorher weiß, daß es den Bereich der belebten Natur gibt und welche Merkmale sie aufweist.

Deshalb ist es nicht zulässig, die Biologie auf Physik zu reduzieren. Biologie ist ein eigener Erfahrungsbereich. Er ist nur mit einer spezifisch biologischen Begrifflichkeit wissenschaftlich zu erfassen. Zudem kann es prinzipiell unüberwindliche entscheidungstheoretische Grenzen der Erklärung geben.

Beispiel psychophysische Beziehung: Die Physik gilt im Gehirn; dennoch werden Algorithmen zur Entschlüsselung von Bewußtseinszuständen aus Gehirnzuständen vermutlich nur beschränkte Informationen liefern. Die modernen bildgebenden Verfahren zur Aufzeichnung von Hirnaktivitäten wie PET und NMR (vgl. S. 90) führen zu aufregenden und interessanten Erkenntnissen über das Gehirn und damit auch über uns selbst; die Extrapolation in die Zukunft auf ein asymptotisches Verständnis aller wesentlichen Bewußtseinsmerkmale ist aber nicht selbstverständlich – ob und welche Aspekte sich aus prinzipiellen entscheidungstheoretischen Gründen sperren, bleibt offen.

Beispiel Evolution: Den Grundgesetzen der Physik und Kosmologie sieht man nicht an, daß es Leben – und Leben mit Geist – geben kann, welche Form es anzunehmen vermag und wie wahrscheinlich dies alles ist. Wie weit eine algorithmische Theorie von Evolutionsvorgängen führen kann, ist nicht nur im Bereich des Zufalls, sondern auch der Notwendigkeit schwer entscheidbar. Die Evolution des Lebens hat immer wieder zu generalisierbaren Erfindungen geführt – etwa zur Verwendung von Kettenmolekülen der Nukleinsäuren als Träger der Erbinformation oder zum Einsatz von Reparaturenzymen bei der Vermehrung der Erbsubstanz, die es erlauben, genetische Informationen von der Größenordnung von Milliarden «Bits» von einer Generation auf die nächste zu übertragen; dazu gehören auch die elektrophysiologischen Eigenschaften der Nervenzellen, welche die Informationsverarbeitung absichern, beschleunigen und miniaturisieren. Die Möglichkeiten solcher Erfindungen hängen von der naturgesetzlichen und logischen Ordnung des Geschehens ab; sie stellen in sich ein interessantes naturphilosophisches Problem dar.

Alle diese Erfindungen erhöhten zwar von vornherein die Fitness der Organismen, führten aber darüber hinaus indirekt zu einem ungeheuer erweiterten Spektrum von Möglichkeiten für die weitere Evolution, die durch den ursprünglichen Anlaß der Erfindung nicht erschöpfend erklärbar ist. Wir kennen diesen Überschuß von Möglichkeiten übrigens schon recht gut aus der Geschichte technischer Erfindungen. Im Vergleich zur biologischen Evolution müssen wir bei der technischen Entwicklung nur «Fitness» durch «Motivation» ersetzen. Ein Beispiel für generalisierbare Erfindung ist das Rad, ein anderes die künstliche Elektrizität. Die Entdecker ebneten den Weg für weitere Entwicklungen, aber in der Motivation der Pioniere war der Reichtum der späteren Entwicklungen noch nicht enthalten. Aus entsprechenden Gründen konnte auch die biologische Evolution allgemeiner Fähigkeiten, zumal des Nervensystems, sozusagen «mehr liefern, als bestellt war», wie Max Delbrück es einmal ausgedrückt hat, und das mag auch für die Evolution des menschlichen Bewußtseins, des menschlichen Sozialverhaltens, des strategischen Denkens und anderer biologisch begründeter Merkmale der Spezies «Mensch» gelten.

Unsere Geschichten um zwei geniale Mediziner des achtzehnten Jahrhunderts, Stahl und Wolff, lassen sich auch in der Gegenwart als Warnung vor ausschließendem Reduktionismus verstehen – als Warnung davor, Probleme deswegen zurückzudrängen, weil sie sich der mechanistischen Intuition nicht ohne weiteres erschließen. Statt dessen ist es nach meiner Ansicht kein schlechter naturphilosophischer Ansatz, konsequent physikalistisches Denken mit entscheidungstheoretischer Skepsis zu verbinden, um Reichweite und Grenzen der Naturwissenschaft Biologie zu erkunden und zu interpretieren.

Eva Ruhnau

Die Zeiten der Zeit
Weltbilder der Hirnforschung, der Physik und der Ethik

Jede Wissenschaft beruht auf einem Formalismus, ist eine Sprache. Ein Formalismus definiert einen Kontext, ein Weltbild. Er setzt einen Rahmen, innerhalb dessen argumentiert und bewiesen wird. Ist ein solcher Formalismus hinreichend komplex, so enthält er Aussagen, deren Richtigkeit oder Falschheit innerhalb seiner selbst, innerhalb dieses einen Weltbildes, nicht bewiesen werden kann und die somit auf seine Grenzen deuten. Solche Verweise auf Grenzen stören und verunsichern den normalen Diskurs. Nun kann man sich derartigen Verunsicherungen gegenüber sehr verschieden verhalten. Ich nenne drei Weisen:

- Der normal arbeitende Wissenschaftler lehnt es ab, sich mit solchen Grenzfragen zu beschäftigen.
- Die entsprechenden Aussagen werden als unzulässige Extrapolationen des Formalismus verstanden und verboten.
- Man kann diese Aussagen als Anhaltspunkte benutzen, um die Hypothesen aufzuklären, die dem Formalismus zugrunde liegen.

Zwei solche Wegweiser in Grenzgebiete sind heute die Begriffe «Bewußtsein» und «Zeit». Mit der Frage nach dem Bewußtsein und seiner möglichen Unterscheidung von Materie wird die alte Leib-Seele-Diskussion erneut und neu aufgenommen. Meine These lautet, daß eine andere Begrifflichkeit von «Zeit» notwendig ist, um die Hypothesen des Materie-Bewußtsein-Streites zu klären. Materie und Bewußtsein verstehe ich dabei als zwei Weltbilder oder Weltmodelle, die sich wesentlich nur hinsichtlich ihrer verschiedenen Aspekte der Dynamik von Zeit unterscheiden.

Zunächst eine Bemerkung zu unserem wissenschaftlichen Vorgehen. Was tun wir, wenn wir Wissenschaft betreiben? Wir teilen die Welt in Beobachter und Beobachtetes, in Subjekt und Objekt des Wissens. Immer dann, wenn wir sprechen, beschreiben, definieren, Begriffe bilden, teilen wir die Wirklichkeit in mindestens zwei. Die Gliederung in Begriffspaare ist unvermeidlich. Dabei sind solche Dichotomien nicht rational abgeleitete Ergebnisse von Weltbildern oder Diskursuniversen, sondern erzeugende Voraussetzungen. Da sich die beiden Aspekte des Begriffspaares auf *eine* Wirklichkeit beziehen, sind sie zueinander komplementär. Eine Urdichotomie des Philosophierens ist das Begriffspaar Konstanz und Veränderung. Um Veränderung wahrzunehmen, muß etwas invariant bleiben; umgekehrt wird Konstanz nur vor dem Hintergrund von Veränderung erfaßbar. Die Komplementarität von Konstanz und Veränderung wird jedoch im Rahmen westlicher Philosophie in eine Hierarchie verwandelt. Dominant ist das statische Sein, abgeleitet wird die Dynamik, die Bewegung. Diese Umwandlung von Komplementarität in Hierarchie ist wesentliche (und vergessene) Voraussetzung des wissenschaftlichen Realismus beziehungsweise Objektivismus. Die Wahrnehmung der Einheit der Welt der Objekte und Eigenschaften ist damit Ziel dieser eingeschränkten Erkenntnis von Wirklichkeit, nicht die Erfahrung dynamischer Ganzheit, die in ihrer Beschreibung komplementär erscheint.

Hat man nun eine Welt von gegebenen Objekten, so sammelt man Daten über die Objekte. Denkt man über dieses Vorgehen jedoch genauer nach, so erkennt man, daß wir keineswegs reine Daten der Objekte erhalten, sondern daß all diese Daten bereits theoriebestimmt sind. Der Beobachter setzt eine Theorie, ein Weltbild – und dieses Weltbild definiert, was beobachtet wird. Die Entscheidung, wie die Welt in Beobachter und Beobachtetes getrennt wird, die Teilung der Welt in Subjekt und Objekt, ist Basis der wissenschaftlichen Methode. Diese Trennung ist ein Akt, der normalerweise vergessen wird. Man könnte sogar die klassischen Wissenschaften als die Menge all jener Theorien kennzeichnen, in denen gerade das Vergessen dieses Aktes wesentlich für den Erfolg der Theorien ist.

Verbunden mit dem Akt der Subjekt-Objekt-Trennung ist, wie erwähnt, die Setzung eines Weltbildes oder eines Diskursuniversums – eine Sprache wird definiert. Innerhalb ihres Rahmens ist der Akt der Sprachsetzung nicht mehr einholbar; jedoch ist die Beschreibung von Objekten mit Hilfe dieser Sprache, dieser Theorie normalerweise unproblematisch. Dies ist gerade der Bereich der klassischen Wissenschaften.

Nun korrigiert zum Beispiel im Bereich der Physik die Quantentheorie dieses einfache Bild. Der Akt der Trennung in Beobachter und Beobachtetes ist nicht zu verdrängen, er wird wesentlich und beeinflußt die Beobachtungsergebnisse. Damit wird aber auch die Beschreibung abgegrenzter Objekte im Rahmen dieser Theorie zum Problem. Dies ist ein Ausdruck des berühmten Meßproblems der Quantentheorie.

Und fragt man weiter, ob man die Theorie auf den Beobachter selbst anwenden kann, fragt man also gewissermaßen, ob derjenige, der den Maßstab setzt, mit diesem Maßstab selbst gemessen werden kann, so führt dies in den Bereich der Selbstbezüglichkeit, der Selbstreferentialität.

Was bedeutet das nun für die Zeit, für die Bildung einer adäquaten Begrifflichkeit der Zeit? Das übliche paradigmatische Basiskonzept ist der Begriff des Zustandes. Die Zeit ist ein Parameter, der die Entwicklung von Zuständen kennzeichnet, eine Sicht, die, wie schon erwähnt, meines Erachtens in Zusammenhang mit einem philosophischen Vorurteil steht, das die Begriffsbildung seit Beginn der westlichen Philosophie beherrscht: die Vorherrschaft des unzerstörbaren ewigen Seins über die Einheit der Gegensätze und den permanenten dialektischen Prozeß des Wandels, die Entscheidung für Parmenides und gegen Heraklit, die zu einer Unterordnung des Begriffs der Zeit unter objektive Seinskategorien führt. Und dies mag der wesentlich dynamischen Natur der Zeit unangemessen sein.

Der formale Apparat, den wir auf Zustände anwenden, ist der gleiche – mit Ausnahme der Zeitdimension –, mit dem wir Objekte ausmessen. Wir beschreiben Prozesse dabei als zeitliche Abfolgen objektiver Zustände; sie sind somit Objekte plus Zeit.

Hat man jedoch so – und nur so – die Zeit erfaßt, ist sie plötzlich selbst der Objektivierung zugänglich. Die Zeit sehen wir nun als ein Kontinuum an, das heißt, sie erscheint uns teilbar in immer weiter Teilbares. Dies, so behaupte ich, ist bereits zwangsläufige Folge unseres Bemühens, alle Wirklichkeit objektiven Seinskategorien unterzuordnen. Eine solche Parameterzeit erfaßt nicht das Wesen von Veränderung selbst. Die wesentlich dynamische Natur der Zeit ist damit nur unzulänglich begriffen.

Berücksichtigen wir jedoch die Dynamik von Zeit, so sollte sie in ihrer Begrifflichkeit notwendig als komplementär erscheinen, als Komplementarität von diskreter und kontinuierlicher Zeit. Dabei meint diskret eine nicht in Raum und Zeit definierte formalisierte Gegenwart. Die kontinuierliche Zeit dagegen ist in Raum und Zeit und fußt auf einem abstrakten Begriff von Beobachtung. Meine weitere These ist, daß die Diskretheit der Zeit in der Raumzeit als Dauer erscheint, die notwendig ist, damit Veränderungen von Zuständen oder Handlungen von Lebewesen möglich sind. Genauer hieße dies, daß eine Formalisierung von Gegenwart uns das *missing link* zwischen Materie und Bewußtsein liefern könnte. Diese These – als These – kann natürlich nicht bewiesen werden. Was ich jedoch tun kann, ist, sie als mögliche, heute anstehende Frage plausibel zu machen.

Es wird heute vielfach beschworen, daß wir einen *Paradigmenwechsel* unserer wissenschaftlichen Welterkenntnis erleben. Läßt sich solch ein Wechsel als Übergang von einer mechanistischen Naturauffassung hin zum Chaos rückgekoppelter dynamischer Systeme beschreiben? Ist dies tatsächlich der angemessene Paradigmenwechsel? Im folgenden möchte ich anhand des Zeitbegriffs explizieren, daß der einfache Wechsel eines Weltbildes uns heute kein neues Paradigma eröffnet. Ein Schritt in Richtung eines tatsächlich neuen Paradigmas wäre die Anerkennung und formale Beschreibung der *Komplementarität* von Weltbildern. Mit anderen Worten, die Ausblendung von Wirklichkeit, die die Einordnung unserer Naturerkenntnis in *ein* Weltbild zwingend mit sich bringt, sollte abgelöst werden durch das Erscheinen von Ganzheit durch Komplementarität.

Ich beziehe mich zunächst auf die beiden traditionellen Wege, sich dem Rätsel der Zeit anzunähern: die Zeit als Eigenschaft oder gar als Schöpfung des menschlichen Geistes oder Bewußtseins anzusehen – oder sie als einen äußeren Ordnungsrahmen für Ereignisse und Objekte zu betrachten, das heißt sie in mentale und physikalische Zeit zu trennen. Diese Haltung ist ein Erbe Descartes'. Mit der cartesischen Methode des richtigen Vernunftgebrauchs beginnt der Siegeszug der modernen Wissenschaften. Folgen wir also zunächst der Teilung in mentale und physikalische Zeit und wenden uns dem menschlichen Zeiterleben zu.

Bewußtes Zeiterleben

Welches sind die Rahmenbedingungen, die die Grundlage des bewußten Zeiterlebens bilden? Als externe Ausgangsbedingung sei die Darbietung zweier Reize (Lichtblitze oder Töne) in wohldefinierter zeitlicher Ordnung mit (externem) zeitlichem Abstand *dt* gewählt. Bei einfacher, linearer Variation des Abstandes *dt* spaltet sich die interne subjektive Erfahrung dieser Stimuli in eine ganze Hierarchie elementarer zeitlicher Wahrnehmungen auf:

Koinzidenzebene: Ist das externe zeitliche Distanzintervall der Reize kleiner als ein bestimmter Wert (Koinzidenzschwelle), dann werden beide Reize als ein Ereignis erlebt. Die Koinzidenz- oder Fusionsschwelle ist für die einzelnen Sinnesmodalitäten verschieden und hängt von den unterschiedlichen Transduktionszeiten (Umwandlungen der Stimuli in Nervenimpulse) der Modalitäten ab (akustisch zwei bis drei Millisekunden, taktil etwa zehn, visuell etwa zwanzig Millisekunden).

Gleichzeitigkeit: Überschreitet *dt* die Koinzidenzschwelle, so werden zwei Ereignisse wahrgenommen. Fragt man jedoch nach der zeitlichen Reihenfolge dieser Ereignisse, ist es nicht möglich zu entscheiden, welches als erstes und welches als zweites Ereignis erlebt wird.

Aufeinanderfolge: Erst bei Überschreiten einer Zeit-Ordnungsschwelle kann eine Vorher-nachher-Relation erfahren werden. Mit anderen Worten, erst wenn *dt* jenseits dieser Schwelle liegt, wird die zeitliche Richtung beider Reize erfaßt.

Wesentlich dabei ist, daß die Größe der Ordnungsschwelle (nämlich etwa dreißig Millisekunden) – definiert durch das Minimum des zeitlichen Abstands, der gegeben sein muß, um die zeitliche Ordnung von Stimuli zu identifizieren – modalitätsunabhängig ist. Damit kann folgende Hypothese aufgestellt werden:

Das Gehirn schafft sich und ist strukturiert durch adirektionale zeitliche Zonen oder Gleichzeitigkeitsfenster. Bezogen auf die Außenzeit erscheinen solche «Zeitfenster» als Zeitquanten, deren Dauer (etwa dreißig bis vierzig Millisekunden) kennzeichnend für das System ist und auf gleicher funktionaler Ebene in der Regel nicht unterschritten werden kann.

Neben der Existenz der Ordnungsschwelle gibt es eine Reihe weiterer experimenteller Hinweise auf solche zeitlich neutralen Zonen. So erweisen sich die Histogramme von Reaktionszeiten auf visuelle oder akustische Reize nicht als einfache Verteilungsfunktionen, sondern zeigen Multimodalitäten auf, was bedeutet, daß die Reaktionen auf einen Reiz nur in bestimmten Phasen der durch ihn hervorgerufenen neuronalen Aktivität ausgelöst werden.

Weitere Evidenzen für dieses Modell zeitlich neutraler Zonen liefern zum Beispiel Finger-tapping-Versuche. Die Versuchspersonen haben die Aufgabe, gegebene rhythmisch-akustische Sequenzen synchron zu klopfen. Beobachtet wird eine Stimulus-Antizipation – das Tapping erfolgt früher als der Stimulus –, die etwa dreißig Millisekunden beträgt; das heißt, sie entspricht einem Gleichzeitigkeitsfenster. Dieser Effekt tritt jedoch nur dann auf, wenn das Interstimulusintervall kürzer als drei Sekunden ist, eine Beobachtung, die bereits auf eine andere Stufe von Zeitwahrnehmung hinweist.

Für die Zeitwahrnehmung ist nämlich des weiteren kennzeichnend, daß aufeinanderfolgende Reize in zeitlicher Ordnung zusammengefügt werden können und damit einen neuen Inhalt generieren – zum Beispiel ein musikalisches Thema. Dabei geht es nicht um die Sukzession der Wahrnehmung, sondern um die Wahrnehmung der Sukzession. Genauer können zwei weitere Mechanismen unterschieden werden:

Zeitliche Integration aufeinanderfolgender Zeitfenster – Jetzt: Hier deutet eine Reihe experimenteller Daten auf einen Prozeß, der mehrere Gleichzeitigkeitsfenster (von dreißig Millisekunden Dauer) bis zu einer Dauer von etwa drei Sekunden automatisch und präsemantisch zu Wahrnehmungseinheiten integriert. Ein derartiger Prozeß bietet die formale Basis des erlebten subjektiven «Jetzt». Werden im psychophysischen Experiment zwei Reizintensitäten miteinander verglichen, so müssen sie innerhalb eines Fensters von zwei bis drei Sekunden angeboten werden, damit es zu sinnvollen Aussagen kommt. Experimente, in denen vorgegebene Zeitdauern reproduziert werden, zeigen ein Überschätzen kurzer zeitlicher Intervalle und ein Unterschätzen längerer Intervalle. Das Indifferenzintervall, das heißt diejenige Zeitdauer, die am besten reproduziert wird, liegt bei etwa drei Sekunden. Zeitsegmente bis zur Länge von etwa drei Sekunden werden ebenso in der Sprachverarbeitung oder in der zeitlichen Organisation intentionaler Akte beobachtet. All dies zeigt deutlich, daß das bewußte Jetzt sprach- und kulturunabhängig etwa drei Sekunden zu betragen scheint. Das Jetzt ist somit kein Punkt, sondern besitzt eine Ausdehnung von etwa drei Sekunden.

Semantische Integration von Bewußtseinsinhalten – Dauer: Auf einer weiteren, höheren Ebene der Integration werden Bewußtseinsinhalte miteinander verbunden. Die Integrationsintervalle von drei Sekunden, die Jetzt-Momente, dienen als formale Basis der Repräsentation dieser Inhalte. Als notwendige logistische Voraussetzung definieren sie jedoch weder, «was» repräsentiert ist noch «wie» die repräsentierte Information zusammengefügt werden soll. Die subjektive Kontinuität der Erfahrung könnte möglicherweise das Resultat eines *semantischen* Zusammenhangs der Jetzt-Momente sein. Die Beobachtung des Zusammenbruchs dieser Kontinuität zum Beispiel bei Schizophrenen impliziert, daß unter normalen Bedingungen ein spezifischer neuronaler Prozeß für den semantischen Nexus verantwortlich ist.

Damit steht eine zeitliche Syntax zur Verfügung, das heißt Fenster von Gleichzeitigkeit (ohne innere zeitliche Aufeinanderfolge) und eine begrenzte Kapazität der Integration von aufeinanderfolgenden Gleichzeitigkeitseinheiten («Jetzten»). Was könnte der Sinn dieser syntaktischen Rahmenbedingungen sein? Welche Funktion könnten sie erfüllen?

Damit eine subjektive Repräsentation eines mentalen Phänomens eintreten kann, müssen spezifische logistische Voraussetzungen erfüllt sein. Eine solche logistische Voraussetzung ist die Organisation der räumlich verteilten mentalen Funktionen. Was bedeutet das? Spezifische mentale Funktionen sind im Gehirn lokal repräsentiert. Lokalisation mentaler Funktionen bedeutet, daß eine mentale Funktion durch neuronale Prozesse in einem wohldefinierten räumlichen Hirnareal realisiert wird.

Die räumliche Segregation mentaler Funktionen innerhalb des Gehirns wirft die Frage auf, wie einheitliche subjektive Erfahrungen möglich sind. So zeigen zum Beispiel PET-Studien, daß mehrere räumlich verschiedene Hirnareale bei Vorliegen bestimmter psychologischer Aufgaben (wie zum Beispiel beim Lesen) eine erhöhte Aktivität aufweisen. Allgemein gilt, daß jeder mentale Akt durch ein spezifisches Muster räumlich verteilter Aktivitäten innerhalb neuronaler Assemblies (Ensembles) charakterisiert werden kann. Worauf beruht dann aber die Wahrnehmung der Einheit subjektiver Phänomene, weshalb zerfällt diese Identität nicht in viele Einzelidentitäten, die den jeweiligen Wahrnehmungskontexten entsprechen? Ist vielleicht die «Zeit» ein Schlüssel zur Lösung dieses Problems?

Der hier vorgeschlagene Versuch einer Lösung des Integrationsproblems besteht zunächst in folgender Hypothese: Die adirektionalen zeitlichen Zonen oder Gleichzeitigkeitsfenster (von etwa dreißig bis vierzig Millisekunden Dauer in externer Zeit) definieren elementare Integrationseinheiten (EIUs), innerhalb deren die Aktivitäten der verschiedenen Funktionseinheiten des Gehirns miteinander korreliert werden.

Das Konzept elementarer Integrationseinheiten bietet damit einen formalen Rahmen zur Lösung des Integrationsproblems. Wie könnten solche elementaren Integrationseinheiten generiert werden? Zu unterscheiden sind einerseits reizunabhängige, interne Taktungen («running clock»-Modelle), andererseits eine reizbezogene, das heißt eine zeitlich stabil mit dem Reiz verknüpfte Periodik.

Das hier vertretene Modell postuliert relaxierende Erregungszyklen und fällt damit in die letztgenannte Klasse. Ein auftretender und transduzierter Reiz ruft eine neuronale Oszillation hervor. Die elementaren Integrationseinheiten sind durch aufeinanderfolgende Perioden der Oszillation definiert. Die These ist, daß jede Periode einer solchen Oszillation einem Zeitfenster des Gehirns entspricht, innerhalb dessen die Verfügbarkeit von Information als gleichzeitig bewertet und damit intra- und intersensorische Integration erreicht wird. Innerhalb solcher elementarer Integrationseinheiten kann keine Richtung der Zeit wahrgenommen werden. Ein zeitliches Vorher-nachher dringt erst dann ins Bewußtsein, wenn mindestens zwei solcher Zeitfenster gegeben sind.

Elementare Integrationseinheiten sind also im hier vorgeschlagenen Modell mit Oszillationen neuronaler Assemblies verknüpft. Eine Reihe von Experimenten der letzten Jahre weisen nun tatsächlich eine durch Reize hervorgerufene rhythmische Synchronisation von Nervenzellen im Gammawellenbereich (30 bis 60 Hertz) nach. Bewegt sich zum Beispiel ein Objekt, so unterscheiden sich die zum Objekt gehörenden Teile vom Hintergrund durch die raumzeitliche Kohärenz von Bewegung, Konturen und zum Beispiel Farbe. Woher weiß nun das Gehirn, daß Kohärenz eine Eigenschaft von Objekten ist, die zur Differenzierung (von Objekt und Hintergrund) und zur Integration (verschiedener Merkmale) benutzt werden kann?

In der Entwicklung kognitiver Strukturen werden Verbindungen zwischen Neuronen stabilisiert, deren Aktivitätsmuster miteinander korreliert sind. Solche selektiven Kopplungen entstehen dadurch, daß Nervenzellen, die häufig zugleich (durch raumzeitlich kohärente Merkmale des Objekts) aktiviert werden, ihre synaptischen Verbindungen verstärken und folglich stärker miteinander assoziiert sind. Derartige Zellgruppen sind dann Merkmalsdetektoren, sie sind gewissermaßen Meßapparate der entsprechenden Eigenschaften – dies ist der Aspekt der Differenzierung. Die so assoziierten Nervenzellen oszillieren bei Vorliegen der entsprechenden Objekteigenschaften mit einer Frequenz von etwa 40 Hertz. Räumlich verteilt liegende Merkmalsdetektoren können bei entsprechenden Kohärenzeigenschaften des wahrgenommenen Objekts ihre rhythmischen Aktivitäten synchronisieren – dies ist der Aspekt der Integration oder Bindung.

Falls synchrone Oszillationen eine Lösung des Bindungsproblems darstellen, ergibt sich damit sofort die Frage nach ihrer funktionalen Relevanz. Will man keinen Homunculus postulieren, für den diese Synchronisation Bedeutung hat, so muß sich die durch die synchronisierten Aktivitäten ergebende gebundene Massenaktivität als funktional effektiv erweisen. Was wäre nun ein entsprechendes experimentelles Paradigma, um die funktionale Relevanz kohärenter oszillatorischer Phänomene zu untersuchen?

Alle Daten, die das hier vertretene Modell elementarer Integrationseinheiten stützen, sind Reaktionszeitdaten. Dies legt die Vermutung nahe, daß das entsprechende Paradigma in der Betrachtung vollständiger sensomotorischer Zyklen zu finden wäre. Wenn kohärente Oszillationen funktional effektiv sind, so sollte sich diese Effektivität auf der Output-Seite zeigen. In den letzten Jahrzehnten haben sich deutliche experimentelle und theoretische Vorurteile zugunsten der Kognition und des sensorischen Teils der Wahrnehmung gebildet. Dies macht aber den Homunculus unvermeidlich. Denn im Rahmen des kognitiven Paradigmas spiegeln neuronale Aktivitätsmuster nicht per se einen Ganzheitsaspekt wider, sondern führen sofort zu der Frage «Für wen oder was?». Die Korrektur der kognitiven Vorurteile und eine angemessene Berücksichtigung der motorischen Seite könnten dieses Problem möglicherweise lösen. Der Homunculus löst sich auf in der Integration von Sensorik und Motorik. Kurz: Die Wahrnehmung ist die Bewegung.

Auf der phänomenologischen Ebene beobachten (!) wir normalerweise Beobachtung und Handlung als getrennt. Im Fluß der Handlung kann sich anscheinend kein Beobachter konstituieren; Beobachtung unterbricht den Fluß, hält ihn an, um Objekte herauszupräparieren. Und genau dies könnte sich als Problem in der allgemeinen Wissenschaft der Beobachtung, der Physik, wiederfinden. Ich möchte deshalb auf den Zeitbegriff, genauer: die Zeitbegriffe der Physik eingehen.

Die Zeiten der Physik

Die moderne Naturwissenschaft beginnt mit einem Konflikt. Physikalische Theorien beschreiben Beziehungen zwischen Ereignissen. Wie aber verhalten sich Ereignisse und Raum und Zeit zueinander? Ist die Raumzeit ein Container, der alle Ereignisse umfaßt (Newton), oder entsteht sie als Folge der Wechselwirkungen von Ereignissen (Leibniz)? Die klassische Mechanik geht von der Newtonschen Sicht aus.

Universum des Diskurses I

Die Newtonsche Raumzeit ist gekennzeichnet durch einen absoluten Raum, eine absolute Zeit und Gravitation als universaler, zeitunabhängiger Kraft. Jedes Ereignis ist eindeutig bestimmt durch seine Position im absoluten Raum und sein Erscheinen in der absoluten Zeit. Zeit ist ein Absolutum, das die Kohärenz von Ereignissen definiert.

Die nächste geschlossene physikalische Theorie, die Elektrodynamik, sagt Unabhängigkeit der Lichtgeschwindigkeit von der Bewegung der Lichtquelle voraus. Das aber hat zur Folge, daß die übliche Addition von Geschwindigkeiten (also Geschwindigkeit des Trägers plus Geschwindigkeit des emittierten Lichts) nicht auf die Lichtgeschwindigkeit anzuwenden ist. Entweder zeichnet die Elektrodynamik ein Bezugssystem (Äther) aus – diese Ätherhypothese wird jedoch durch Experimente nicht verifiziert –, oder man folgt dem Relativitätspostulat, dem zufolge die Naturgesetze für alle Beobachter, unabhängig von ihrer Geschwindigkeit, gleich sind. Dies hat drastische Konsequenzen, vor allem in bezug auf die Zeit, und führt zu

Universum des Diskurses II

Die Spezielle Relativitätstheorie beruht auf einem neuen Absolutum, der Lichtgeschwindigkeit. Die Lichtgeschwindigkeit ist Grenz- oder Maximalgeschwindigkeit für alle Wirkungsausbreitungen. Die Zeit verliert ihre absolute Bedeutung, statt dessen sind nun Gleichzeitigkeit von Ereignissen und Zeitmaß von der Relativgeschwindigkeit des Beobachters abhängig. Die Uhren von Beobachtern gehen um so langsamer, je schneller sich diese fortbewegen; für Teilchen (mit Ruhmasse Null), die sich mit Lichtgeschwindigkeit bewegen, gibt es kein Vergehen von Zeit. Jedes Bezugssystem mißt also seine Eigenzeit. Die Kohärenz der Eigenzeiten ist durch die absolute Lichtgeschwindigkeit gegeben.

Gravitation ist in der Newtonschen Theorie eine Kraft zwischen Körpern, die in einer nichtgekrümmten (flachen) Raumzeit eingebettet sind. Wandelt man die voneinander unabhängige Existenz von Gravitation und Raumzeithintergrund in eine dynamische Interaktion um, das heißt betrachtet man die Krümmung der Raumzeit als Ursache der Gravitation und umgekehrt, so führt dies zu

Universum des Diskurses III

Die Äquivalenz von Raumzeitkrümmung und Materie wird durch die nichtlinearen Einsteinschen Feldgleichungen ausgedrückt. In der Allgemeinen Relativitätstheorie gilt lokal die Spezielle Relativitätstheorie; die Lichtgeschwindigkeit bleibt als absolute Wirkungsgeschwindigkeit erhalten, Gleichzeitigkeit und Zeitmetrik hängen von der Geschwindigkeit des Beobachters ab. Gravitation wirkt jedoch auch auf Licht und damit auf die Kausalkegel von Ereignissen. In dieser Weise werden globale und lokale Aspekte miteinander verknüpft. Die Eigenzeiten sind nun auch vom Materieinhalt der Umgebung abhängig, Zeit vergeht um so langsamer, je mehr Materie vorhanden ist.

Bis jetzt gibt es keine ausgezeichnete Richtung der Zeit. Jeder Raumzeitpunkt besitzt seine eigene Zeitskala, es existiert kein ausgezeichnetes Bezugssystem, das eine global gültige Zeitrichtung definieren könnte. Nun können die Lösungen der Einsteinschen Feldgleichungen zum Beispiel das Gravitationsfeld eines Sterns beschreiben; man kann aber auch das gesamte Universum als Lösung der Feldgleichungen behandeln. Damit gelangt man zu

Universum des Diskurses = Universum

Die beobachtete Materieverteilung des interstellaren Raums ist homogen und isotrop. Die mathematische Formulierung dieser Beobachtung und die Lösung der Feldgleichungen unter diesen Bedingungen ergeben ein Universum, das nicht statisch sein kann, sondern expandieren muß. Eine solche Expansion wurde 1920 von Edwin Hubble experimentell verifiziert. Diese Expansion bedeutet die Rückkehr einer globalen, kosmischen Zeit, die dadurch definiert ist, daß die Expansion des Universums in jedem Raumzeitpunkt eines ausgezeichneten Bezugssystems isotrop erscheint. Dieser kosmologische Zeitpfeil definiert eine ausgezeichnete Richtung der Zeit.

Nach den vier Raumzeittheorien nun

Universum des Diskurses V

Jeder von uns ist mit der Tatsache vertraut, daß Wärme stets vom wärmeren zum kälteren Körper fließt und nicht in umgekehrter Richtung. Eine Verallgemeinerung dieser Dissipation von Energie führt zum Konzept der Entropie, die ein Maß für die Qualität der Energie ist; mit anderen Worten, Entropie mißt den Teil der Energie, der nicht in Arbeit umgewandelt werden kann.

Der Zweite Hauptsatz der Thermodynamik besagt nun, daß in geschlossenen Systemen die Entropie nur zu- und nicht abnehmen kann, bis sie ihr Maximum im thermodynamischen Gleichgewicht erreicht. Die Richtung der Entropiezunahme definiert damit eine Richtung der Zeit, den thermodynamischen Zeitpfeil, der auch mit der Umwandlung von Ordnung in Unordnung verknüpft wird. Dies präzisiert die statistische Thermodynamik, wobei sie die Entropie auf die Gesamtanzahl mikroskopisch verschiedener, aber makroskopisch äquivalenter Zustände eines Systems bezieht. Entropiezuwachs ist mit dem Übergang vom unwahrscheinlicheren zum wahrscheinlicheren Zustand verbunden.

Der Ursprung dieser thermodynamischen Richtung der Zeit ist ein Problem, da alle elementaren Prozesse, auf denen die Theorie basiert, reversibel sind. Es gibt Hypothesen, nach denen diese Asymmetrie in der Zeit durch Anfangsbedingungen kosmologischen Ursprungs verursacht ist. Man kann das Problem jedoch auch umkehren, indem man die Asymmetrie in der Zeit als notwendige Bedingung von Erfahrung überhaupt ansieht, das heißt Zeitasymmetrie als fundamental und Symmetrie oder Reversibilität als erklärungsbedürftig betrachtet. Zusammenfassend: Die Zeit wird mathematisch als reellwertiger Parameter beschrieben. Der thermodynamische Zeitpfeil definiert eine ausgezeichnete Richtung der Zeit. Die Theorie gründet sich auf Reversibilität, bezogen auf die Mikroebene, und Irreversibilität, bezogen auf die Makroebene.

Faßt man Leben als Zunahme von Ordnung auf, so stellt sich die Frage: Widerspricht die Evolution von Leben dem Zweiten Hauptsatz der Thermodynamik? Die Antwort ist nein und beruht auf dem Phänomen der Selbstorganisation. Bei Selbstorganisation oder dissipativen Strukturen wird ein Teil der dem System verfügbaren Energie in geordnetes Verhalten transformiert.

Universum des Diskurses VI

Dissipative Strukturen sind offene Systeme, die Energie und Materie mit ihrer Umgebung austauschen; ihre innere Entropieproduktion kann durch ihre Oberfläche an die Umgebung abgegeben werden. Sie werfen gewissermaßen ihren «Entropiedreck» nach draußen. Die Entwicklungsgleichungen dieser Systeme sind nichtlinear. Starke Abweichungen vom thermodynamischen Gleichgewicht setzen mit Hilfe von Fluktuationen, die durch die Nichtlinearität der Entwicklungsgleichungen verstärkt werden, deren verborgene Möglichkeiten frei, nämlich die Existenz mehrerer Lösungen zum selben Parameterwert. Irreversibilität tritt dann auf, wenn als Lösungen asymptotisch stabile Attraktoren existieren.

Sind solche asymptotisch stabilen Attraktoren periodisch, so läßt sich die Situation folgendermaßen darstellen: Im Gleichgewicht kennt das System keine Zeit. Fern vom Gleichgewicht entdeckt es Zeit mittels Symmetriebruch durch Oszillationen, die das dissipative System kennzeichnen.

Das durch die dargestellten sechs Universen gezeichnete Bild ist noch unvollständig ohne

Universum des Diskurses VII ⊃ Universen des Diskurses

Die Quantentheorie beschreibt isolierte Systeme, die durch Wechselwirkung mit einem Meßapparat beobachtet werden. Der Quantenzustand (Wellenfunktion) umfaßt alle (kontingenten) Aussagen über das Objekt, die zu einem Zeitpunkt t wahr sind. Physikalische Größen (wie zum Beispiel Ort, Impuls, Energie) werden durch Operatoren dargestellt, die auf den Zuständen wirken. Die Zeit bildet dabei eine Ausnahme, sie ist kein Operator, sondern ein reellwertiger Parameter. Die Zeitentwicklung eines Quantenzustandes ist durch die lineare Schrödinger-Gleichung gegeben. Dies ist eine Zeitentwicklung der Superposition (vgl. S. 176) möglicher Meßzustände.

Soweit der deterministische und lineare Teil der Quantentheorie. Die Theorie umfaßt jedoch auch einen nichtlinearen Teil, den sogenannten Kollaps der Wellenfunktion. Der nichtlineare Meßprozeß

potentieller Quantenzustand → aktualer Quantenzustand

ist eines der meistdiskutierten Probleme in der Physik. Ein enger Zusammenhang besteht dabei mit den Problemen von Zeit und Logik. Potentielle Quantenzustände können als futurische Zustände aufgefaßt werden, für die das «tertium non datur» der klassischen Logik nicht gilt, während ihm aktuale (faktische) Zustände genügen. Andere Vorschläge sind:

- den Potentiell-aktual-Transfer als neues Postulat in die Physik einzuführen;
- den Kollaps der Wellenfunktion als durch das Bewußtsein verursacht zu verstehen;
- Nichtstattfinden des Kollapses, statt dessen bei jedem Meßprozeß die Verzweigung in nicht miteinander kommunizierende Universen;
- Gravitation als Ursache des Kollapses.

Die Quantentheorie weist noch weitaus mehr Resultate auf, die unser normales, klassisches Weltverständnis in Frage stellen. Das Einstein-Podolsky-Rosen-Phänomen besagt, daß Teile eines Quantensystems ohne direkte Wechselwirkung über makroskopische Distanzen miteinander korreliert sind; das heißt, die Quantentheorie ist eine nichtlokale Theorie. Man kann sie mathematisch als holistische Theorie formulieren. In dieser Formulierung existieren jedoch keine beobachtbaren Phänomene oder Objekte. Objekte werden durch Bruch der holistischen Symmetrie erzeugt, in anderen Worten, durch Wahl eines Kontextes oder Weltbildes. Zusammenfassend: Die Zeit ist ein reellwertiger Parameter. Die Zeitentwicklung eines Quantenzustandes ist reversibel, der Übergang Möglichkeiten → Fakten ein irreversibler Akt.

Man erhofft sich heute die Lösung vieler Probleme der gegenwärtigen Physik durch eine neue Theorie, die Quantenmechanik und Allgemeine Relativitätstheorie umfassen sollte. Es gibt viele (bisher nicht erfolgreiche) Versuche, eine derartige Theorie zu konstruieren. Hier kurz ein Vorschlag von Stephen Hawking.

Universum des Diskurses VIII

Von der Allgemeinen Relativitätstheorie soll die Äquivalenz von Gravitation und Raumzeitkrümmung, von der Quantentheorie der holistische Aspekt erhalten bleiben. Dies führt jedoch zu mathematischen Divergenzen der Vereinigten Theorie. Eine Lösung dieses Divergenzproblems besteht in der Transformation des reellwertigen Zeitparameters in einen imaginären Zeitparameter. Durch diese mathematische Operation verschwindet gewissermaßen die Unterscheidung von Raum und Zeit. Die Raumzeit ist ohne Grenze und ohne Anfangssingularität. Man erhält ein vollständig geschlossenes Universum.

Zusammenfassend seien alle acht Universen des Diskurses in einem Bild dargestellt:

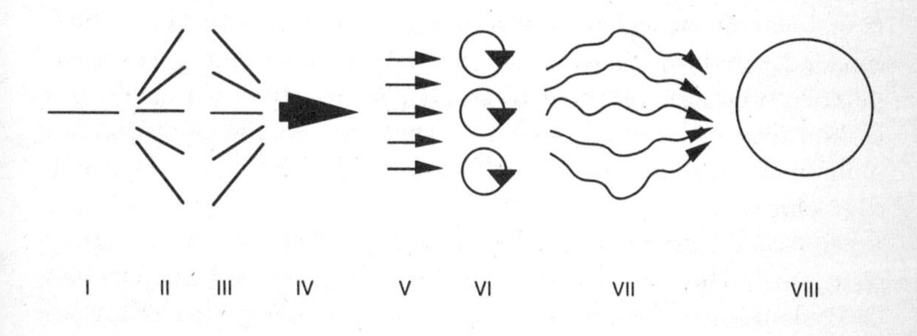

Das Theorienband, das sich zwischen Linie und Kreis spannt, zeigt nicht *die* Zeit, sondern theorienabhängige Zeiten. Etwas fehlt jedoch in diesem Bild: das Jetzt. In der Physik wird das Jetzt nur als Übergangspunkt zwischen Vergangenheit und Zukunft behandelt; im mentalen Bereich dagegen ist das Jetzt selbst vorübergehend. Diese Merkwürdigkeit des Jetzt innerhalb der Zeitstruktur war Gegenstand einer Diskussion mit Carnap in Einsteins letztem Lebensjahr:

> «Einstein sagte, das Problem des Jetzt bereite ihm arges Kopfzerbrechen. Er erklärte, daß die Jetzt-Erfahrung etwas Besonderes für den Menschen bedeute, etwas essentiell Anderes als Vergangenheit und Zukunft, daß aber dieser wichtige Unterschied in der Physik nicht zur Geltung komme und auch nicht kommen könne. Daß diese Er-

fahrung von der Wissenschaft nicht erfaßt werden kann, schien ihm Anlaß zu schmerzlicher, aber unvermeidlicher Resignation.

Mit diesem Jetzt, das in der Physik – bisher zumindest – nicht vorkommt, hatten wir uns in bezug auf Hirnzeit beschäftigt. Atemporale Zonen waren wesentlich, um Handlungseinheiten zu ermöglichen. Wir haben also auf der einen Seite eine Zeit der Beobachter und Objekte, die Zeit der Materie, auf der anderen Seite Handlungsgestalten. Um diese Komplementarität auf den Begriff zu bringen, muß die Unterscheidung mathematisch formalisiert werden.

Eine solche mathematische Formalisierung kann ich hier nicht durchführen, sondern nur andeuten. Um Gestalt zu definieren, ist der Begriff der Homogenität wichtig. Zeit-Gestalten sind dann eine Formalisierung der elementaren Integrationseinheiten. So definierte Zeit-Gestalten unterscheiden sich von dem konstanten Vorliegen eines Zustandes dadurch, daß sie nicht eine Aneinanderreihung von Zeitpunkten (und Zuständen) sind. Das realisierte Zeitfenster als Ganzes ist konstitutiv für eine Zeit-Gestalt. Die Zusammenbindung von Stimuli zu Gleichzeitigkeitsklassen ist Ausdruck der internen Dynamik des Gehirns.

Man muß dann weiter eine Definition der Verkettung von Zeitfenstern geben. Die sich so ausdrückende Bindung zielt auf das Jetzt von drei Sekunden und ist möglicherweise Voraussetzung unserer Kausalitätserfahrung. Kausale Verknüpfung umfaßt hier jedoch mehr als nur eine formale (gesetzmäßige) Struktur. Die Bedeutung des zu Verknüpfenden im Wahrnehmungskontext wird wichtig. Dies schließt umgekehrt nicht aus, daß Bedeutung sich möglicherweise zunächst syntaktisch aus raumzeitlicher Kohärenz entwickelt. Hat sich jedoch bereits ein Wahrnehmungssystem aufgebaut, das diese Kohärenz in seiner Funktion internalisiert hat, ist sie (beziehungsweise ihre Änderung) bedeutungstragend.

Zu verknüpfen ist dann die Frage der Bedeutung mit der Frage, was ein Ereignis für ein System (ein Hirn) sein könnte. Ähnlich wie eine Zeit-Gestalt sich von der einfachen Aneinanderreihung von Zeitpunkten unterscheidet, sollte sich ein Ereignis vom einfachen Stattfinden und Aneinanderreihen von Wahrnehmungsatomen unterscheiden. Auch in diesem Fall ist das Zusammenbinden wesentlich für das Funktionieren des Systems und nicht die Abbildung auf eine – dem System externe – Zeitachse. In anderen Worten, Zeit wird durch das System erzeugt.

Auf diese Weise lassen sich die syntaktischen Voraussetzungen formal erfassen, um Gestalten und Ereignisse zu erzeugen. Der Übergang zur tatsächlichen Gestalt beziehungsweise zum tatsächlichen Ereignis erfordert eine Semantik im weitesten Sinne, das heißt Entscheidungen beziehungsweise einen Bedeutungs- oder Bewertungskontext. Zum Beispiel wird das Geschehen dreier Töne erst innerhalb eines Bedeutungskontextes zur Melodie.

Durch die Kopplung der Begriffe Gestalt beziehungsweise Ereignis an die Früher-später-Relation beziehungsweise an einen Bedeutungs- oder Bewertungskontext ergibt sich sofort die Frage, wie die Zeitrichtung beziehungsweise das bewertende System mit dem gestalt- und ereigniserzeugenden syntaktischen Vorgang selbst verknüpft ist. Dies ist auch die Frage nach dem Übergang von handelnden Systemen zu objekt-beobachtenden Systemen. Dazu ist eine abstrakte Definition von Beobachtung nötig, die jedoch nicht im Rahmen dieses Beitrags gegeben werden kann. Innerhalb einer solchen Beschreibung ist darzulegen, wie das Endosystem Gehirn, also ein System ohne äußeren Beobachter, sich interne Beobachter erzeugt, das heißt sich in ein Universum des Diskurses spezifiziert, dessen Objekte dem Endosystem Gehirn inhärent sind!

Die Richtung der Objekt-Zeit ist an Irreversibilität gebunden und verknüpft mit Beobachtung oder – in anderen Worten – mit der Faktizität der Vergangenheit und der Potentialität der Zukunft. Im Bereich der Objektdefinition der Physik ist der Abschluß, die Irreversibilität, gegeben als Messung beziehungsweise Registrierung einer Ja-nein-Entscheidung. Dabei erhält der Meßwert seine Bedeutung im Theoriengebäude des Beobachters; diese Bedeutung mag für das ausgemessene System beziehungsweise für sein internes Funktionieren inhaltslos sein. Im Falle des Gehirns mißt dieses sich gewissermaßen selbst. Primär sind dabei nicht Objekte beziehungsweise instantane Irreversibilitäten, sondern Zeit-Gestalten und die Früher-später-Relation als Voraussetzungen für Handlungseinheiten, das heißt für Ereignisse. Erst in einem weiteren Schritt werden Objekte kategorisiert. Maßgebend ist der gesamte sensomotorische Zyklus; Sensorik und Motorik, Wahrnehmung und Bewegung entwickeln sich parallel.

Nochmals ein kurzer Bezug zur Quantentheorie. Ein Quantensystem existiert, solange es nicht beobachtet wird, als Superposition möglicher Quantenzustände. Erst durch die Beobachtung wird es in einen faktisch existierenden Zustand überführt. Was passiert jedoch, wenn das System ständig beobachtet, wenn also das Zeitintervall zwischen den Beobachtungen stetig verkleinert wird? Man kann ein extrem instabiles Quantensystem, zum Beispiel ein angeregtes Atom, erzeugen und mit Hilfe von Lasertechnik ständig prüfen, ob der Zerfall schon stattgefunden hat. Die Quantentheorie sagt vorher, daß ein so permanent gemessenes System seinen Zustand nicht verändern kann, selbst dann nicht, wenn dieser Zustand extrem instabil ist. (Dies wird Quanten-Zenon-Effekt genannt.) Ständige Beobachtung, das heißt Beobachtung, die keine zeitfreien Zonen zuläßt, fixiert damit das System in seinem Zustand, friert es gewissermaßen ein.

Im Gegensatz zu den isolierten Systemen der Quantentheorie sind Gehirne offene Systeme in einer Umwelt. Der permanenten Messung entspräche dabei eine stetige Umsetzung eingehender (afferenter) in auslaufende (efferente) Aktivitätsmuster; eine Fließbewegung, die ein zielgerichtetes Gesamtverhalten des Organismus unmöglich machen würde. Voraussetzung für eine koordinierte Handlung des Gesamtorganismus, so die hier vertretene These, sind deshalb beobachtungsfreie Zonen oder Fenster der Gleichzeitigkeit. Dabei ist Beobachtung in diesem Fall als Effektivität entsprechender neuronaler Kohärenzen definiert.

Dieser so angedeutete Formalismus dient dazu, die übliche Denkrichtung umzukehren. Ausgegangen werden soll nicht von einer Welt der Objekte und Zustände, die ihre Identität in der Zeit bewahren und sich in der Zeit entwickeln, nicht von einer Erfassung der Wirklichkeit als Objekte plus Zeit, sondern von einer Wirklichkeit, deren Dynamik Objekte und Zeit generiert.

Die Zeit – erzeugt oder beobachtbar gegeben, diskret oder kontinuierlich? Beide Aspekte von Zeit sind zueinander komplementär. Auf der Ebene der Operationen des Gehirns erscheint die Zeit als diskret; ein operationaler Abschluß konstituiert eine Diskretisierung, die als Diskontinuität ausgedehnter Zeitfenster erscheint. Auf der Ebene der Beobachtung – als Konsequenz semantischer Bindung – erscheint die Zeit als kontinuierlich. Man kann diesen letzten Gesichtspunkt formalisieren in der Weise, daß die Kontinuität der Zeit aus der Trennung des (abstrakt definierten) Beobachters vom Objekt der Beobachtung resultiert. Kontinuität ist dann eine Abstraktion, die Konstruktion einer Metaebene der Beobachtung. Bezüglich dieser Metaebene erscheinen die zugrundeliegenden Prozesse als formal und inhaltsfrei. Dies führt dann zu der Idee eines homogenen, quantifizierbaren Substrats, genannt kontinuierliche Zeit, die ich als abstrakte Struktur unbegrenzter Beobachtbarkeit definieren möchte. Ich betrachte damit das uns vertraute Zeitkontinuum als ein Konstrukt, das auf Beobachtung beruht. Damit aber überhaupt etwas beobachtet werden kann, muß etwas da sein, es muß ein Geschehen – in weitestem Sinne – vorliegen. Dieses Geschehen erfordert Zonen frei von Beobachtung, es hat sein Maß in sich, es ist diskret.

Und mit diesen Gegenwartsfenstern und dem Diskreten möchte ich nun die Implikation eines solchen anderen Verständnisses von Zeit für unser ethisches Handeln aufzeigen. Ethik bestimmt sich heute fast ausschließlich im Rahmen eines Vorurteils. Es lautet, daß wir, um ethisch korrekt zu urteilen, immer mehr (Experten-)Wissen ansammeln müssen, daß dieses Wissen Grundlage einer global herrschenden Moral sein muß. Diese Dominanz einer Ethik des Wissens führt dazu, Ethik als Verwaltung von Sachzwängen, als moralisches Urteilen und als zu erfüllende Pflicht zu verstehen.

Durch die Fähigkeit der (objektiven) Welterzeugung, durch die Möglichkeit machbaren Wissens, ist der Mensch gewissermaßen aus dem Paradies des reinen Reflexes in die Reflexion getreten. Reflexion birgt jedoch in ihrer offenen Zeitlichkeit die Möglichkeit und Notwendigkeit von bewußter Entscheidung. Jede Entscheidung ist mit Unsicherheit verbunden. Was wir heute erleben, ist eine gigantische Inszenierung des Wissens, mit dem Ziel, Entscheidungen zu vermeiden und an ihre Stelle die Sicherheit des Beweisbaren innerhalb eines Weltbildes zu setzen. Eine solche erfolgreiche Algorithmisierung menschlicher Tätigkeit wäre in der Tat die Wiedergewinnung des alten Paradieses.

Damit verbunden zeigt sich eine Ethik des Konsenses. Vernünftig, rational und verstehbar ist in einer solchen ethischen Sicht ein Verhalten, das kausal aus der Akzeptanz eines derartigen Konsenses abgeleitet werden kann. Es ist jedoch ein Verhalten im gegebenen Rahmen, kein wirkliches Handeln.

Wofür ich plädieren möchte, ist, unsere «Ethik des Wissens», die in ihrer Dominanz zu einer Verwaltung von Sachzwängen wird, zu ergänzen – nicht abzulösen – durch eine «Ethik des Handelns». Damit ist angeknüpft an die ursprüngliche Bedeutung von «ethos», nämlich «wohnen», und nicht an die spätere Bedeutung als Sitte und (äußere) Moral. Eine Ethik des Handelns findet ihr Maß in sich, in der Gegenwärtigkeit der Handelnden. In dieser Gegenwärtigkeit der Handelnden findet sich menschliche Freiheit, die Freiheit des Neuanfangs. Mit der Gegenwärtigkeit der Handelnden verbunden sind ganz konkrete Einübungen, die im kleinen, im Alltäglichen stattfinden können. Man könnte dieses Handeln auch als asketisches Leben bezeichnen, wobei Askese nicht allein im Sinne von Enthaltsamkeit verstanden wird, sondern genauso auch in ihrer ursprünglichen Bedeutung als Übung. Die Gegenwärtigkeit des Handelns ist durch nichts in Raum und Zeit ableitbar. Dieses Handeln ist frei. Aus dieser Freiheit entspringen jedoch Raum und Zeit und damit lebendiges Wissen und Verantwortung. Reines Handeln ohne Wissen ist nur ein Fluß von Ereignissen. Wissen zu weit getrieben als ständiges Beobachten und Reagieren auf Sachzwänge macht Handeln unmöglich. Handeln braucht Räume frei von dem Druck des Früher-später, braucht Gegenwart, in der menschliche Freiheit einsetzen kann.

Literatur

Eckhorn, R., und Reitboeck, H. J., 1989: «Stimulus-specific synchronizations in cat visual cortex and their possible role in visual pattern recognition», in: H. Haken (Hg.), *Synergetics of cognition* (Springer Series in Synergetics, Vol. 45), Berlin: Springer.

Fodor, J. A., 1983: *The Modularity of Mind*, Cambridge, Mass.: MIT Press.

Görnitz, Th., Ruhnau, E., und Weizsäcker, C. F. von, 1991: «Temporal asymmetry as precondition of experience: The foundation of the arrow of time», *International Journal of Theoretical Physics* 31, S. 37–46.

Gray, C. M., König, P., Engel, A. K., und Singer, W., 1989: «Oscillatory responses in cat visual cortex exhibit intercolumnar synchronization which reflects global stimulus properties», *Nature* 338, S. 334–337.

Haag, R., 1990: «Fundamental irreversibility and the concepts of events», *Communications in Mathematical Physics* 132, S. 245–251.

Mates, J., Müller, U., Radil, T., und Pöppel, E., 1994: «Temporal integration in sensorimotor synchronisation», *Journal of Cognitive Neuroscience*, im Druck.

Müller, U., Ilmberger, J., Pöppel, E., Mates, J., und Radil, T., 1990: «Stimulus anticipation and the 30 ms basic timing unit during rhythmic tapping», *Activ. nerv. super.* 32 (2), S. 144.

Omnès, R., 1992: «Consistent interpretations of quantum mechanics», *Reviews of Modern Physics* 64, S. 339–382.

Penrose, R., 1986: «Gravity and the state vector reduction», in: R. Penrose und C. J. Isham (Hg.), *Quantum concepts in space and time*, Oxford: Clarendon Press.

Penrose, R., 1989: *The Emperor's New Mind: Concerning Computers, Minds, and the Laws of Physics*, Oxford: University Press (dt.: *Computerdenken: Des Kaisers neue Kleider oder Die Debatte um Künstliche Intelligenz, Bewußtsein und die Gesetze der Physik*, Heidelberg: Spektrum Akademischer Verlag, 1991).

Pöppel, E., 1968: «Oszillatorische Komponenten in Reaktionszeiten», *Naturwissenschaften* 55, S. 449–450.

Pöppel, E., 1985/1988: *Grenzen des Bewußtseins: Über Wirklichkeit und Welterfahrung*, Stuttgart: Deutsche Verlagsanstalt.

Pöppel, E., Ruhnau, E., Schill, K., und Steinbüchel, N. von, 1990: «A hypothesis concerning timing in the brain», in: H. Haken und M. Stadler (Hg.), *Synergetics of cognition* (Springer Series in Synergetics, Vol. 45). Berlin: Springer, S. 144–149.

Ruhnau, E., 1994a: «The Now – a hidden window to dynamics», in: H. Atmanspacher und G. Dalenoort (Hg.); *Inside versus Outside: Endo- and Exo-Concepts in the Sciences*, Berlin: Springer, S. 293–308.

Ruhnau, E., 1994b: «The Now – the missing link between matter and mind», in: M. Bitbol und E. Ruhnau (Hg.), *The Now, Time and the Quantum*, Gif-sur-Yvette: Editions Frontières, S. 101–130.

Ruhnau, E., 1995: «Which logical and temporal concepts should be used in neurocognitive modelling?», *Proceedings of the Conference on Supercomputing and Brain Research*, Jülich, 1994, im Druck.

Ruhnau, E., und Haase, V. G., 1993: «Parallel Processing and integration by oscillations», *Behavioral and Brain Sciences* 16, S. 587–588.

Ruhnau, E., und Pöppel, E., 1991: «Adirectional temporal zones in quantum physics and brain physiology», *International Journal of Theoretical Physics* 30, S. 1083–1090.

Schleidt, M., Eibl-Eibesfeldt, I., und Pöppel, E., 1987: «A universal constant in temporal segmentation of human short term behavior», *Naturwissenschaften* 74, S. 289.

Singer, W., 1993: «Synchronization of cortical activity and its putative role in information processing and learning», *Annual Review of Physiology* 55, S. 349–374.

Turner, F., und Pöppel, E., 1983: «The neuronal lyre: Poetic meter, the brain and time», *Poetry* (USA), August, S. 277–309.

Weizsäcker, C. F. von, und Görnitz, Th., 1990: «Quantum theory as theory of human knowledge», in: P. Lathi und P. Mittelstaedt (Hg.), *Proceedings of the Symposion on the Foundations of Modern Physics*, Joensuu 1990, Singapore: World Scientific.

Gerhard Roth

Die Bedeutung der Hirnforschung für die philosophische Erkenntnistheorie und das Leib-Seele-Problem

Philosophie und Hirnforschung

Die Beschäftigung mit der Frage, wie Wahrnehmung funktioniert, wie Bewußtsein, Denken und Vorstellen zustande kommen, bildet seit jeher ein Kernstück der Philosophie. Für manche Philosophen war es bei der Behandlung dieser Frage selbstverständlich, die Ergebnisse empirischer (meist psychologischer) Forschungen aufzunehmen; die Mehrzahl der Philosophen war jedoch der Meinung, das Wesen von Geist, Bewußtsein und Denken könne nur aus geistiger Tätigkeit selbst, das heißt durch *Selbstreflexion*, ergründet werden. Zugegeben, es gab lange Zeit wenig Anlaß, im Zusammenhang mit den genannten Fragen bei den Natur- und Biowissenschaften Hilfe zu erhoffen, und dies galt auch für die seit dem siebzehnten und achtzehnten Jahrhundert sich systematisch entwickelnde Hirnforschung. Seit Mitte des neunzehnten Jahrhunderts, besonders im Zusammenhang mit der Entwicklung leistungsfähiger Mikroskope und neuer Färbetechniken (vor allem der sogenannten Golgi-Technik), wurden die anatomischen Grundlagen der heutigen Neurobiologie und Hirnforschung mit ihrem Kernstück, der Neuronentheorie, geschaffen (hierzu Breidbach 1993). Diese Entwicklung hatte ihren ersten (und vielleicht wichtigsten) Höhepunkt im Lebenswerk Santiago Ramón y Cajals (1852–1934). Von all dem nahm die klassisch-akademische Philosophie kaum Kenntnis, was teils an der Trockenheit der Materie lag, teils an dem nur geringen Anspruch der meisten Neuroanatomen, etwas zum Geist-Gehirn-Problem beizutragen, wenn man einmal von den «Phrenologen» Gall und Spurzheim absieht, die – neben beeindruckenden Leistungen in der Hirnanatomie – in willkürlicher Weise versuchten, verschiedenen Gebieten der Großhirnrinde «geistige» Fähigkeiten wie «Stolz», «Gattenliebe», «Heimatliebe» und «Zerstörungssinn» zuzuschreiben (vgl. Pogliano 1991).

Dies änderte sich mit der Entwicklung der Elektrophysiologie, vor allem in Form der bahnbrechenden Arbeiten der Physiker und Physiologen Hermann von Helmholtz (1821–1894) und Emil Du Bois-Reymond (1818–1896). Es handelte sich dabei um den Nachweis, daß die Tätigkeit des Gehirns, zum Beispiel die Aktivität der Nervenzellen und die Erregungsfortleitung, mit *physikalischen* Mitteln untersucht werden kann – eine seinerzeit sensationelle Entdeckung. Helmholtz, Du Bois-Reymond, aber auch Ernst Mach (1838–1919), Gustav Theodor Fechner (1801–1887), Karl Ewald Hering (1834–1918) und viele andere Physiker, Physiologen und Psychophysiologen entwickelten ein neurowissenschaftliches Weltbild, das auch heute noch weitgehend gültig ist und den Anspruch erhob und erhebt, sich gleichberechtigt neben den Philosophen und Psychologen mit der Natur und Herkunft geistiger Tätigkeiten zu beschäftigen.

Im Zuge der Etablierung der Geisteswissenschaften durch Wilhelm Dilthey (1833–1911), in gleichzeitiger betonter Abgrenzung zu den Naturwissenschaften und im Zusammenhang mit der darauffolgenden Dominanz phänomenologischer, existentialistischer und historisierender Tendenzen (Neokantianismus, Neohegelianismus, Neothomismus), verschwand der zeitweilig starke Einfluß dieser empirisch-physiologisch ausgerichteten Wahrnehmungs- und Erkenntnistheorien wieder aus dem Bewußtsein der akademischen Philosophie. Parallel zum «Selbstfindungsprozeß» der modernen Philosophie als Geisteswissenschaft vollzog sich die Konstitution der Psychologie sowohl aus der Philosophie als auch aus der Physiologie heraus. Nicht zufällig waren die Begründer der modernen Psychologie, Wilhelm Wundt (1832–1920) und William James (1842–1910), von Hause aus Physiologen. Diese neuentstandene Psychologie verstand sich ebenfalls als eine Geisteswissenschaft. Mit dieser Selbstdefinition von Philosophie und Psychologie verschwand der Bezug zur physiologisch orientierten Wahrnehmungs-, Denk- und Gedächtnisforschung aus dem Bewußtsein der «ernsthaften» Philosophen und Psychologen. Dies gilt interessanterweise auch heute noch weithin für die Kognitionswissenschaften («cognitive sciences») in traditionellem Sinne, wie Psychologie, Linguistik und Computerwissenschaften. Hier dominiert immer noch das Fodorsche Konzept des *Funktionalismus*, das heißt die Überzeugung, mentale beziehungsweise kognitive Prozesse ließen sich in einer «neutralen» algorithmischen Sprache darstellen, der «language of thought», und zwar völlig unabhängig von ihrer materiellen Realisierung, sei es im Gehirn oder in einem Computer (Fodor 1975, 1983). Diese Einstellung war die Ursache dafür, daß die Hirnforschung lange Zeit in den USA von seiten der traditionellen Kognitionswissenschaften nicht beachtet wurde.

Eine solche Haltung der Philosophie und der Kognitionspsychologie hatte ihre Berechtigung, solange sich einerseits die Neurobiologie und Hirnforschung auf die Erforschung grundlegender sinnes- und neurophysiologischer Prozesse weitab von kognitiven Leistungen und andererseits die Neurologie und Neuropsychologie auf das Studium der Folgen von Hirnverletzungen und -erkrankungen für kognitive Leistungen ohne eindeutigen Bezug zu neurophysiologischen Prozessen beschränken mußten. Zwischen der Ebene zellulärer neuronaler Prozesse und der Ebene komplexer zerebraler Leistungen schien sich ein unüberbrückbarer Abgrund aufzutun, der den Anspruch der Neurobiologie, die Natur geistiger Tätigkeiten zu erklären, als völlig uneinlösbar erscheinen ließ. Der Ausweg aus der Sicht der Neurobiologie schien daher entweder ein radikaler *Agnostizismus* zu sein (die Auffassung, das Wesen des Geistes werde auch dem Hirnforscher ein ewiges Rätsel bleiben), wie ihn zum Beispiel der vor wenigen Jahren verstorbene Hirnforscher Otto Creutzfeldt vertrat (Creutzfeldt 1981), oder ein radikaler neurobiologischer *Reduktionismus*, wie er sich etwa in Jean-Pierre Changeuxs Buch *Der neuronale Mensch* findet (Changeux 1984), dem von philosophischer Seite Patricia Churchland nacheiferte und der in der Auffassung gipfelt, Geist sei «im Prinzip» nichts anderes als das Feuern von Neuronen (vgl. P. S. Churchland 1986).

Neue Methoden der Neurowissenschaften zur Erforschung kognitiver Leistungen

Die Möglichkeit, die neuronalen Grundlagen kognitiver Leistungen auf ganz unterschiedlichen funktionalen Ebenen zu untersuchen, hat sich in den letzten Jahren entscheidend geändert, und zwar aufgrund neuer Methoden. Diese umfassen neben der systematischen Anwendung von Einzel- und Vielzellableitungen mit Hilfe von Mikroelektroden eine weiterentwickelte Elektroenzephalographie-Technik («EEG-Mapping») und andere bildgebende Verfahren wie Positronenemissionstomographie (PET) und Kernresonanzspektroskopie (NMR, «Functional Imaging»). Durch die Kombination dieser Methoden lassen sich Hirnanatomie, lokale und globale neuronale Aktivität und kognitive Leistungen des Gehirns systematisch in Verbindung setzen, ohne daß – wie bei den neurophysiologischen und -anatomischen Methoden – der Schädel eröffnet werden muß. Damit wird überhaupt erst eine empirische Überprüfung der Frage nach den neuronalen Grundlagen kognitiver Leistungen beim Menschen möglich.

Beim EEG wird am Kopf mittels Oberflächenelektroden die elektrische Aktivität von großen Ensembles kortikaler Neuronen gemessen. Die Zeitauflösung des EEG liegt im Millisekundenbereich. Durch eine größere Anzahl von Elektroden (dreißig und mehr) wird eine räumliche Darstellung der lokalen kortikalen Aktivität erreicht. Diese kann durch rechnerunterstützte Interpolationsverfahren bis auf etwa hundert Aktivitätspunkte erhöht werden (EEG-Mapping). Mit Hilfe des EEG-Mapping lassen sich Erregungsverläufe im Kortex während kognitiver Leistungen zeitlich genau darstellen. Bei der Messung *ereigniskorrelierter Potentiale (EKP)* werden durch Mittelungsverfahren Veränderungen im laufenden EEG aufgrund sensorischer Stimulation festgestellt. Dabei werden lokale Veränderungen der elektrischen Hirnaktivität sichtbar, die spezifisch sowohl von der Art der sensorischen Stimulation als auch vom Ort der Registrierung abhängen.

PET und NMR messen nicht direkt die elektrische Aktivität des Gehirns wie EEG und EKP, sondern beruhen auf der Tatsache, daß neuronale Erregungen von einer lokalen Erhöhung der Hirndurchblutung und des Hirnstoffwechsels (vor allem hinsichtlich des Sauerstoff- und Zuckerverbrauchs) begleitet sind (Posner 1994). Bei der PET wird dem Blut ein Positronen-aussendendes Isotop (zum Beispiel das Sauerstoff-Isotop ^{15}O) in Verbindung mit einer am Stoffwechsel beteiligten Substanz (zum Beispiel Zucker) zugeführt. Dieser Stoff wird dann in besonders hoher Konzentration dort im Gehirn «verstoffwechselt», wo die Hirnaktivität besonders hoch ist. Die beim Zerfall des Isotops freiwerdende Gammastrahlung registrieren Detektoren, die ringförmig um den Kopf des Patienten angebracht sind. Mit Hilfe eines Computers lassen sich Zerfallsort und Zerfallsmenge genau berechnen und in ein dreidimensionales Aktivitätsbild umsetzen. Die räumliche Auflösung liegt im Millimeterbereich, jedoch benötigt das Erstellen eines aussagekräftigen PET-Bildes 45 bis 90 Sekunden. Hiermit können schnellere neuronale beziehungsweise kognitive Prozesse nicht erfaßt werden. Auch liefert PET keine Darstellung der Anatomie des untersuchten Gehirns. Zur Verbesserung der Nachweisgrenze wird in der Regel über mehrere Versuchsdurchgänge bei unterschiedlichen Versuchspersonen gemittelt, wobei die individuellen Unterschiede in der Gehirngröße verrechnet werden müssen. PET-Bilder liefern keine anatomischen Details und werden deshalb mit röntgentomographischen oder magnetresonanzspektroskopischen 3D-Darstellungen kombiniert.

Die Kernresonanzspektroskopie (NMR, auch MRI genannt) beruht auf einem anderen Prinzip als PET und nutzt die Tatsache aus, daß sich in einem starken Magnetfeld viele Atomkerne mit ihren Magnetachsen parallel zu den Feldlinien ausrichten. Sie senden nach Störung mit einem Radiowellensignal Hochfrequenzsignale aus, die Aufschluß über die Art und Position des Kerns sowie die physikalische und chemische Beschaffenheit seiner Umgebung liefern. Auf diese Weise lassen sich zum Beispiel mit Hilfe von Wasserstoffkernen – anders als bei EEG, MEG oder PET – genaue anatomische Darstellungen von Gehirnen erzielen. Beim *funktionellen* NMR werden zusätzlich Schwankungen im Sauerstoffgehalt des arteriellen oder des venösen Blutes in Abhängigkeit von der leistungsbedingten Stoffwechselaktivität des Gehirns erfaßt und bildlich umgesetzt. Dadurch läßt sich anzeigen, wo im Gehirn die neuronale Aktivität lokal erhöht ist. Die räumliche Auflösung des fNMR ist etwa genausogut wie die von PET, die zeitliche Auflösung hingegen wesentlich besser; mittels bestimmter Techniken, zum Beispiel der sogenannten *echoplanaren Bildgebung*, läßt sich die Geschwindigkeit, mit der sich der lokale Sauerstoffgehalt des Blutes ändert, in wenigen Sekunden und zum Teil sogar in weniger als einer Sekunde darstellen. Dies ist allerdings immer noch um zwei bis drei Größenordnungen schlechter als beim EEG und auch technisch nicht wesentlich steigerbar, da Hirndurchblutungsprozesse gegenüber den neuroelektrischen Geschehnissen sehr viel langsamer ablaufen.

Bei den Versuchen, kognitive Prozesse mit Hilfe von PET oder NMR zu lokalisieren, wird heute allgemein die *Subtraktionsmethode* angewandt, um spzeifische von unspezifischen Stoffwechselerhöhungen infolge erhöhter Hirnaktivität unterscheiden zu können (Raichle 1994). So wird eine Versuchsperson aufgefordert, im ersten Durchgang bestimmte Wörter rein mechanisch zu lesen, während sie im zweiten Durchgang gleichzeitig über deren Bedeutung nachdenken soll. Indem man die räumlichen Aktivitätsmuster und ihre Intensitäten voneinander abzieht, erhält man eine «reine» Darstellung der neuronalen Prozesse, die dem Erfassen des Wortsinns zugrunde liegen.

Die Zusammenhänge zwischen lokaler Hirndurchblutung, lokalem Hirnstoffwechsel, lokaler neuronaler Aktivität und spezifischen kognitiven Leistungen sind keineswegs linear. Dies führt zu immer wieder auftretenden Inkonsistenzen zwischen den verschiedenen Meßmethoden wie auch zwischen Versuchsergebnissen bei Anwendung derselben Methode. An der Bedeutung dieser Verfahren für die Aufklärung der neuronalen Grundlagen kognitiver und mentaler Leistungen, insbesondere wenn sie in Kombination angewandt werden, ist jedoch nicht zu zweifeln.

Die neuronalen Grundlagen von Wahrnehmung und Erkenntnis

Der Bereich der Erkenntnistheorie scheint für die klassische Philosophie ein so sicheres Refugium zu sein, weil Erkenntnistheorie die Grundlage für die Arbeit der Einzelwissenschaften zu liefern scheint, nämlich hinsichtlich der Frage, ob gesicherte oder «wahre» Erkenntnis überhaupt möglich ist und – wenn ja – wie man sie von bloßem Glauben und Meinen verläßlich unterscheiden kann. Daß empirische Wissenschaften etwas zu diesem Thema zu sagen hätten, erscheint paradox, denn die Bedingungen der Erkenntnis können – so heißt es immer wieder von philosophischer Seite – selbst nicht empirisch bestimmt werden. Dies war der entscheidende Einwand Kants gegenüber den englischen und schottischen Empiristen. Schon Platon stellte fest und Descartes bestätigte: Alles Empirische ist *im Prinzip* trügerisch, und daraus kann keine gesicherte Erkenntnis entspringen. Sicherheit könne nur die philosophische Selbstreflexion, die reine Erkenntnis der Bedingungen der Erkenntnis liefern.

Unmut muß es daher unter den Philosophen geben, wenn von seiten der Neurobiologie und der Hirnforschung behauptet wird, man könne oder müsse gar aus den empirischen Untersuchungen darüber, wie Wahrnehmen und Erkennen in den Sinnesorganen und im Gehirn ablaufen, grundlegende erkenntnistheoretische Schlußfolgerungen ziehen. Dies sieht nach einer Art Münchhausen-Versuch aus, aus eigener

Kraft und ohne die Hilfe der Philosophie die Bedingungen des eigenen Vorgehens ergründen zu wollen, ein Vorwurf, der durchaus ernst zu nehmen ist, denn wir müssen uns fragen, wie wir beim sinnes- und neurobiologischen Studium der Wahrnehmungsprozesse die grundlegenden Bedingungen dieser Wahrnehmung mitreflektieren können. Wie können wir etwa über «farbkodierende Neuronen» reden, wenn uns nicht klar ist, ob Neuronen Dinge und Eigenschaften überhaupt «repräsentieren» oder «verarbeiten» können, die als Sinneseindrücke ja nur in unserer subjektiven Erlebniswelt existieren. Niemand hat an einem Neuron Farben entdecken können! Sobald Neurobiologie und Hirnforschung sich mit den Grundlagen kognitiver Leistungen befassen, sind sie offenbar ständig in Gefahr, *Kategoriefehler* schlimmster Art zu begehen, das heißt Beschreibungsebenen und -bereiche miteinander zu vermengen.

Der Gegeneinwand lautet: Die erkenntnistheoretische Frage, ob und in welchem Maße unsere Wahrnehmung die Verhältnisse und Prozesse in der bewußtseinsunabhängigen Welt überhaupt «objektiv» wiedergeben kann (ganz abgesehen davon, ob dies biologisch zweckmäßig ist), ist nicht theoretischer, sondern *empirischer* Natur. Sollte diese Frage von neurobiologischer Seite zu verneinen sein, so ist jeder erkenntnistheoretische Realismus unplausibel, der an die zumindest partielle Erkennbarkeit der Welt, so wie sie wirklich ist, glaubt. Wir hätten dann nur die Wahl zwischen einem grundsätzlichen Verzicht auf die Möglichkeit gesicherter Erkenntnis und dem Glauben an das Erfassen der Wahrheit auf nichtempirischem Wege, zum Beispiel durch platonische Wesensschau oder göttliche Eingebung. Freilich ergibt sich im ersten Fall die Schwierigkeit, wie wir die grundsätzliche Beschränktheit unseres «Erkenntnisapparates» gerade mit Hilfe dieses Apparates feststellen können, ohne uns in Selbstwidersprüche zu verwickeln – ein Vorwurf, der von Philosophen häufig dem neurobiologischen Konstruktivismus gemacht wird.

Stellen wir hingegen fest, daß «objektive» Erkenntnis möglich ist – daß also Sinnesorgane und Gehirn die bewußtseinsunabhängige Welt mehr oder weniger «objektiv» abbilden –, so können wir zeigen, daß ein erkenntnistheoretischer Realismus *möglich* ist. Wir geraten allerdings in die Gefahr, daß wir grundsätzliche Verzerrungen beziehungsweise systematische Fehler unseres Erkenntnisapparates vielleicht gar nicht erkennen können. Denn wir können auch in der empirischen Forschung immer nur Sinneswahrnehmungen mit anderen Sinneswahrnehmungen vergleichen, nie die «objektiven Tatsachen», die «Realität» mit unserer subjektiven Anschauung. Was einzig bleibt, ist die Überprüfung aller Forschungsergebnisse, Hypothesen und Theorien auf *interne Konsistenz* und *Plausibilität.* Diejenigen Resultate, Hypothesen und Theorien werden den Vorzug erhalten, die ein Maximum an solcher internen Konsistenz und Plausibilität besitzen.

Wie findet nun nach Meinung der Neurobiologen und Hirnforscher Wahrnehmung in den Sinnesorganen und im Gehirn statt? Eine verbreitete Annahme ist, Wahrnehmung sei so etwas wie Abbilden oder Abfotografieren. Leonardo da Vinci glaubte, Netzhautbilder würden über den Sehnerv geometrisch genau auf die Wände der Hirnventrikel projiziert. In diesen Ventrikeln wurden seit der Antike Wahrnehmung und die anderen geistigen Fähigkeiten des Menschen wie Vorstellung, Gedächtnis und Vernunft angesiedelt (Grüsser 1990). Heute wissen wir, daß die Wahrnehmungsvorgänge nicht in den Ventrikeln stattfinden, sondern in der grauen Substanz des Gehirns, aber viele meinen auch heute noch, im Gehirn entstünden beim Sehen Bilder, die ein Abbild des Gesehenen sind.

Es ergeben sich dabei aber Fragen wie: Wer schaut sich dieses Bild an? Eine Abbildung ohne jemanden, der diese betrachtet, macht keinen Sinn. Nehmen wir aber eine Instanz an, welche sich die Wahrnehmungsbilder ansieht, so geraten wir in einen *unendlichen Regreß*, denn diese Instanz muß ja wieder einen Wahrnehmungsapparat besitzen, der wiederum abbildet, und wir haben die ganze Problematik nur verschoben. Eine andere Frage lautet: Wie ist das beim Hören, Tasten, Riechen? Sollen wir annehmen, daß der Hörnerv ein Schalleiter ist? Kriechen durch den Riechnerv Moleküle und setzen sich dann im Gehirn zu Gerüchen zusammen?

Dies ist natürlich nicht der Fall. Die Nervenbahnen von den Sinnesorganen zum Gehirn leiten keine Bilder, Geräusche oder Gerüche ins Gehirn, sondern elektrische Signale. Diese *Nervenimpulse* haben keine Ähnlichkeit mit den physikalischen und chemischen Ereignissen, durch die sie in den Sinnesorganen ausgelöst wurden. Das Gehirn besteht (neben den Gliazellen) aus Nervenzellen, und diese kommunizieren miteinander mittels Nervenimpulsen beziehungsweise ihrer neurochemischen Äquivalente, der Transmitter. Damit das Gehirn durch Umweltereignisse erregt werden kann, müssen die Sinnesrezeptoren diese

Einwirkungen in denselben Typ neuronaler Erregung umwandeln. Dies ist das Prinzip der *Neutralität des neuronalen Codes*. Diese Neutralität ist nötig, damit verschiedene Sinnessysteme und verschiedene Verarbeitungsbahnen innerhalb eines Sinnessystems miteinander interagieren können und damit das Ergebnis dieser Verarbeitung in Erregung des motorischen Systems und damit in Verhalten umgesetzt werden kann.

Das Gehirn steht somit vor der Aufgabe, die von den Sinnesorganen kommenden Erregungen zu *interpretieren*. Dies geschieht nach sehr unterschiedlichen Prinzipien, von denen das wichtigste das *Ortsprinzip* ist. Es bedeutet, daß die *Modalität* (Sehen, Hören usw.) und die *Qualitäten* (Farbe, Bewegung; Tonhöhe, Klang usw.) eines Reizes durch den Ort einer Erregung im Gehirn festgelegt werden. Als «Sehen» werden vom Gehirn alle Erregungen interpretiert, die innerhalb der Großhirnrinde (Neokortex) im Hinterhauptslappen und im unteren Schläfenlappen ablaufen. Für das Hören (oberer Schläfenlappen), das Fühlen (vorderer Scheitellappen), das Schmecken («Insel») usw. gilt das Entsprechende (wobei jeweils viele subkortikale Zentren im Zwischen- oder Mittelhirn beteiligt sind). Innerhalb der genannten modalitätsspezifischen Gebiete gibt es wiederum Regionen für die verschiedenen Qualitäten der Sinneswahrnehmungen (Creutzfeldt 1983).

Dieser *topologische* Zusammenhang bildet sich teils nach phylogenetischen und teils nach ontogenetischen Prinzipien aus. Im ausgereiften Gehirn ist diese Topologie hinsichtlich der Bedeutung eines Reizes derart verfestigt, daß die modalitäts- und qualitätsspezifische Interpretation *automatisch* vor sich geht. Es ist dann gleichgültig, ob eine Erregung «wirklich» vom Auge kam oder nicht. Wenn sie im Hinterhauptslappen auftritt, wird sie vom Gehirn als «Sehen» interpretiert. Dies hat zur Konsequenz, daß wir Sehempfindungen auch dann haben können, wenn das Auge gar nicht gereizt wurde, zum Beispiel durch elektrische Stimulation der visuellen Kortexareale, beim Träumen oder durch Drogen.

Intensität und *Zeitdauer* eines Reizes werden in aller Regel über das zeitliche Aktivitätsmuster von Nervenzellen repräsentiert. Dabei gilt aber, daß derartige Reizmerkmale nicht verläßlich durch eine einzelne Nervenzelle repräsentiert sein können, und zwar einerseits aufgrund ihrer individuellen «Unzuverlässigkeit» (den statistischen Schwankungen ihrer Aktivität) und andererseits aufgrund der oft starken Überlappung ihrer Antworteigenschaften mit denen anderer Nervenzellen. Vielmehr geschieht die Repräsentation dieser und anderer Merkmale stets durch kleinere oder größere Zellverbände. Dies nennt man *Ensemble-Kodierung.*

Die erste Stufe des Wahrnehmungsprozesses besteht, auf der Ebene der Sinnesrezeptoren, in einer Zerlegung der Umweltgeschehnisse in *Elementarereignisse*, etwa beim Sehen Wellenlänge und Intensität des Lichts, beim Hören Frequenz und Stärke der Schallwellen. Diese Elementarereignisse sind das einzige, was für die weitere Verarbeitung zur Verfügung steht; alle anderen Wahrnehmungsinhalte muß das Nervensystem aus ihnen *konstruieren*, nicht nur komplexe Gestalten und Szenen, sondern auch «einfachste» Inhalte wie Farbe oder Kontrast von visuellen Objekten oder Höhe oder Klang von Tönen.

Diese Konstruktion der Wahrnehmungswelt geschieht durch *Vergleich* und *Kombination* von Elementarereignissen, Aktivitäten, die neue Information im Sinne von *Bedeutung* schaffen. Solche Prozesse laufen in konvergent-divergent-paralleler Weise ab: Bereits bestehende Informationen werden zusammengefügt (*Konvergenz*), so daß neue Information entsteht, die dann auf weitere informationserzeugende Zentren verteilt wird (*Divergenz*). Jede einmal erzeugte Information muß jedoch, wenn sie nicht wieder durch Konvergenz vernichtet werden soll, gesondert weitergeführt werden (*Parallelverarbeitung*). Dies resultiert in einer von der sensorischen Peripherie zu den kortikalen Zentren stark anwachsenden Zahl beteiligter Nervenzellen. Während zum Beispiel beim Sehen pro Auge eine Million Retinaganglienzellen die Aktivitäten der Netzhaut zusammenfassen und zum Gehirn leiten, sind auf kortikaler Ebene schließlich viele Milliarden Nervenzellen an der Wahrnehmung komplexer Szenen beteiligt (natürlich nicht notwendig gleichzeitig). Auf kortikaler und zum Teil bereits auf subkortikaler Ebene kommen vermehrt Informationen aus dem Gedächtnis hinzu, die das Ergebnis früherer Erfahrungen mit der Umwelt und der Bewertung des eigenen Handelns umfassen. *Dadurch nehmen wir alles im Lichte vergangener Erfahrung wahr.*

Lange haben Neurobiologen und Psychologen geglaubt, die Wahrnehmung eines komplexen Objekts oder Ereignisses finde statt, wenn sogenannte «höchste Hirnzentren», die gewöhnlich im Kortex angesiedelt wurden, aktiv seien. Man glaubte sogar, jedes Objekt werde durch die Aktivität einzelner «gnostischer Neuronen» (scherzhaft auch «Großmutterneuronen» genannt) repräsentiert (Konorski 1967). Inzwischen ist aber klar, daß es keine gnostischen Neuronen gibt und daß ein aus ihnen aufgebautes Wahrnehmungssystem nicht funktionieren kann. An die Stelle dieses Konzeptes ist das der *verteilten Repräsentation* getreten. Es besagt: Keine einzelne Nervenzelle und kein lokales Neuronennetz kann einen komplexen Wahrnehmungsinhalt in all seinen Aspekten repräsentieren. Vielmehr wird ein wahrgenommener Sachverhalt in eine Vielzahl von Aspekten zerlegt, die zum einen mit den *Details* und zum anderen mit der *Bedeutung* des Wahrgenommenen zu tun haben (Roth 1994).

Vergegenwärtigen wir uns diesen Sachverhalt am Beispiel der visuellen Objektwahrnehmung. Die Photorezeptoren zerlegen das Bild eines Objekts punkthaft hinsichtlich der Wellenlänge und der Helligkeit des reflektierten Lichts. Diese Informationen werden nun in der Netzhaut über Interneuronen zu den Retinaganglienzellen (RGZ) weitergeleitet. Alle bisher untersuchten Säugetiere besitzen unterschiedliche Klassen von RGZ, von denen eine vornehmlich auf starke Helligkeitssprünge (zum Beispiel Kanten) und (zumindest bei Primaten) auf Farbe, eine andere auf Bewegung und leichte Helligkeitsschwankungen reagiert. Die von diesen beiden RGZ-Klassen über den Thalamus ins Gehirn weitergeleiteten Informationen bilden dort bei Affen und beim Menschen die Grundlage des *Farbsehens*, des *Formsehens* und des *Bewegungssehens* (Spillmann und Werner 1990). Die entsprechenden visuellen Informationen werden in den vielen (dreißig oder mehr) visuellen Arealen des Kortex mehr oder weniger getrennt verarbeitet; so gibt es Kortexareale oder Substrukturen von Kortexarealen, die vorwiegend oder ausschließlich Bewegungsinformation (zum Beispiel Area MT und MST) oder Farbinformation (zum Beispiel Area V4) verarbeiten. Diese teilweise Trennung visueller Informationsverarbeitung setzt sich in den sogenannten assoziativen Kortexarealen fort. So gilt der untere Schläfenlappen (IT) als «Ort» komplexer, bedeutungsvoller Formwahrnehmung, während der hintere Scheitellappen (PP) mit komplexer Bewegungs- und Raumwahrnehmung sowie mit abstrakten kognitiven Leistungen zu tun hat. Diese Arbeitsteilung findet nach neuesten Erkenntnissen auch in den vorderen Stirnlappen statt, wo der untere Teil mit Gestaltwahrnehmung, der obere mit Raumwahrnehmung und abstraktem Denken befaßt ist, allerdings nun im Zusammenhang mit Aufmerksamkeit, Handlungsplanung und Handlungsbewertung (Kolb und Wishaw 1993). In diesen Bereichen werden keine Details verarbeitet; dort vollzieht sich das Zusammenfassen dieser Details zu komplexen, bedeutungshaften Gestalten und Szenen. Die Details sind vielmehr in den primären und sekundären visuellen Arealen des Kortex repräsentiert.

Wenn wir also ein visuelles Objekt wie einen rollenden bunten Ball wahrnehmen, so werden die vielen Details hinsichtlich der Form, der Farbe, des Ortes, der Bewegung, der räumlichen Tiefe usw. in den primären und sekundären kortikalen Arealen repräsentiert, während die *bedeutungshafte* Wahrnehmung des Objekts als «Ball» in den assoziativen Arealen stattfindet. Das ganze Objekt wird somit nicht durch die Aktivität eines «obersten Wahrnehmungszentrums» oder gar eines «Ballneurons» wiedergegeben, sondern die Wahrnehmung des Balls ist repräsentiert durch die *gleichzeitige Aktivität* räumlich getrennter primärer, sekundärer und assoziativer Areale, die einerseits die Details und andererseits die Bedeutungen des Objekts wiedergeben.

Diese Tatsache der verteilten Repräsentation widerspricht eklatant unserem Wahrnehmungserleben. Wir nehmen ja nicht die Form eines Balls unabhängig von seiner Farbe wahr und nicht seinen Ort unabhängig von seiner Bewegung und insbesondere nicht die Bedeutung «Ball» gesondert von diesen Details. Allerdings wird die Annahme einer getrennten Repräsentation und Verarbeitung all der vielen visuellen Einzelmerkmale durch neuropsychologische Befunde gestützt. So gibt es Patienten mit Verletzungen in den assoziativen visuellen Arealen des Kortex, welche die Details eines Objekts erkennen und sogar malen können, jedoch unfähig sind zu sagen, um welches Objekt es sich handelt. Ebenso kann bei Patienten die Raumwahrnehmung unabhängig von der Gestaltwahrnehmung ausfallen oder die Farbwahrnehmung unabhängig von der Formwahrnehmung (Kolb und Wishaw 1993).

Es muß also einen Mechanismus geben, der in unserem Gehirn dasjenige, was in zahlreichen Arealen gesondert verarbeitet und repräsentiert wird, zu einem einheitlichen Ganzen zusammenfügt, und zwar nach bestimmten Kriterien. Einige der einfachen Kriterien, nach denen dies geschieht, sind seit längerem aus der Gestaltpsychologie bekannt (Metzger 1975) und wurden von der modernen Hirnforschung sozusagen wiederentdeckt. Zu ihnen gehören zum Beispiel das gemeinsame Schicksal der Farbe, der Bewegung, der Form; Einfachheit,

Prägnanz; gute Fortsetzung, gute Gestalt, sinnvolle Ergänzung, Stabilität, Plausibilität, Glaubwürdigkeit und insbesondere Übereinstimmung mit früherer Erfahrung.

Worin genau die neuronalen Mechanismen bestehen, die das Gehirn beim Zusammenfügen benutzt (zum Beispiel oszillatorische Synchronisation kortikaler Neuronen, wie die deutschen Neurobiologen Eckhorn und Singer und ihre Mitarbeiterinnen und Mitarbeiter annehmen), ist eine Frage, über die zur Zeit heftig diskutiert wird, ohne daß Einigkeit herrscht. In jedem Fall können wir davon ausgehen, daß es letztlich unser *Gedächtnis* ist, das diese Leistung vollbringt, mit Hilfe welcher Mechanismen auch immer. In unserem Gedächtnis sind die Ergebnisse unseres Umgangs mit der Welt niedergelegt. Wir lernen von frühester Kindheit an, wie verschiedene Merkmale der Welt systematisch zusammenpassen und welche Bedeutung sie haben. Das Gedächtnis bringt Ordnung und Regelmäßigkeit in unsere Wahrnehmung. Es fügt die einzelnen Wahrnehmungsinhalte zu einem *möglichst sinnvollen Ganzen* zusammen, es verallgemeinert, so daß wir den Begriff «Ball», «Stuhl» oder «Gesicht» entwickeln können. In diesem Sinne nehmen wir nicht mit unseren Sinnesorganen wahr, sondern mit unserem Gedächtnis (Roth 1994).

Es ist nach alledem klar, daß sich Wahrnehmen in ganz anderer Weise vollzieht, als wir es subjektiv erfahren. Wir erleben die Welt als *unmittelbar gegeben*, als ein *einheitliches Ganzes*, dessen Bedeutung *in den Dingen selbst* ruht. Demgegenüber zeigt die Hirnforschung, daß die Wahrnehmungswelt (die «Wirklichkeit», wie ich sie genannt habe) ein Konstrukt des Gehirns ist. Die Inhalte der Wahrnehmung entstehen teils aufgrund der Kombination von sensorischen Elementarereignissen, teils aufgrund von Gedächtnisinhalten. Diese Konstruktion erfolgt nach dem Prinzip maximaler Konsistenz und Kohärenz im Lichte vergangener (einschließlich stammesgeschichtlicher) Erfahrung, das heißt, die unterschiedlichen «Bausteine» der Wahrnehmung werden so zusammengefügt, daß sie ein überlebensförderndes Verhalten ermöglichen. Wahrnehmung ist also keine Abbildung, sondern ein handlungsleitendes Konstrukt, das sich bisher vortrefflich bewährt hat. Für ein solches erfolgreiches Konstrukt ist eine enge Korrespondenz mit «objektiven Verhältnissen» keineswegs stets erforderlich, wie sich leicht zeigen läßt. Überdies ist es für uns grundsätzlich unmöglich, eine derartige Korrespondenz zweifelsfrei festzustellen, da wir bei einer

Überprüfung dieser Frage niemals aus den Bedingungen unserer Wahrnehmung heraustreten können. Dies gilt natürlich auch für die Hirnforschung selbst; sie kann Dinge ergründen, die maximal plausibel sind, aber nicht die objektive Wahrheit.

Von größter Bedeutung für die Erkenntnistheorie ist die Tatsache, daß das Bemühen, die Prinzipien von Wahrnehmen und Erkennen rein durch Eigenbeobachtung und bloßes Nachdenken herauszufinden, vollkommen in die Irre gehen muß, denn dem Konstrukt können wir nicht den Konstruktionsprozeß ansehen. Freilich ist dies nicht zwangsläufig das Ende der philosophischen Erkenntnistheorie, und zwar dann nicht, wenn sie die Ergebnisse der Hirnforschung konsequent berücksichtigt.

Was sind geistige Zustände, und welche Funktion haben sie?

Will man ernsthaft die Beziehung zwischen Geist und Gehirn untersuchen, ist es notwendig, zuerst einige Begriffe zu klären, vor allem «Geist» und «geistige» beziehungsweise «mentale Zustände». Zu schnell geschieht es, daß Hirnforscher irgend etwas als «geistige Zustände» definieren und dazu eine neurobiologische Erklärung liefern und Psychologen und Philosophen sodann feststellen, bei den untersuchten Phänomenen handle es sich nie und nimmer um «Geist», oder zumindest beträfen sie nicht das *Wesen* des Geistes. Was aber dann von philosophischer Seite als Definition von «Geist» oder «geistigen Zuständen» folgt, zum Beispiel «unendlich in sich gespiegelte Subjektivität», ist wiederum für die Hirnforscher völlig unbrauchbar. Am besten ist es, wenn sich die entsprechenden Disziplinen vorab darauf einigen, was sie unter «Geist» beziehungsweise «geistigen» oder «mentalen Zuständen» verstehen wollen.

Damit «Geist» überhaupt mit empirischen Methoden untersucht werden kann, ist es notwendig, diesen Begriff auf *individuell erlebbare Zustände* einzuschränken und alle denkbaren religiösen und sonstigen überindividuellen geistigen Zustände unberücksichtigt zu lassen. Geist als individuellen Zustand erleben wir als eine *Vielzahl höchst unterschiedlicher Zustände*. Hierzu gehören bewußte Wahrnehmung, Denken, Vorstellen, Aufmerksamkeit, Erinnern, Wollen, Gefühle und Ich-Bewußtsein. *Wahrnehmungen* sind in aller Regel deutlich und detailreich und scheinen nicht nur Teil meiner selbst, sondern zugleich Teil der wahrgenommenen Welt (einschließlich meines Körpers) zu sein: *Denken, Vorstellen* und *Erinnern* hingegen sind meist deutlich blässer und detailärmer als Wahrnehmungen. *Gefühle* (Emotionen) stehen zwischen Wahrnehmungen und Affekten einerseits und Gedanken andererseits. Sie sind nicht so konkret und orts- und objektbezogen wie Wahrnehmungen und Affekte, aber lebhafter als Gedanken und Erinnerungen. Ein merkwürdiger, den Gefühlen verwandter Zustand ist der *Wille* oder *Willensakt*. Besonders schwer zu erfassen und scheinbar völlig zeit- und raumlos sind *Aufmerksamkeit, Bewußtsein* und das Gefühl der eigenen Identität, das *Ich-Gefühl*. Sie bilden den Begleitzustand beziehungsweise den Hintergrund aller anderen geistigen und emotionalen Zustände. Wenn ich im folgenden von «Geist» und «geistigen» Zuständen spreche, dann meine ich im allgemeinen die Gesamtheit dieser sehr unterschiedlichen Phänomene.

Man kann heute mit Hilfe der zu Beginn geschilderten Verfahren der Hirnforschung (EEG, PET, fNMR) bei Vorliegen kognitiver Defizite eines Patienten in vielen Fällen vorhersagen, welche hirnorganischen Defekte zugrunde liegen, und umgekehrt. Wenn zum Beispiel eine Person nach einem Schlaganfall keine Farbwahrnehmung mehr besitzt, so kann man darauf schließen, daß das visuelle kortikale Areal V4 beeinträchtigt ist. Hat sie Störungen in der Raumwahrnehmung oder Raumorientierung, so sind Kortexgebiete im Bereich des Scheitellappens in Mitleidenschaft gezogen (zum Beispiel das Kortexareal 7a). Sprachstörungen weisen je nach Symptomatik auf Defekte im Broca- oder Wernicke-Sprachzentrum hin. Selbst «rein geistige» Tätigkeiten wie Vorstellen, Erinnern, das Erfassen der Bedeutung von etwas Gesagtem oder Gelesenem lassen sich im Gehirn lokalisieren. Dabei gilt allgemein, daß *Vorstellen* und *Erinnern* bestimmter Dinge genau in den Hirnarealen vor sich geht, die mit der *Wahrnehmung* dieser Dinge befaßt sind.

Bewußtsein (insbesondere in Form von Aufmerksamkeit) ist zweifellos der dominante geistige Zustand. Eine wichtige Frage der kognitiven Neurobiologie und Neurophilosophie lautet: Warum gibt es überhaupt Bewußtsein? Welche Funktion hat dieser Zustand?

Für die traditionelle Philosophie ist bereits diese Frage ein Sakrileg, denn als höchster Seinszustand kann Bewußtsein überhaupt nur eine Funktion haben, nämlich sich selbst zu verstehen. Als Biologen sehen wir hingegen die Funktionen des Gehirns einschließlich des Bewußtseins im Dienste der Sicherung des Überlebens, wozu bei vielen Tieren einschließlich des Menschen besonders auch die Sicherung des sozialen Lebens und Überlebens gehört. Die Strukturen und Funktionen des Gehirns müssen nicht alle *direkt* mit dieser Aufgabe zu tun haben, aber man kann erst einmal annehmen, daß so etwas Auffallendes wie Bewußtsein eine wohldefinierte Funktion hat.

Einen wichtigen Hinweis auf die mögliche Funktion von Bewußtsein erhalten wir, wenn wir uns vergegenwärtigen, daß keineswegs alle Hirntätigkeit von Bewußtsein begleitet ist; vielmehr tritt Bewußtsein nur bei ganz typischen Hirnleistungen und bei der Aktivität ganz bestimmter Hirnregionen auf. Hierzu gehört vor allem die Großhirnrinde: Nur was in ihr verarbeitet wird, ist von Geist und Bewußtsein begleitet, wenngleich nicht alles, was in ihr passiert, auch bewußt ist. Weiterhin gehören zu den Hirnregionen, deren Aktivität für Bewußtsein notwendig sind, Bereiche der retikulären Formation des Hirnstamms (verlängertes Mark, Brücke und Tegmentum), und zwar vor allem der sogenannte Locus coeruleus und die Raphe-Kerne, und außerdem das basale Vorderhirn, das bei der Alzheimerschen Altersdemenz zusammen mit der Hirnrinde besonders in Mitleidenschaft gezogen ist.

Diese drei Bereiche des Gehirns, Locus coeruleus, Raphe-Kerne und das basale Vorderhirn, haben sehr enge Verbindungen einerseits mit der Großhirnrinde, andererseits mit Strukturen, die für Gedächtnisleistungen und die Bewertung des Wahrgenommenen und des eigenen Handelns notwendig sind und das *limbische System* bilden. Hierzu gehören der Mandelkern (Amygdala), der Hippocampus und Teile des Thalamus im Zwischenhirn. Der Hippocampus ist der Organisator unseres Wissensgedächtnisses, während die Amygdala zusammen mit Teilen des Thalamus und anderen Hirnstrukturen (zum Beispiel dem Hypothalamus) Gefühle und Antriebe erzeugt (Nieuwenhuys *et al.* 1991). Diese Verbindungen sind natürlich nicht zufällig, denn Locus coeruleus, Raphe-Kerne und das basale Vorderhirn stufen zusammen mit dem Gedächtnis und dem Bewertungssystem alles, was die Sinneszentren registrieren, nach den Kategorien «bekannt – neu» beziehungsweise «wichtig – unwichtig» ein. Dies geschieht innerhalb von Sekundenbruchteilen und ohne daß wir uns dessen bewußt sind.

Wir können uns das so vorstellen: Das meiste innerhalb unserer primären, unbewußten Wahrnehmung ist *neu und unwichtig* oder *be-*

kannt und unwichtig; es dringt deshalb gar nicht oder nur schwach in unser Bewußtsein ein und hat keine weiteren Folgen. Stuft unser Gehirn etwas als *bekannt und wichtig* ein, aktiviert es bestimmte Verhaltensprogramme, ohne daß wir besondere Aufmerksamkeit darauf richten. Wir haben davon höchstens ein diffuses, begleitendes Bewußtsein. Dies gilt für das allermeiste, was wir in jeder Sekunde tun, denn es wird vom Automatischen, Eingeübten und Routinemäßigen beherrscht.

Einiges jedoch von dem, was unser Wahrnehmungssystem registriert, ist *neu und wichtig*: Dabei kann es sich um neue Wahrnehmungsinhalte, neues Wissen oder neue Fertigkeiten handeln. Wir nehmen etwas Unbekanntes wahr, wir hören einen Satz, dessen Bedeutung nicht unmittelbar klar ist, wir versuchen uns einen Sachverhalt einzuprägen, üben ein neues Klavierstück oder lernen Autofahren. All diese Dinge können wir nur mit Aufmerksamkeit und Konzentration tun, und diese muß um so stärker ausfallen, je schwieriger die gestellte Aufgabe ist. Wird unser Gehirn mit derartigen Aufgaben konfrontiert, erhöhen sich in bestimmten Hirngebieten die neuronale Aktivität und die Hirndurchblutung und damit der Stoffwechsel, und zwar auf Kosten anderer Regionen. Dies können wir mit EEG, MEG, PET oder fNMR sichtbar machen. Je mehr wir dann die Dinge beherrschen beziehungsweise mit ihnen vertraut sind, desto mehr schleichen sich Aufmerksamkeit und Bewußtsein heraus, und desto geringer sind die lokale elektrische Hirnaktivität, der lokale Hirnstoffwechsel und die lokale Hirndurchblutung (Ungerleider 1995).

Warum ist dies so? Ein zentrales Dogma der kognitiven Neurobiologie lautet, daß die Leistung der verschiedenen Hirnteile das Resultat der *synaptischen Verknüpfungsstruktur* zwischen den dort angesiedelten Nervenzellen ist. Veränderte synaptische Kontakte bedeuten eine veränderte Funktion der Neuronennetze. Entsprechend läuft die derzeitige Deutung der geschilderten Vorgänge darauf hinaus, daß bei der Bewältigung neuer und vom Gehirn als wichtig angesehener Aufgaben das Verknüpfungsmuster zwischen Nervenzellen verändert wird, und zwar in denjenigen Hirnrindenarealen, die für die spezifischen Aufgaben zuständig sind. Beim Erkennen eines neuen Gesichts ist dies der hintere, untere Teil des Schläfenlappens, beim Verstehen eines neuen Satzes werden die beiden Sprachzentren, das Broca- und das Wernicke-Zentrum, aktiviert. Diese aufgabenspezifischen Kortexregionen werden von der retikulären Formation in Zusammenarbeit mit dem Gedächtnis angesteuert. Es geht in diesen Regionen darum, neue Netzwerkeigenschaften durch Reorganisation der synaptischen Kopplungsstärken anzulegen. Je mehr sich dann diese Verknüpfungen konsolidiert haben, je glatter wir die Aufgabe beherrschen, desto weniger ist sie mit Aufmerksamkeit und Bewußtsein verbunden. Schließlich bewältigen wir sie in einer Weise, bei der Aufmerksamkeit nur stören würde, zum Beispiel beim Fahrradfahren oder Klavierspielen.

Im Gegensatz zur «normalen» neuronalen Aktivität des Gehirns verbrauchen die synaptischen Umbaumaßnahmen viel Sauerstoff und Zucker. Aus dem Umstand, daß die Bewältigung neuer kognitiver Aufgaben stoffwechselintensiv ist, erklärt sich auch eine Tatsache, die wir alle kennen: im hungrigen Zustand oder bei Sauerstoffmangel haben wir Denkschwierigkeiten. Das Gehirn ist ein Teil des Körpers, der besonders viel Stoffwechselenergie benötigt, nämlich zehnmal mehr (zwanzig Prozent), als ihm vom Relativvolumen her zukäme (zwei Prozent). Gleichzeitig hat es keinerlei Zucker- und Sauerstoffreserven; es lebt bei seinen Aktivitäten sozusagen von der Hand in den Mund. Aus dem Umstand, daß das Gehirn jede Erhöhung des Stoffwechsels durch eine Erniedrigung an anderer Stelle kompensieren muß, erklärt sich auch eine andere bekannte Situation: Je mehr wir uns auf ein Ereignis konzentrieren, desto mehr entschwinden andere Ereignisse unserem Bewußtsein, bis wir schließlich alles um uns herum «vergessen».

Die hier vertretene These lautet: Bewußtsein und Aufmerksamkeit treten zusammen mit neuronalen Reorganisationsprozessen bei der Bewältigung neuer kognitiver und motorischer Aufgaben auf. Derartige Reorganisationsprozesse laufen in jeder Sekunde in unserem Gehirn ab, wenn auch mit unterschiedlicher Intensität. Verhindert man diese Prozesse, zum Beispiel durch das Verabreichen bestimmter Pharmaka, dann setzen auch die charakteristischen Erlebniszustände nicht ein; umgekehrt treten die Erlebniszustände nicht ohne diese Prozesse auf (Flohr 1991). Kurz, das eine existiert nicht ohne das andere.

Ist die enge, im individuellen Gehirn möglicherweise eindeutige Korrespondenz zwischen Geist/Bewußtsein und bestimmten Hirnprozessen die endgültige Bestätigung der reduktionistischen These, daß Geist und Bewußtsein *nichts anderes sind als feuernde Nervenzellen* und daß daher mentalistische Begriffe aus dem Vokabular der kognitiven Hirnforschung gestrichen und durch präzisere neurobiologische Termini ersetzt werden können (vgl. P. M. Churchland 1985)? Anstatt also zu sagen: «Herr X glaubt, daß ...», könnten wir entsprechend dem *eliminativen Materialismus* präziser formulieren: «Im Gehirn von Herrn X feuern zur Zeit im Nucleus Y die Neuronen N 1 bis N 12 in der und der Weise.»

Der Versuch einer solchen völligen Identifikation des Mentalen mit dem Neuronalen und der radikalen Eliminierung mentalistischer Begriffe ist aus mehreren Gründen unzulässig. Erstens bedeutet eine noch so enge Korrelation zweier Phänomene nicht notwendig ihre Identität; es kann sich vielmehr um verschiedene Aspekte und Teile eines komplexen übergeordneten Prozesses handeln. Zweitens sind überhaupt nur ganz bestimmte Klassen von Hirnprozessen (nämlich solche, die in der Großhirnrinde ablaufen) und davon jeweils nur wenige von Bewußtsein begleitet, wodurch sich eine allgemeine Gleichsetzung von neuronaler Aktivität und Geist verbietet. Drittens ist an der Aktivität eines einzelnen Neurons oder kleiner Neuronennetze überhaupt nichts Geistiges oder Kognitives. Sehr ausgedehnte Netzwerke von Millionen, vielleicht sogar Milliarden von Neuronen sind in vielen Teilen des Gehirns bei kognitiven und geistigen Prozessen aktiv. Kognition, Geist und Bewußtsein sind *globale Aktivitätszustände* (oder *Makrozustände*) des Gehirns und trivialerweise nicht auf die Aktivität von einzelnen Neuronen oder gar Teilen von Neuronen (wie Synapsen oder Ionenkanäle) reduzierbar. Schließlich sind Geist und Bewußtsein das Ergebnis komplexer Hirnaktivität in einem stammes- wie individualgeschichtlich entstandenen *Kontext*. Mit anderen Worten, Geist entsteht im Gehirn nur dann, wenn das Gehirn und sein Organismus in bestimmter Weise mit einer Umwelt interagieren und das Gehirn diese Interaktion *bewertet*.

Einer solchen *nichtreduktionistischen* Position widerspricht natürlich keineswegs die Aussage, neuronale Aktivität auch einzelner Nervenzellen sei eine *notwendige Bedingung* für Bewußtseinszustände, das heißt, ohne derartige Aktivität gebe es keinen Geist. Dies ist bei der gesprochenen und der geschriebenen Sprache nicht anders: Laute (Phoneme) und Buchstaben beziehungsweise Silben sind notwendige Voraussetzungen für die sprachliche Kommunikation. Ein einzelnes Phonem oder ein einzelner Buchstabe hat überhaupt keinen Sinn; dieser ergibt sich erst, wenn derartige «Elementarereignisse» der Sprache nach bestimmten Regeln (nämlich denen der Grammatik) zusammengesetzt werden, und zwar innerhalb eines ganz bestimmten historisch entstandenen Kontextes, nämlich der Muttersprache.

Mein Bremer Kollege Helmut Schwegler und ich haben im Hinblick auf den Erlebniszustand eine *Kennzeichnungshypothese* entwickelt (Roth und Schwegler 1995). Dabei gehen wir von der bereits genannten Tatsache aus, daß alle neurophysiologischen Grundereignisse, das heißt Nervenimpulse, ihre Änderung, Fortleitung, synaptische Übertragung und Integration usw., von ihrer physikalisch-chemischen Natur her gleich sind. Nervenimpulse im visuellen System sind von solchen im auditiven, somatosensorischen oder motorischen System nicht zu unterscheiden; sie haben keinerlei modalitäts- oder qualitätsmäßige Spezifität. Dasselbe gilt für das anatomische kortikale Substrat. Der Kortex ist hinsichtlich seiner zellulären Komponenten und seiner intrinsischen Verknüpfungsstruktur sehr homogen aufgebaut (vgl. Braitenberg und Schüz 1991), und man kann unter dem Mikroskop nicht unterscheiden, ob ein bestimmtes Stück Kortex visuelle oder auditive Funktionen hat oder im visuellen System Farbe oder Form verarbeitet oder im auditiven System Tonhöhe, Melodie oder Sprache. Die spezifischen Empfindungen der verschiedenen Sinnesmodalitäten und -qualitäten sind vielmehr durch den *Ort der Verarbeitung* der zugrundeliegenden Erregung festgelegt. Dies bedeutet: Alles, was im Hinterhauptslappen und unteren Temporallappen passiert, wird vom Gehirn als «Sehen» interpretiert und deshalb von uns in einer bestimmten Weise erlebt, und alles, was im oberen Temporallappen passiert, erleben wir als «Hören», gleichgültig, woher «eigentlich» diese Erregung kommt, ob von einem «natürlichen Input» (zum Beispiel von der Retina über den lateralen Kniehöcker) oder von einer direkten elektrischen Stimulation der Hirnrinde. Entsprechendes gilt auch für die kortikalen Subareale innerhalb eines Sinnessystems. Wir haben bei Reizung des visuellen Areals V 4 Farbempfindungen und bei Reizung des visuellen Areals V 5/MT Bewegungsempfindungen, unabhängig von der «Quelle» dieser Erregung. In der Tat werden ja diese Areale bei Akten der Vorstellung beziehungsweise Erinnerung von Farbigem oder Bewegtem ohne sensorischen Input, das heißt rein kortexintern, aktiviert.

Schwegler und ich nehmen an, daß das Erleben eine besondere Art der *Kennzeichnung* bestimmter kortikaler Prozesse ist, damit das Gehirn sich in seiner überaus komplexen Ordnung zurechtfindet. Dies gilt unserer Meinung nach auch für das Entstehen des *Willensaktes*, einer Empfindung, die im Zusammenhang mit der Willkürmotorik nachweislich (Libet *et al.* 1983) erst eintritt, nachdem bestimmte Teile des hirns (nämlich Streifenkörper, präfrontaler Kortex und prämotorischer und supplementärmotorischer Kortex) die für eine Willkürbewegung notwendige Hirnaktivität bereits eingeleitet haben (was sich in dem sogenannten Bereitschaftspotential äußert). Das Gefühl der Willensentscheidung dient ganz offenbar der Kennzeichnung willkürmotorischer Aktionen im Gegensatz zu motorischen Automatismen und Reflexen.

Eine Kennzeichnung als bewußtes Erleben tritt nur im Kortex auf und scheint zumindest beim Menschen außerhalb des Kortex nicht notwendig oder möglich zu sein. Dies mag daran liegen, daß der Kortex der einzige Ort im Gehirn ist, in dem sensorische Afferenzen mit Eingängen aus dem Erinnerungssystem, dem limbischen und dem retikulären Bewertungssystem zusammenkommen und in dem darüber hinaus ein genügend hohes Maß an Plastizität vorhanden ist, damit schnell neue Netze geformt werden können. Die Tatsache, daß wir bestimmte Hirnprozesse *erleben*, müssen wir deshalb nicht als etwas Mystisches ansehen; vielmehr können wir uns im Rahmen einer Theorie zur funktionalen Organisation des Gehirns plausible Gedanken über den Zweck des Erlebens machen.

Zusammenfassend läßt sich zum Geist-Gehirn-Problem feststellen: 1. Es gibt eine sehr enge Parallelität zwischen Hirnprozessen und kognitiven Prozessen. 2. Man kann die Hirnprozesse, die von Geist, Bewußtsein und Aufmerksamkeit begleitet sind, sichtbar machen. 3. Die Mechanismen, die zu Geist- und Bewußtseinszuständen führen, sind in groben Zügen bekannt und auch physiologisch-pharmakologisch beeinflußbar. 4. Es existieren vernünftige Annahmen über die Funktion von Geist und Bewußtsein im Rahmen von Kognition und Verhaltenssteuerung. Für die philosophische Geist-Theorie heißt dies, daß jegliche Art von Geist-Gehirn-Dualismus und jeder Glaube an eine Autonomie des Geistes mit dem Wissensstand der Hirnforschung unvereinbar ist. Geist als individuell erfahrener Zustand existiert nicht ohne ein Gehirn und kommt nur aufgrund komplexer Hirnprozesse zustande.

Im Rahmen einer nichtreduktionistischen Methodologie (Roth und Schwegler 1995) ist es durchaus möglich, Geist als einen mit physikalischen Methoden faßbaren Zustand anzusehen, der in sehr großen, interagierenden Neuronenverbänden auftritt. Dieser Zustand «Geist» kann 1. von *uns* als durchaus «völlig anders» erlebt werden, 2. nicht reduzierbar auf die Systemkomponenten (Nervenzellen) sein und deshalb 3. eigene Gesetze haben, das heißt «Autonomie» zeigen, auch wenn diese Gesetze den bekannten Gesetzen der Physik nicht widersprechen dürfen. Damit wir ihn als physikalischen Zustand ansehen dürfen, müssen wir angeben können (möglicherweise auch nur mit Wahrscheinlichkeit, wie häufig in der Physik), wann, wo und wie dieser Geist auftritt. Mehr kann eine wissenschaftliche Erklärung prinzipiell nicht leisten. Dies aber – so haben wir gesehen – ist bereits in gewissem Maße möglich, wobei viele Zusammenhänge mit Prozessen in und zwischen Nervenzellen in weiterer Forschungsarbeit noch untersucht werden müssen.

Abschlußbemerkung

Es kann keinen Zweifel darüber geben, daß die Forschungsergebnisse der Neurobiologie und Hirnforschung für die philosophische Erkenntnistheorie und die Philosophie des Geistes von größter Bedeutung sind und daß die Philosophie auf diesen Gebieten vollends jede Glaubwürdigkeit verliert, wenn sie diese Ergebnisse ignoriert. Andererseits können die Neurowissenschaften kein Ersatz für die Philosophie sein, auch wenn manche philosophierenden Hirnforscher dies meinen. Forschungsergebnisse interpretieren sich nicht selbst, und es ist sträflich, das ungeheure Wissen, das zum Beispiel in der philosophischen Erkenntnistheorie verfügbar ist, nicht zu nutzen. In der Hirnforschung ist der Grat zwischen plattem Reduktionismus und inhaltslosem Holismus sehr schmal, und man wird nicht ohne den kritischen Beistand der Philosophen auskommen, vorausgesetzt, diese haben sich in der Hirnforschung hinreichend kundig gemacht, um ein Fachgespräch führen zu können. Dazu müssen Philosophen natürlich bereit sein.

Literatur

Braitenberg, V., und Schüz, A., 1991: *Anatomy of the Cortex*, Berlin, Heidelberg, New York: Springer.

Breidbach, O., 1993: «Nervenzellen oder Nervennetze? Zur Entstehung des Neuronenkonzepts», in: E. Florey und O. Breidbach (Hg.), *Das Organ der Seele*, Berlin: Akademie-Verlag, S. 81–126.

Changeux, J.-P., 1984: *Der neuronale Mensch*, Reinbek: Rowohlt.

Churchland, P. M., 1985: «Reduction, Qualia, and the Direct Introspection of Brain States», *J. Philosophy* 82, S. 8–28.
Churchland, P. S., 1986: *Neurophilosophy: Towards an Unified Science of the Mind-Brain*, Cambridge, Mass.: MIT Press.
Creutzfeldt, O. D., 1981: «Philosophische Probleme der Neurophysiologie», in: *Rückblick in die Zukunft*, Berlin: Severin und Siedler, S. 256–278.
Creutzfeldt, O. D., 1983: *Cortex cerebri: Leistung, strukturelle und funktionelle Organisation der Hirnrinde*, Berlin, Heidelberg, New York: Springer.
Flohr, H., 1991: «Brain processes and phenomenal consciousness», *Theory and Psychology* 1, S. 245–262.
Fodor, J. A., 1975: *The Language of Thought*, New York: Thomas Y. Crowell.
Fodor, J. A., 1983: *The Modularity of Mind*, Cambridge, Mass.: MIT/Bradford Books.
Grüsser, O.-J., 1990: «Vom Ort der Seele», *Aus Forschung und Medizin* 5 (1), S. 75–96.
Kolb, B., und Wishaw, L. Q., 1993: *Neuropsychologie*, Heidelberg, Berlin, Oxford: Spektrum Akademischer Verlag.
Konorski, J., 1967: *Integrative Activity of the Brain*, Chicago, London: The University of Chicago Press.
Libet, B., Gleason, C. A., Wright, E. W., und Pearl, K., 1983: «Time of conscious intention to act in relation to onset of cerebral activity (readiness-potential)», *Brain* 106, S. 623–642.
Metzger, W., 1975: *Gesetze des Sehens*, 3. Aufl., Frankfurt a. M.: Kramer.
Nieuwenhuys, R. J., Voogd, J., Huijzen, Chr. van, 1991: *Das Zentralnervensystem des Menschen*, Berlin, Heidelberg, New York: Springer.
Pogliano, C., 1991: «Between form and function: A new science of man», in: P. Corsi (Hg.), *The Enchanted Loom: Chapters in the History of Neuroscience*, New York: Oxford University Press, S. 144–203.
Posner, M. I., 1994: «Seeing the mind», *Science* 262, S. 673–674.
Raichle, M. E., 1994: «Bildliches Erfassen von kognitiven Prozessen», *Spektrum der Wissenschaft*, Juni, S. 56–63.
Roth, G., 1994: *Das Gehirn und seine Wirklichkeit*, Frankfurt a. M.: Suhrkamp.
Roth, G., und Schwegler, H., 1995: «Der Geist in der Hirnforschung», *Biologie heute* 403, S. 1–4.
Spillmann, L., und Werner, J. S., 1990: *Visual Perception: The Neurophysiological Foundations*, San Diego: Academic Press.
Ungerleider, L. G., 1995: «Functional brain imaging studies of cortical mechanism for memory», *Science* 270, November, S. 769–775.

Andrea Sgarro

Unentscheidbarkeit und Mehrdeutigkeit

Aus dem Italienischen von Anita Ehlers

Deterministisch gesehen ist die Ungewißheit ein subjektiver Aspekt unserer mangelnden Kenntnis der Wirklichkeit. Zu Beginn des achtzehnten Jahrhunderts erklärte Laplace hochtrabend, die Entwicklung eines physikalischen Systems sei unter der Voraussetzung, daß die Anfangsbedingungen in allen Einzelheiten bekannt seien, bis ans Ende der Zeit vollkommen vorhersagbar. Nach seiner Auffassung ließen sich sogar die schwierigen Aspekte der Ungewißheit mit den Mitteln der Mathematik kontrollieren, denn die Wahrscheinlichkeitsrechnung, zu der gerade Laplace wesentlich beigetragen hat, war zu jener Zeit schon eine ausgereifte Disziplin, die sowohl theoretisch und philosophisch als auch praktisch unleugbar erfolgreich war, was sie ihrer anwendungsorientierten Sklavin, der Statistik, verdankte. Im übrigen war der Begriff der Wahrscheinlichkeit, so jedenfalls erschien es den Anhängern des Determinismus, nur eine Übergangserscheinung. Da die Wissenschaft Fortschritte mache und die Unwissenheit abnehme, meinten sie, müsse der Bereich, auf dem die Gewißheit des Kalküls nicht gewährleistet werden könne, immer kleiner werden. Diese optimistische Sicht der Welt und der Naturwissenschaft ist uns heute selbst in der Hochburg der Exaktheit, der Mathematik, sehr fremd (ist nicht in der Alltagssprache «mathematisch» geradezu synonym mit «absolut sicher»?). Die Mathematik bemüht sich heute um eine peinlich genaue, höchst sorgfältige Katalogisierung der verschiedenen Aspekte der Ungewißheit, zu deren Kontrolle sie immer mehr Mittel zur Verfügung stellt; aber kaum ist ein Loch gestopft, zeigt sich, daß das so konstruierte Gebäude woanders undicht ist.

George Klir folgend können wir eine grobe Klassifizierung versuchen. Eine erste Dichotomie im Bereich der Ungewißheit ist die zwischen Ambiguität (Mehrdeutigkeit der Bedeutung) und Unbestimmtheit (mangelnde Klarheit in der Abgrenzung der Bedeutung). Die Wahrscheinlichkeitsrechnung soll die Mehrdeutigkeit mathematisch in den Griff bekommen, scheint dafür aber recht ungeeignet zu sein; sie konkurriert dabei beispielsweise mit der Possibilitätstheorie oder der *Evidenztheorie* (besser Bezeugbarkeitstheorie). Der Name hat einen juristischen Beigeschmack, auf den wir zurückkommen werden. Immer noch im Gefolge von George Klir müssen wir innerhalb der Mehrdeutigkeit zwischen *Nichtspezifizierbarkeit, Dissonanz* und *Konfusion* unterscheiden. Nichtspezifizierbarkeit und Konfusion sind unvermeidliche Aspekte der Mehrdeutigkeit, für die die Wahrscheinlichkeitsrechnung blind ist, während sie die Dissonanz erkennt. Aber wir sind noch bei allgemeinen Begriffen; sobald die Klassifizierung spezifisch wird, geraden wir in ein auswegloses Labyrinth. Wir können die zahlreichen Facetten des Begriffs Unsicherheit mit Attributen wie ungenau, unvollkommen, unvollständig, vage, verschwommen *(fuzzy)*, umwölkt, umschattet, mehrdeutig, näherungsweise, inkohärent, konfus, zufällig *(random)*, zweifelhaft, unwichtig, unentscheidbar, mangelhaft, irrtümlich, verzerrt, insensitiv und so weiter beschreiben. Bevor wir uns im Labyrinth verirren, wenden wir uns lieber der Vergangenheit zu und bemühen uns, die Gründe für die Niederlage zu verstehen, die die Gewißheit selbst in ihrer sichersten Festung, der Mathematik, erleiden mußte.

Offiziell begann die Mehrdeutigkeit in der Mathematik im Jahr 1654, als Blaise Pascal und Pierre de Fermat sieben denkwürdige Briefe austauschten, in denen ein nur scheinbar geringfügiges Problem der Gewinnchancen eines Glücksspiels gelöst wurde. Dies war der Ursprung der Wahrscheinlichkeitsrechnung. Eigentlich ist der Wahrscheinlichkeitsbegriff von Anfang an mehrdeutig (man könnte meinen: Recht geschieht ihm!). Einerseits gibt es die *objektive Wahrscheinlichkeit*, die mit physikalischen Eigenschaften verknüpft ist (mit «Fakten»), wie der Symmetrie eines Würfels. Andererseits gibt es die *epistemische* oder *subjektive Wahrscheinlichkeit*, die den «Erkenntnisstand» in bezug auf das Eintreten eines Ereignisses mißt, über den jemand verfügt. Deshalb findet sich dasselbe Wort, Wahrscheinlichkeit, in Zusammenhängen, die anscheinend kaum Gemeinsamkeiten aufweisen: «Die Wahrscheinlichkeit, daß eine Drei gewürfelt wird, beträgt ein Sechstel, weil es sechs mögliche Ereignisse gibt, und wegen der Symmetrie des Würfels ist kein Ergebnis dem anderen vorzuziehen» und «Die Wahrscheinlichkeit, daß der Wechselkurs zwischen Lira und Mark wieder unter 1000 Lire fällt, ist gering, nämlich weniger als zwei Prozent». Im letzten Fall spielen weder Symmetrie noch Gesetze über statistische

Regelmäßigkeiten eine Rolle, sondern lediglich die Einschätzungen eines Wirtschaftsexperten, dem es gelungen ist, sein Wissen in eine numerische Bewertung zu übersetzen (im Jargon der Pferdewetten wäre er nicht einmal bereit, 2 zu 98 darauf zu setzen, daß sich die Lira erholen wird).

Beide Wahrscheinlichkeitsbegriffe, der objektive wie der subjektive, kommen in der *Ars conjectandi*, jener berühmten 1713 posthum in Basel erschienenen Abhandlung von Jacob Bernoulli, vor. Die Mehrdeutigkeit des Begriffs «Wahrscheinlichkeit», die in der *Ars conjectandi* von gutem Nutzen war, wurde im Laufe der Zeit störend und lästig, bis schließlich Siméon-Denis Poisson – auch er, wie Laplace, ein ebenso großer Physiker wie Mathematiker – vorschlug, dafür zwei getrennte Bezeichnungen zu gebrauchen, nämlich *probabilité* und *chance*, und die erste für den epistemischen, subjektiven, die zweite hingegen für den objektiven Begriff zu verwenden. An diesem Punkt mag ein kleiner philologischer Exkurs nützlich sein, denn es ist interessant, warum eine Mehrdeutigkeit der Terminologie, die zu Beginn aufschlußreiche Analogien nahelegte, später zu Mißverständnissen und Fehlern führte. Bis Ende des siebzehnten Jahrhunderts war der Ausdruck «probabile» (wahrscheinlich) gleichbedeutend mit «bezeugt von der Autorität der Kirche», «bezeugt von der Heiligen Schrift». Man konnte damals von «wahrscheinlichen, aber unmöglichen Ereignissen» sprechen, nämlich den Wundern – unmöglich (ein Toter kann nicht wiederauferstehen), aber als von der Kirche bezeugte Ereignisse wahr. Es war Aufgabe des Glaubens, den Widerspruch zu lösen. Wie konnte die ursprüngliche Wortbedeutung Ende des siebzehnten Jahrhunderts so rasch durch zwei unterschiedliche, sogar unvereinbare Bedeutungen ersetzt werden? Nach Meinung der Historiker hat der tiefliegende Grund damit zu tun, daß das Ansehen der Quellen herkömmlicher Erkenntnis, also der Heiligen Schrift, abnahm, während die Bedeutung naturwissenschaftlicher und philosophischer Erkenntnisse wuchs. Im siebzehnten und achtzehnten Jahrhundert ist das Wort Wahrscheinlichkeit sehr gebräuchlich; so dient es beispielsweise in der Jurisprudenz dazu, die Glaubwürdigkeit von Zeugenaussagen abzuwägen. Man sprach sogar von moralischer Wahrscheinlichkeit und Gewißheit, und damit beschäftigte sich selbst der große Leibniz; Pascal gebraucht das Wort, als er auf die Existenz Gottes wettet. Und selbstverständlich ist die objektive Wahrscheinlichkeit *(chance)* für eine wissenschaftliche und deterministische Weltauffassung viel nützlicher als die subjektive Wahrscheinlichkeit *(probabilité)*. Dieser Begriff wurde im neunzehnten Jahrhundert auch tatsächlich ungebräuchlich. Einige Jahrzehnte lang hatte der Begriff der Wahrscheinlichkeit alle Mehrdeutigkeit verloren, wobei es einigermaßen paradox ist, daß der Ausdruck *chance* verschwand und nicht *probabilité*, in dem für Philologen heute noch die Subjektivität mitschwingt. Auch das deutsche Wort *Wahrscheinlichkeit* oder das russische *werojatnost*, «Glaubwürdigkeit», lassen etwas von dieser Subjektivität spüren. Ein zentrales Ergebnis der Wahrscheinlichkeitsrechnung ist das Gesetz der großen Zahl, das schon in Jacob Bernoullis *Ars conjectandi* vorkommt. Zur Freude der Deterministen bestätigt es, daß die Unsicherheit mit zunehmender Anzahl der Würfe abnimmt: Unter sechshundert Würfen beispielsweise kommt die Sechs fast mit Sicherheit ungefähr hundertmal vor. (Zugegeben, die Gewißheit ist nicht vollkommen, und es bleibt eine gewisse Mehrdeutigkeit. Es gibt auch eine bestimmte Unsicherheit der Vorhersage, wie die Verwendung des Wortes «ungefähr» zeigt. Sie verschwindet jedoch «asymptotisch», wie die Mathematiker sagen. In einfachen Worten: Die Ungewißheit nimmt ab und wird praktisch belanglos, wenn die Anzahl der Würfe riesig wird.)

Zu Beginn des zwanzigsten Jahrhunderts schien der Triumph der Gewißheit, jedenfalls in der Mathematik, vollkommen zu sein. Genau im Jahr 1900 lenkte David Hilbert, einer der größten Mathematiker überhaupt, die Aufmerksamkeit seiner Kollegen auf eine Liste wichtiger ungelöster Probleme. Das zehnte Hilbertsche Problem schien gar nicht besonders schwierig zu sein. Der Versuch, es zu verstehen, lohnt sich.

Die Rede ist von algebraischen Gleichungen und ihren möglichen Lösungen. Dabei beschränkt man sich auf Gleichungen mit ganzzahligen Koeffizienten (wie 1, 2 oder 3, nicht aber Brüche oder irrationale Zahlen wie die Quadratwurzel aus 2, bei der hinter dem Komma unendlich viele Dezimalen stehen); bei diesen Gleichungen interessieren nur die möglichen ganzzahligen Lösungen (eine Lösung wie die Wurzel aus 2 wäre sofort «aus dem Spiel»); zur Erinnerung an einen griechischen Mathematiker des vierten nachchristlichen Jahrhunderts, Diophant von Alexandrien, nennt man diese Gleichungen diophantisch.

Das Problem lautet: Hat eine vorgegebene diophantische Gleichung

Lösungen oder nicht? Es sei betont, daß man sich mit der Existenz von Lösungen zufriedengibt, sie also gar nicht ausdrücklich berechnen will. Es geht somit lediglich um ein «Entscheidungsproblem», wie man in der Mathematik sagt, das die Antwort ja oder nein hat. Um die Frage beantworten zu können, brauchen wir einen Algorithmus, also ein Rechenverfahren (in einem sehr umfassenden Sinne des Wortes «Rechnen»), das so funktioniert: Die diophantische Gleichung sei die Eingabe, an der aufgrund der durch den Algorithmus vorgegebenen Rechenanweisungen bestimmte Berechnungen vorgenommen werden, bis sich am Ende die Antwort, nämlich ja oder nein, ergibt. Natürlich können wir heute den Algorithmus auch programmieren (das konnte Hilbert natürlich nicht fordern) und das ganze Verfahren mechanisch ablaufen lassen: Wenn das Programm einmal gespeichert ist, genügt es, die Gleichungen einzugeben und auf die Antwort zu warten.

Der fragliche Entscheidungsalgorithmus war Hilbert und seinen Zeitgenossen aus sehr tiefliegenden Gründen unbekannt, wie wir gleich sehen werden. In einem Sinne, den Hilbert unmöglich geahnt haben kann, wurde das Problem 1971 von Jurij Matijasevic gelöst. Es gibt, wie Matijasevic zeigte, keinen allgemeinen Algorithmus, der entscheiden kann, ob eine vorgegebene diophantische Gleichung Lösungen hat oder nicht. Die Nichtexistenz der Lösung hat wohlbemerkt nichts mit der Komplexität des Rechenverfahrens zu tun: Wir würden auch einen möglichen Algorithmus zulassen, der unseren Computer Millionen Jahre lang arbeiten ließe und einen Speicherraum brauchte, der größer wäre als die Oberfläche des Mondes.

Das Ergebnis von Matijasevic macht insofern bescheiden, als es besagt, daß wir gewisse Berechnungen nicht einmal im Prinzip durchführen können. Übrigens war die Liste unentscheidbarer Probleme 1971 schon ziemlich lang: Die ersten Beispiele für die Nichtexistenz von Algorithmen hatte bereits in den dreißiger Jahren Alan Turing gefunden, einer der Gründungsväter der Informatik. Er entdeckte sie vor dem Auftreten der ersten Computer, die damals jedoch schon «in der Luft» lagen und die heute die Probleme der Berechenbarkeit (der Existenz von Algorithmen) und der Komplexität (der Effizienz der Algorithmen) noch viel gewichtiger gemacht haben, als sie zu Hilberts Zeit erschienen.

Fünf Jahre vor den irritierenden Ergebnissen Turings hatte Kurt Gödel ebenso irritierende Sätze gefunden, die mit Turings Erkenntnissen zusammenhängen. Ich will dies verdeutlichen: Seit der Zeit Euklids haben Axiomensysteme in der Mathematik eine grundlegende Rolle gespielt. Es geht dabei um die Herleitung grundlegender Sätze, eben der Axiome, die nicht mehr zur Diskussion gestellt werden (ein Beispiel ist die Aussage: «Durch zwei Punkte geht in der Ebene genau eine Gerade»), und der Beweisregeln, mit deren Hilfe sich, ausgehend von den Axiomen, alle Theoreme, also alle wahren Aussagen der axiomatisierten Theorie, herleiten lassen. Ein Axiomensystem ist also eine Art gigantischer Algorithmus, der es, so könnte man sagen, erlaubt, auf der Basis der Axiome mittels der Herleitungsregeln (also der «Rechen»regeln des axiomatisierten Systems) die Theoreme zu berechnen. Tatsächlich läßt sich Gödels berühmter Unvollständigkeitssatz heute unter Benutzung der von Matijasevic hergeleiteten Ergebnisse über die Unentschiedenheit so umformulieren, daß die Nichtexistenz von Algorithmen durch die Nichtexistenz axiomatisierter Systeme ersetzt wird. Das geht so: Nehmen wir an, daß eine diophantische Gleichung entweder lösbar ist oder nicht. Folglich stimmt eine und nur eine der beiden folgenden Behauptungen: «Die Gleichung hat eine Lösung» oder «Die Gleichung hat keine Lösung». Sie gehört dann in die Liste der Theoreme der Arithmetik, auch wenn es «historisch» noch niemandem gelungen ist, sie zu beweisen.

Nun behauptet Gödels Unvollständigkeitssatz in der Neufassung von Matijasevic, daß es in der Arithmetik (das ist die mathematische Theorie der ganzen Zahlen) kein axiomatisiertes System gibt, in dem alle Theoreme dieser Art herleitbar sind; genauer, für jedes axiomatisierte System der Arithmetik gibt es eine diophantische Gleichung, die keine Lösung hat, ohne daß sich diese Tatsache aus den Axiomen herleiten ließe (es gibt keine Herleitung). Jede Axiomatisierung der Arithmetik ist also unvollständig und läßt nicht die Herleitung aller arithmetischen Gesetze zu. Wohlbemerkt geht es nicht um die zur Verfügung stehende Zeit, sondern darum, daß die hypothetische Annahme der Vollständigkeit eines axiomatisierten Systems der Arithmetik zu einem logischen Widerspruch führt und deshalb verworfen werden muß. Mathematische Wahrheit umfaßt also einen größeren Bereich, als ein axiomatisiertes System erfassen kann. Die Unvollständigkeit axiomatisierter Systeme ist ein grundlegender Aspekt der Ungewißheit. Die Mathematik ist wesentlich und unausweichlich unvollständig und muß deshalb auch wesentlich und unausweichlich ungewiß sein.

Was bleibt heute von der Verwirrung, die die Entdeckung der Unvollständigkeit und Unentscheidbarkeit in den dreißiger Jahren stiftete? Beide sind geblieben und werden wohl auch weiterhin bestehen, aber die Bestürzung und das Gefühl der Demütigung sind vergessen. Im Gegenteil, wir merken, daß die Entdeckung der Unvollständigkeit der Mathematik diese «befreit» hat. In der neuen, nicht mehr deterministischen Sicht der Welt (einer Sicht, zu der ebensoviel oder gar mehr als die Mathematik die Quantenphysik und Heisenbergs Unbestimmtheitsprinzip beigetragen haben) ist die Ungewißheit ein notwendiger und kein subjektiver Aspekt der Wirklichkeit. Es ist eine Weltsicht, die menschlicheres Maß hat.

Für Wissenschaftler, die sich mit künstlicher Intelligenz (und mit deren anwendungsorientierten Fassungen, den Expertensystemen) befassen, ist das menschliche Gehirn mit seinen Unzulänglichkeiten, aber auch seinen unglaublichen Erfolgen ein besonders wichtiges Forschungsobjekt. Einer der Gründe für den Erfolg, den die «menschliche Vernunft» gegenüber der idealisierten Rationalität der reinen Logik hatte, ist ja gerade die enorme Fähigkeit des Gehirns, mit Ungewißheit umzugehen, viele Lösungen zu finden, und das, so könnte man sagen, mit einer «Unbefangenheit», über die reine Logiker vielleicht die Nase rümpfen, die sich aber in der Praxis ziemlich gut bewährt und uns das Überleben ermöglicht (auch die reine Logik muß sich die Hände, oder vielmehr das Gehirn, schmutzig machen).

Die Ernüchterung in der ersten Hälfte des zwanzigsten Jahrhunderts hat uns von Vorurteilen und Vorbehalten befreit. Wir verfügen heute nicht mehr über nur einen einzigen Kalkül der objektiven Ungewißheit oder eine einzige Wahrscheinlichkeitsrechnung wie im neunzehnten Jahrhundert, sondern über viele unterschiedliche und rivalisierende Kalküle, aus denen wir von Mal zu Mal den geeignetsten auswählen können. Der Anwendungsbereich der Wahrscheinlichkeitsrechnung und verwandter Theorien wird immer umfassender, und wir haben nichts gegen die epistemische, objektive Wahrscheinlichkeit. Viele Gedanken des achtzehnten Jahrhunderts, die in der Epoche aufgegeben wurden, in der Determinismus und «wissenschaftliche» Objektivität triumphierten, sind wieder im Schwange, und ihre Fruchtbarkeit ist erneut spürbar geworden; vor allem haben wir erkannt, wie fruchtbar die eklektische Einstellung der Wahrscheinlichkeitstheoretiker des achtzehnten Jahrhunderts war. So ist beispielsweise der von der Evidenztheorie inspirierte juristische Wahrscheinlichkeitsbegriff wieder en vogue. Es geht nicht mehr nur darum, die Glaubwürdigkeit des Beweismaterials abzuwägen, das den Richtern vorgelegt wird, sondern auch um die Glaubwürdigkeit der «Zeugenaussagen» von Experten (etwa von Medizinern), deren Erkenntnisse von Expertensystemen (beispielsweise einem medizinischen Diagnosesystem) verarbeitet und angewandt werden. Heute zählt diese Theorie zur Avantgarde. Um so bemerkenswerter ist die Tatsache, daß sie schon von Jacob Bernoulli in der *Ars conjectandi* und von Johann Heinrich Lambert im *Neuen Organon* 1764 ausführlich abgehandelt wurde.

Valentin Braitenberg

Entspringt die Logik dem Gehirn oder das Gehirn der Logik?

Es wird niemanden wundern, wenn die Frage, die im Titel steht, auch am Ende dieser Abhandlung noch offenbleibt. Wir werden aber, indem wir ihr nachgehen, einiges über die Funktion des Gehirns erfahren und wohl auch Einsichten gewinnen über den Ursprung jener Formalisierung des Denkens, die man Logik nennt.

Ich will die Frage erläutern. Einerseits kann man wohl annehmen, daß der Versuch, korrektes Denken und Schließen in formale («logische») Regeln zu fassen, letztlich zu einer abstrakten Darstellung der Hirnmechanismen führt, die für das Denken verantwortlich sind. Demnach wäre zunächst die Gehirnfunktion zu erklären und die Logik dann als ihre Konsequenz.

Andererseits kann man die Logik als etwas betrachten, das jedem möglichen Denken notwendig zugrunde liegt, auch dem Denken von Tieren, von außerirdischen Wesen und von Maschinen. Es wäre dann zu zeigen, daß die Struktur des Gehirns und die Art der Datenverarbeitung in ihm nicht anders sein kann, als sie ist, wenn sie vernünftiges Denken, eben nach den Regeln der Logik, erzeugen soll.

Sich mit Entschiedenheit zu dem einen oder dem anderen Standpunkt bekennen hieße Wissenschaftstheorie besser verstanden zu haben – oder dies zumindest zu glauben –, als es uns zur Zeit vergönnt ist.

Der diskrete Charakter der Logik

Bei aller Schwierigkeit, Logik allgemein zu definieren, ist es doch möglich, einen Bereich anzugeben, wo man kaum auf die Idee kommen würde, von Logik zu sprechen, nämlich jegliche Art von Informationsverarbeitung, bei der nur *kontinuierliche* Variablen im Spiel sind. Die «Logik» der Erhaltung des Gleichgewichts beim Eislaufen macht wenig Sinn, ebensowenig die «Logik» der hormonellen Steuerung von

Emotionen, auch nicht die «ästhetische Logik» der Malerei oder Musik.

Hingegen kann man sehr wohl von der Logik des Schachspiels reden, von der Logik, die in der Grammatik steckt, von der, die der Quantenmechanik zugrunde liegt. In all diesen Fällen geht es um Variablen, die genau definiert sind (zum Beispiel die Figuren des Schachspiels) und die bloß scharf voneinander abgegrenzte Werte annehmen können (zum Beispiel die Positionen auf dem Schachbrett). Die Logik wäre dann die Gesamtheit der Regeln, die in dem Raster der Variablen und ihrer diskreten Werte die erlaubten Übergänge von den unerlaubten unterscheiden.

So ist also nach unserem Empfinden in dem Begriff der Logik der eines Spiels mit unzweideutig voneinander abgegrenzten Gegenständen und Zuständen enthalten, ein Spiel, das man *diskret* nennen kann, wenn man das Wort, wie in der Physik üblich, als das Gegenteil von *kontinuierlich* versteht.

Der diskrete Charakter der Logik kommt aber sicher nicht aus der Physik, die es (im neuzeitlichen Sinne) noch gar nicht gab, als die ersten Entwürfe einer Logik gemacht wurden, sondern aus der Sprache. In allen Sprachen der Welt ist das Material, das die Rede ausmacht, auf verschiedenen Ebenen *diskretisiert*. Schon das Alphabet, das aus Zeichen besteht, die übergangslos nebeneinanderstehen (und die ebenso übergangslose Phoneme anzeigen), dann die Wörter, die diskrete Begriffe bedeuten (*Fuchs* oder *Hund*, aber nicht *Huchs* für den Zweifelsfall), dann die Kategorien der Grammatik (zwischen Genitiv und Dativ gibt es keine Übergänge) und die Satzkonstruktionen (ein Satz mit *wenn* … *dann* … ist auf eine Weise von einem Satz mit *entweder* … *oder* … verschieden, die keine Zwischenformen duldet).

Die Logik ist ursprünglich aus dem Versuch entstanden, Sprache von allen überflüssigen Zutaten zu entkleiden und auf ein Skelett zu reduzieren, das, wenn auch weniger ansprechend als der volle Körper der Sprache, die sprachlichen Ausdrucksformen als ihren harten Kern darstellt und einer exakten Analyse zugänglich macht.

Es wäre aber falsch, die Diskretheit, die allen Logiken eigen ist, erst aus dem menschlichen Kunstprodukt der Sprache abzuleiten. Auch beim vorsprachlichen Denken, wie man es schon bei Tieren beobachtet, werden einzelne Dinge und Ereignisse aus dem Kontinuum der Perzeptionen herausgelöst und zu diskreten Begriffen oder Gestalten gemacht. Diskret voneinander abgesetzt sind auch viele Verhaltensweisen: Aggression, Flucht, Sexualverhalten, Fressen etc. Man tut das eine und das andere nicht oder das andere und das eine nicht, als ob es in der Steuerung des Verhaltens Schalter gäbe, die von einer Routine auf die andere umschalten.

Diskrete Gehirnzustände

Wenn es unsere Absicht ist, das Gehirn auf die Logik zurückzuführen oder die Logik auf das Gehirn, wird man jetzt in der Hirnfunktion nach Phänomenen suchen müssen, die formal denen ähneln, wie sie in der Logik abstrakt dargestellt sind. Zunächst wird man sich fragen, welche Ereignisse im Gehirn die Gegenstände widerspiegeln, die, wie wir gesehen haben, in der Logik als diskret voneinander abgesetzte Variablen erscheinen, die gewisse ebenfalls diskrete Werte annehmen können.

Um uns die Aufgabe zu erleichtern, beschränken wir unsere Betrachtung auf solche Variablen, die, wie im sogenannten Aussagenkalkül, nur zwei Werte annehmen können, *wahr* oder *falsch* oder, im Prädikatenkalkül, *A ist B* oder *A ist nicht B*. Wir suchen also nach Informationsträgern im Gehirn, für die bloß zwei Zustände möglich sind. Die Informationsträger würden dann zum Beispiel im Falle des Aussagenkalküls jeweils eine *Aussage* darstellen und ihre beiden Zustände die Wahrheitswerte *wahr* oder *falsch*, auf jene Aussage bezogen.

Neuronen

Man muß im Gehirn nicht lange suchen, bis man auf Elemente stößt, die zweier deutlich voneinander abgesetzter Zustände fähig sind. *Neuronen*, von denen es im Menschenhirn mehr als zehn Milliarden gibt, sind solche Elemente.

Kurzbeschreibung des Neurons: Neuronen sind die Zellen des Nervengewebes, die für die Informationsverarbeitung im Gehirn und im Rückenmark verantwortlich sind (andere Zellen des Nervengewebes, die sogenannten Gliazellen, spielen bloß eine untergeordnete Rolle, Dienstleistung für die Neuronen sozusagen). Neuronen sind über weitverzweigte Fortsätze miteinander verbunden, von denen jeweils einer, Axon genannt, Signale auf andere Neuronen überträgt, während die übrigen, die Dendriten, Signale von anderen Neuronen aufnehmen. Auf den Dendriten wird alles addiert, was dort an Signalen ankommt, und das Ergebnis wird an die Wurzel des Axons weitergegeben. Dort geschieht etwas Besonderes. Wenn die Summe der ankommenden Signale eine gewisse Schwelle nicht erreicht, so verebbt die ganze Erregung und das Axon bleibt im Ruhezustand. Übersteigt die Erregung aber den Schwellenwert, so entsteht auf dem Axon eine kurzdauernde explosionsartige Erregung, die sich rasch und ohne unterwegs an Intensität zu verlieren über das ganze Axon ausbreitet.

Synapsen heißen die Kontaktstellen, an denen, wenn das Axon explosiv erregt ist, Erregung an die Dendriten anderer Neuronen abgegeben wird. Es gibt noch eine zweite Sorte von Synapsen, die keine erregende, sondern eine hemmende Wirkung auf das nachgeschaltete Neuron haben.

Die explosive Erregung des Axons, die entweder in voller Stärke oder gar nicht stattfindet, verleitet dazu, das Neuron als ein *binäres* Element anzusehen, das man wohl mit den zweiwertigen Funktionen der Logik in Verbindung bringen kann.

Neuronenverbände oder Cell assemblies

Explosive Erregung entsteht im Gehirn auch auf einem anderen Niveau, bei den *exzitatorisch miteinander verbundenen Neuronenverbänden (Cell assemblies)*. Wo es viele erregende Neuronen gibt, wie in der Großhirnrinde, die fast nur aus solchen besteht (die hemmenden machen dort kaum mehr als zehn Prozent aus), besteht die Möglichkeit der Zusammenschaltung von Neuronen zu Verbänden, die wegen ihrer reichen gegenseitigen Verbindungen zu selbständigen Einheiten werden. Ein solcher Neuronenverband kann insgesamt aktiv werden, wenn ein genügend großer Teil seiner Neuronen aktiviert wird, und bleibt dann, wegen der Erregung, die sich die Neuronen untereinander austauschen, längere Zeit aktiv. Im Unterschied zu den einzelnen Neuronen, die nach ihrer explosiven Erregung gleich wieder in den Zustand der Inaktivität zurückfallen und dort verharren, bis die nächste Erregung kommt, sind bei den Cell assemblies sowohl der Zustand der Aktivität als auch der der Inaktivität stabil. Aktionspotentiale auf einzelnen Neuronen sind wie Knallerbsen, die Aktivität eines Cell assembly ist im Vergleich dazu eher wie das Feuer an einer Ölquelle, das, wenn es einmal ausgebrochen ist, erst wieder gelöscht werden muß.

Cell assemblies entstehen durch einen Lernprozeß. Es genügt anzunehmen, daß Neuronen, die oft gleichzeitig aktiv waren, stärker miteinander verbunden werden, wofür es gute physiologische Evidenz gibt. Dann werden die einzelnen Signale, die zusammen ein Ding signalisieren (die Farbe der Krähe, ihr Ruf, die Art ihres Flugs), im Gehirn zusammengeschaltet zu einem Repräsentanten des Begriffs (dem der Krähe). Wenn exzitatorisch miteinander verbundene Neuronenverbände im Gehirn Begriffe darstellen, so versteht man auch, wie ein komplexer Begriff durch jeden Teilbegriff aufgerufen werden kann, was den Psychologen schon lange (als «Vervollständigung von Figuren» oder «pattern reintegration») bekannt ist. Ein Neuronenverband kann «zünden», wenn nur irgendein Teil von ihm genügend stark aktiviert wird.

Neuronenverbände, die Begriffe bedeuten, können ihrerseits *assoziativ* miteinander verbunden sein, wenn die entsprechenden Dinge oder Ereignisse oft zusammen oder kurz nacheinander aufgetreten sind. Dazu bedarf es keiner weiteren Lernmechanismen als derer, die zur Entstehung der Neuronenverbände selbst, als Repräsentanten von komplexen Begriffen, geführt haben.

Einzelne Neuronen als Aussagen

Es läßt sich leicht zeigen, daß man mit stilisierten «Neuronen» oder *Schwellenelementen*, das heißt mit Elementen, deren Erregung, wenn sie eine bestimmte Schwelle erreicht, ein Signal auslöst, Formeln des Aussagenkalküls «nachbauen» kann.

In der üblichen Form basiert der Kalkül auf drei verschiedenen Arten der Verknüpfung von Aussagen zu neuen Aussagen:

1. Die Aussage *Es regnet* (die wahr oder falsch sein kann) wird zusammen mit der Aussage *Es ist kalt* (wahr oder falsch) zur Aussage *Es regnet, und es ist kalt*. Die Wahrheit dieser zusammengesetzten Aussage hängt von der Wahrheit der einzelnen Aussagen ab. Das Wörtchen *und* bedeutet, daß die neue Aussage nur dann wahr ist, wenn sowohl *Es regnet* als auch *Es ist kalt* wahre Aussagen sind.

Man stelle sich nun ein Neuron vor, das Kälte anzeigt (solche Neuronen gibt es), und ein anderes, das Regen anzeigt. Läßt man die Axone der beiden Neuronen auf ein drittes treffen, dessen Erregungswelle so hoch ist, daß es beide Eingänge braucht, um aktiv zu werden, so hat man ein Neuron für die Aussage *Es regnet, und es ist kalt.*

2. Die andere Art der Verknüpfung von Aussagen wird durch das Wörtchen *oder* angezeigt: *Es regnet, oder es ist kalt* (wobei nicht ausgeschlossen ist, daß beides zutrifft, zum Beispiel in der Beschreibung eines unfreundlichen Klimas).

In diesem Fall brauchen wir dem dritten Neuron nur eine niedrigere Schwelle zu geben, so daß jeder einzelne der beiden Eingänge schon genügt, um es zu aktivieren. Das Neuron stellt dann die Aussage *Es regnet, oder es ist kalt* dar, die wahr ist, wenn es aktiv wird, und sonst falsch.

3. Die dritte Art des Kalküls, aus Aussagen neue Aussagen zu machen, ist die Negation, angezeigt durch das Wörtchen *nicht. Es regnet nicht* ist genau dann wahr, wenn *Es regnet* falsch ist, und umgekehrt.

Auch für die Negation findet man eine Entsprechung in der Neuronenphysiologie. Wenn das Neuron, das *kalt* signalisiert, mit einem anderen Neuron über ein hemmendes Axon verbunden ist, so kann dieses andere Neuron nur aktiv werden, wenn das *kalt*-Neuron nicht aktiv ist, weil es ja sonst durch die Hemmung blockiert wäre. Das zweite Neuron signalisiert also mit seiner Aktivität *nicht kalt.*

Nun kann man mit den drei Arten der logischen Verknüpfung (den sogenannten *Konnektiven* Konjunktion, Disjunktion und Negation) aus elementaren Aussagen beliebig komplexe Aussagen synthetisieren, und für jede kann man sich ein Netz von Neuronen vorstellen, gipfelnd in einem Neuron, dessen Aktivität die Wahrheit jener komplexen Aussage signalisiert. Huscht man über gewisse mathematische Schwierigkeiten hinweg, so kann man allgemein sagen: Für jeden irgendwie beschreibbaren Zustand meines Sinnessystems (zum Beispiel *Rechts unten sehe ich ein rotes Kamel, links spielt ein Trompeter Beethoven, und über meinen Rücken krabbelt eine Laus*) kann ich mir in meinem Gehirn ein Neuron vorstellen, das immer und nur dann aktiv wird, wenn die Aussage, die diesen Zustand beschreibt, zutrifft.

Das Umgekehrte gilt auch: Für jedes Neuron in meinem Gehirn, dessen Aktivität ja irgendwie von den Aktivitäten der Neuronen in meinen Sinnesorganen abhängt, könnte ich im Prinzip eine Formel des Aussagenkalküls schreiben, in der die Abhängigkeit des Gehirnneurons von den Zuständen der Sinnesneuronen exakt dargestellt ist.

Diese sogenannte logische Theorie der Gehirnfunktion (von McCulloch und Pitts, 1943) ist auf mehrfache Weise unrealistisch. Die Gehirnneuronen reagieren meistens nicht mit einzelnen Aktionspotentialen, wie es die Theorie annimmt, sondern mit Salven solcher Potentiale, in denen sich die Information nicht logisch, sondern eher analog darstellt: je stärker der Reiz, desto länger im allgemeinen die Salve. Außerdem erfordert die Theorie eine Synchronisation der Signale (aller Signale von verschiedenen Neuronen, die auf ein einzelnes Neuron einwirken), die es in Wirklichkeit nicht gibt. Zudem würde man nach der Theorie erwarten, daß der Ausfall bestimmter Neuronen, bei Verletzungen des Gehirns, den unwiederbringlichen Ausfall ganz bestimmter Begriffe zur Folge hat, was den Beobachtungen widerspricht.

Die Theorie ist aus anderen Gründen interessant. Der Gedanke der Repräsentation von Begriffen in Neuronen hat die Hirnphysiologie des vergangenen halben Jahrhunderts entscheidend geprägt und steht bei den meisten Neurophysiologen noch immer hoch im Kurs. Philosophisch ist die logische Theorie der Neuronen deswegen interessant, weil sie die Frage, die im Titel dieses Aufsatzes steht, auf drastische Weise aufwirft.

Der Aussagenkalkül, wie schon seine Vorläufer im Altertum, wird gewöhnlich mit Hilfe der drei Verknüpfungsarten *und, oder* und *nicht* aufgebaut. Warum? Man kann leicht zeigen, daß zwei der drei Konnektive dazu ausreichen würden (zum Beispiel *oder* und *nicht*) oder auch zwei andere (zum Beispiel *wenn – dann* und *nicht*) oder gar ein einziges (zum Beispiel *weder – noch*). Warum dann gerade diese drei? Sind sie in der Sprache vorgegeben oder vielleicht schon in den Denkmechanismen?

Oder gar in der Hirnphysiologie? Die drei Verknüpfungsarten der Neuronen, die, wie wir gesehen haben, den drei traditionellen logischen Konnektiven entsprechen, sind schon lange als Grundmuster der Nervenfunktion postuliert worden (unter anderem aufgrund der klassischen Experimente von Sherrington am Rückenmark der Katze). Hat man sich dabei, bewußt oder unbewußt, von der traditionellen Logik leiten lassen? Oder hat die Logik von alters her die drei besonderen Konnektive bevorzugt, weil sich in ihnen Grundoperationen der Hirnfunktion widerspiegeln? Oder haben beide, das Gehirn und die Logik, die drei Konnektive bevorzugt, weil sie auf eine Weise fundamental sind, die uns entgeht?

Syllogismen und Cell assemblies

Von der Antike über das Mittelalter bis hin zum Gymnasium, das mein Vater besucht hat, dominierte die (ursprünglich auf Aristoteles zurückgehende) Syllogistik als die Lehre vom korrekten Schließen. Die Tradition brach kurz vor meiner Schulzeit ab, so daß ich annehmen muß, daß die meisten meiner Leser sich darunter nichts vorstellen können.

Die Elemente der Syllogistik sind Aussagen (sogenannte Urteile) von der Form (A) *Alle x sind y,* (I) *Manche x sind y,* (E) *Kein x ist y* oder (O) *Manche x sind nicht y.* A, I, E und O sind die traditionellen Bezeichnungen für vier Formen, A und I, die beiden affirmativen, vom lateinischen Wort *AffIrmo*, ich behaupte, E und O, die negativen, von *nEgO*, ich verneine. A und E sind *universell*, weil sie allgemeine Aussagen machen, I und O *partikulär*, weil sie sich auf Einzelfälle beziehen. So ist also A *universell affirmativ* (Alle Esel sind gescheit), E *universell negativ* (Kein Esel ist ein Privatdozent), I *partikulär affirmativ* (Einige Professoren sind Philosophen) und O *partikulär negativ* (Einige Esel sind nicht Professoren).

Das Spiel, mit dem sich die Schulmeister des Mittelalters intensiv beschäftigten und mit dem sie nicht fertig wurden, ehe man ihnen mit modernen Mitteln die Beschränktheit ihres Ansatzes nachwies, bestand darin, unter den möglichen Verkettungen von Urteilen jene zu entdecken, die als korrekte Schlüsse gelten. Die Verkettungen, die man untersuchte, bestehen aus drei Urteilen, von denen die ersten zwei, die sogenannten Prämissen, das dritte, die sogenannte Konklusion, ergeben. Jedes Urteil enthält zwei Terme (Alle *Dackel* sind *Hunde*), enthalten die drei Urteile, aus denen der Schluß besteht, insgesamt nur drei Terme enthalten (*Dackel, Hunde* und *Vierbeiner*), so daß sie jeweils einen Term gemeinsam haben.

Ein Beispiel:

(1) Erste Prämisse: Alle *Dackel* sind *Hunde*. Zweite Prämisse: Alle *Hunde* sind *Vierbeiner*. Konklusion: Alle *Dackel* sind *Vierbeiner*.

An diesem Schluß wird niemand zweifeln. In anderen Fällen versagt die Intuition. Welche Schlüsse unter den folgenden sind korrekt, welche inkorrekt?

(2) Erste Prämisse: Einige *Zweifüßler* sind *Vögel*. Zweite Prämisse: Alle *Menschen* sind *Zweifüßler*. Konklusion: Einige *Menschen* sind *Vögel*.

(3) Erste Prämisse: Kein *Mensch* ist ein *Tier*. Zweite Prämisse: Alle *Esel* sind *Tiere*. Konklusion: Kein *Esel* ist ein *Mensch*.

(4) Erste Prämisse: Einige *Hunde* sind *fliegende Hunde*. Zweite Prämisse: Alle *Dackel* sind *Hunde*. Konklusion: Einige *Dackel* sind *fliegende Hunde*.

(5) Erste Prämisse: Alle *Dackel* sind *Hunde*. Zweite Prämisse: Alle *Hunde* sind *Vierbeiner*. Konklusion: Alle *Vierbeiner* sind *Dackel*.

(6) Erste Prämisse: Kein *Mensch* ist ein *Tier*. Zweite Prämisse: Einige *Esel* sind *Tiere*. Konklusion: Kein *Esel* ist ein *Mensch*.

Man sieht, daß die Korrektheit der Schlüsse einerseits von der Form A, I, E oder O der einzelnen Urteile (der zwei Prämissen und der Konklusion) abhängt, andererseits von der Reihenfolge der Terme in den einzelnen Urteilen. So ist die Reihenfolge der Terme in den Schlüssen (3) und (6) dieselbe *(Mensch – Tier, Esel – Tier, Esel – Mensch)*, die Formen der Urteile aber sind in dem einen Fall E-A-E, im anderen E-I-E. Der Schluß (3) ist korrekt, (6) inkorrekt. Umgekehrt ist die Form der drei Urteile in den Fällen (1) und (5) dieselbe, nämlich A-A-A, die Reihenfolge der Terme in der Konklusion aber verschieden (einmal *Dackel – Vierbeiner*, das andere Mal *Vierbeiner – Dackel*), was (1) zu einem korrekten, (5) zu einem inkorrekten Schluß macht.

Warum das so ist, soll uns hier nicht weiter beschäftigen. Man kann leicht ausrechnen, daß es insgesamt 256 Möglichkeiten gibt, die drei Terme und die vier Formen A, I, E, O in einem Schluß zu placieren. Dabei ergeben sich 19 korrekte Schlüsse, 237 inkorrekte.

Im Zusammenhang mit der Frage im Titel interessieren uns vielmehr die Gründe, warum diese etwas plumpe Art, einen logischen Kalkül aufzubauen, so lange als die Logik schlechthin galt.

Ich biete folgende Antwort an: Aussagen von der Form *Alle x sind y* (A), *Kein x ist y* (E) sind die sprachlichen Äquivalente von zwei grundlegenden Operationen des Gehirns. Genauer, solche Aussagen spiegeln die Art wider, wie das Gehirn die in ihm angelegten Gedächtnisspeicher abfragt. Nebenbei bemerkt, die anderen beiden Formen des syllogistischen Urteils, I und O, sind nichts anderes als die Negationen von E beziehungsweise A: *Einige x sind y* bedeutet dasselbe wie *Nicht: kein x ist y* und *Einige x sind nicht y* dasselbe wie *Nicht: alle x sind y.*

Die Erklärung ist eigentlich schon in dem enthalten, was oben über den Mechanismus der *Assoziation* gesagt wurde. Wenn die verschiedenen Erscheinungsformen von Dackeln, denen man im Laufe eines Lebens begegnet ist, im Gedächtnis zu einem *Begriff Dackel* zusammengefaßt wurden und andererseits die verschiedenen Vierbeiner zu einem *Begriff Vierbeiner*, so muß das Gehirn den hirninternen Repräsentanten des Begriffs Dackels (wohl ein Cell assembly) untersuchen, um festzustellen, ob darin auch der Begriff Vierbeiner enthalten ist. Falls dies der Fall ist, ergibt sich die Aussage *Alle Dackel sind Vierbeiner.*

Im Prinzip ähnlich ist das, was das Gehirn tun muß, um zur Aussage *Kein Dackel ist geflügelt* zu gelangen. Es muß feststellen, daß in dem Repräsentanten des Begriffs Dackel der Begriff *Flügel* nicht enthalten ist, oder auch, daß zu ihm der Begriff *keine Flügel* gehört.

Wie das mit Neuronen gemacht wird, ist nicht klar, wenn auch vorstellbar. Angenommen, das Cell assembly, das den allgemeinen Begriff Dackel darstellt, zündet beim Hören des Wortes *Dackel.* Angenommen ferner, beim Hören des Wortes *Vierbeiner* zündet das entsprechende Cell assembly ebenfalls. Wenn dabei keine weiteren Neuronen aktiviert werden als jene, die schon bei *Dackel* aktiv waren, so ist die Aussage *Alle Dackel sind Vierbeiner* berechtigt.

Es könnte auch anders gehen. Das Gehirn könnte, ausgehend vom Repräsentanten des verallgemeinerten Dackels, durch hirninterne Zusatzerregung nacheinander die einzelnen Gedächtnisinhalte aufrufen, die in den Begriff eingeflossen sind, alle Erinnerungen an die besonderen Dackel, die man je kennengelernt hat und die ja auch durch einzelne Cell assemblies vertreten sind. Wenn gleichzeitig der Repräsentant der *Vierbeiner* aktiv ist, kann man sich wohl Mechanismen vorstellen, die entdecken, ob in keinem einzelnen Fall ein Widerspruch auftritt, ob also die Aussage *Alle Dackel sind Vierbeiner* gerechtfertigt ist oder nicht. Sich einen Mechanismus vorzustellen, der auf ähnliche Weise feststellt, daß *kein Dackel geflügelt ist* oder daß *manche geflügelt sind* oder *manche nicht*, ist auf dieser Ebene der ungehemmten Spekulation kaum schwieriger.

Induktion und Deduktion

Zwei Arten der Wahrheitsfindung werden unterschieden: die Behauptung von Zusammenhängen aufgrund von (prinzipiell unzureichenden) Einzelbeobachtungen (Induktion) und die mathematisch beweisbare Ableitung von neuen Einsichten aus bereits in mathematischer Form gegebenen Prämissen (Deduktion). Während die beiden Vorgehensweisen in der Wissenschaftstheorie prinzipiell unvereinbar nebeneinanderstehen, bietet auch hier der Blick auf das Gehirn eine Brücke.

Alle Rosen sind rot ist eine Aussage, die induktiv gerechtfertigt ist, wenn der, der sie macht, niemals andere als rote Rosen gesehen hat. Wer auch weiße und gelbe Rosen kennt, kann sofort die Unzulänglichkeit des induktiven Schlusses nachweisen. Ich behaupte, daß die durch Induktion gewonnene Aussage die Würde eines deduktiven Satzes gewinnt, wenn man sie nicht auf die intersubjektiv gültige Sprache bezieht, sondern auf ihre Bedeutung in der Welt der hirninternen Repräsentationen. Der Mann, der in seinem Leben bloß rote Rosen gesehen hat, hat durch den seinem Gehirn innewohnenden Assoziationsmechanismus einen neuronalen Repräsentanten (ein Cell assembly) aufgebaut, der *rote Rosen* bedeutet. Seine Aussage *Alle Rosen sind rot* heißt also in seinem Gehirn *Alle roten Rosen sind rot*, ein Satz, der deduktiv, als Tautologie, wahr ist. So kann man überspitzt sagen, daß das Gehirn ein Apparat ist, der induktiv gewonnene Einsichten in Deduktionen verwandelt, die mathematisch wahr sind.

Epilog

Die Logik als Lehre vom korrekten Schließen kann man als eine empirische Wissenschaft ansehen, deren Material jene Schlüsse sind, die erfahrungsgemäß als korrekte Schlüsse gelten und die sich offenbar als solche bewährt haben. Andererseits verkörpert das Gehirn Denk- und Verhaltensregeln, die, sofern sie genetisch festgelegt sind, auf der Erfahrung vergangener Generationen beruhen und, sofern erlernt, auf der Erfahrung eines Lebens. Es ist zu erwarten, daß beide Arten von Empirie auf ein und derselben Wahrheit beruhen. So kann man die Entsprechungen zwischen Logik und Gehirnfunktion hinnehmen, ohne sich für den Primat der einen oder anderen zu entscheiden.

Gianfranco Soldati

Philosophische Probleme der Repräsentation

Aus dem Italienischen von Stefan Fabian Dorsch

Einleitung[1]

Der Repräsentationsbegriff, um den es in diesem Text gehen soll, ist dem Begriff verwandt, den wir zum Beispiel verwenden, wenn wir von einer Abbildung oder einer Fotografie sagen, sie repräsentiere etwas. Gerade die Probleme sind interessant, die bei dem Versuch entstehen, den Begriff der fotografischen Repräsentation auf mentale Zustände (wie zum Beispiel Glaubenszustände, Wünsche, Meinungen) auszudehnen. Dabei wird uns die Analyse dreier Formen der Repräsentation behilflich sein: der fotografischen, der biologischen und der mentalen. Unsere Betrachtungen sollen schließlich dazu führen, unser Verständnis davon, was es heißt, daß ein mentaler Zustand repräsentiert, zu erleichtern.

Auf dem Weg zu diesem Ergebnis werden wir auch Gelegenheit haben, einige der Schwierigkeiten zu diskutieren, die mit einem eventuellen Wechsel von einer rein psychologischen Terminologie zu einer neurophysiologischen oder allgemeiner: einer physikalistischen Redeweise verbunden sind. Diese Überlegungen sind wichtig, um einen cartesianischen Standpunkt zu vermeiden, gemäß dem mentale Zustände, das heißt Zustände des Bewußtseins, vollkommen unabhängig von Zuständen des Körpers oder, genauer, des Gehirns sind. Eine der Fragen, die sich uns demnach stellen werden, ist, inwiefern der Repräsentationsbegriff beeinflußt wird, wenn wir die Konzeption mentaler Zustände auf die Konzeption zerebraler Zustände zurückführen.

Der Aufsatz soll ebenfalls einige Aspekte einer philosophischen De-

1 Für hilfreiche Hinweise bedanke ich mich bei Manfred Bruns und bei den Teilnehmern an meinem Seminar über Mentale Repräsentationen im Wintersemester 1995/1996.

batte resümieren, die im Verlauf der letzten zwanzig Jahre stattgefunden hat. Obwohl sie sicher noch nicht abgeschlossen ist, machen sich bereits erste Sättigungserscheinungen bemerkbar. Es sprechen gute Gründe dafür, zu behaupten, daß die verschiedenen, alternativen Positionen innerhalb der philosophischen Diskussionen ausreichend entwickelt und dargestellt worden sind. Nun muß es sich zeigen, ob diese Theorien beziehungsweise deren Resultate sich auch außerhalb der Philosophie bewähren.[2]

Die fotografische Repräsentation

Beginnen wir mit einem einfachen Beispiel. Stellen wir uns drei Papierbögen vor, auf denen jeweils vier dunkelblaue Streichhölzer liegen, die so verteilt worden sind, daß sie die gleiche trapezförmige Figur bilden. Nennen wir die drei Bögen mitsamt den Streichhölzern in trapezförmiger Anordnung «Trapez-1», «Trapez-2» und «Trapez-3». Es seien nun folgende drei Bedingungen erfüllt: 1. Die Papierbögen von Trapez-1 und Trapez-2 sind gleich groß, der Papierbogen von Trapez-3 ist deutlich größer. 2. Die Streichhölzer von Trapez-1 und Trapez-2 sind gleich lang, die von Trapez-3 sind deutlich (im selben Maße wie der entsprechende Papierbogen) größer (die Figur auf Trapez-3 ist also größer als jene auf Trapez-1 und Trapez-2). 3. Die Papierbögen von Trapez-1 und Trapez-3 sind gelb, der von Trapez-2 ist hellgrau. Nun fertigen wir eine Schwarzweißfotografie von Trapez-1 an, deren auf Fotopapier hergestellten Abzug wir kurz mit «Foto» bezeichnen. Dementsprechend können wir sagen, daß Foto eine Fotografie von Trapez-1 ist oder daß Foto Trapez-1 *repräsentiert.*

Aber welche Bedingungen müssen erfüllt sein, damit Foto Trapez-1 repräsentiert? Eine erste Voraussetzung könnte sein, daß Foto Trapez-1 *ähnlich* ist. Natürlich besteht diese Ähnlichkeit nur teilweise, es lassen sich viele Einschränkungen wie die folgende finden: Die Schwarzweißfotografie ermöglicht es uns nicht, zu entscheiden, wel-

2 In der Bibliografie habe ich – neben den im Text zitierten Werken – einige der wichtigsten Arbeiten angegeben, die zu lesen ich denen empfehle, die sich detaillierter mit den einzelnen Problemen beschäftigen wollen.

che Farbe der Papierbogen oder die Streichhölzer besitzen. Alles, was wir auf «Foto» sehen können, ist, daß der Bogen heller ist als die Streichhölzer. Aber diese Information reicht nicht aus, um zu entscheiden, ob die Fotografie Trapez-1 oder Trapez-2 zeigt, da Trapez-2 aus einem hellgrauen Papierbogen besteht. Und allein durch die Betrachtung der Fotografie können wir auch nicht in Erfahrung bringen, wie groß die Streichhölzer und das Blatt Papier sind. Das einzige, was wir wissen, ist, daß zwischen der Ausdehnung des Blattes und der Länge der Streichhölzer eine bestimmte Relation besteht, die der Relation zwischen der Länge der dunklen Linien und der Ausdehnung der hellen Oberfläche von Foto ähnelt. Deshalb ist es uns ebenso unmöglich, Trapez-1 von Trapez-3 zu unterscheiden. Wenn also die Beziehung der Repräsentation allein durch die Ähnlichkeitsrelation festgelegt wäre, repräsentierte Foto nicht Trapez-1, sondern das, was Trapez-1, Trapez-2 und Trapez-3 gemeinsam haben. Ähnlichkeit ist vielleicht eine notwendige, aber sicher keine hinreichende Bedingung, damit Foto Trapez-1 repräsentiert. Was muß noch hinzukommen?

Man könnte natürlich versuchen, den Begriff der Ähnlichkeit zu verfeinern. Wir wissen, daß Trapez-3 sich von Trapez-1 allein aufgrund seiner räumlichen Dimensionen unterscheidet: Das Blatt und die Streichhölzer sind bei Trapez-3 größer als bei Trapez-1. Foto stellt seinerseits eine Vergrößerung von Trapez-1 und eine Verkleinerung von Trapez-3 dar. Somit existieren zwei verschiedene Funktionen, die die Dimensionen von Trapez-1 beziehungsweise von Trapez-3 auf die Dimensionen von Foto abbilden. Eine Funktion, die einen Gegenstand auf seine Fotografie abbildet, hängt von einer ganz bestimmten Anzahl von Faktoren ab: von dem Abstand und der Position des Fotoapparates bezüglich des fotografierten Objekts, von der Art und Weise, wie die Abzüge von dem Negativ gemacht worden sind usw. Nennen wir diese Repräsentationsfunktion *f*. Um Verwechslungen mit einem anderen Gebrauch des Ausdrucks «Funktion», den ich später einführen werde, zu vermeiden, schlage ich vor, den Begriff «Repräsentationsfunktion» durch den Begriff «Abbildungsregel» (im Englischen: *mapping rule*) zu ersetzen. Wenn wir nun die Abbildungsregel *f*, die die Erzeugung von Foto beschreibt, kennen, können wir daraus schließen, daß Foto Trapez-1 repräsentiert und nicht Trapez-3. Aber dies genügt noch immer nicht, um Trapez-1 auch von dem gleich großen Trapez-2 zu unterscheiden. Um es kurz zu fassen: Ähnlichkeit und Funktionsvorschrift reichen zusammen nicht aus, um auf eindeutige Weise festlegen zu können, was repräsentiert wird. Denn es kann immer ein Objekt geben, welches dem repräsentierten derart ähnlich ist, daß es aufgrund der Abbildungsregel allein nicht von diesem unterschieden werden kann.

Bevor wir diesen Gedanken weiterverfolgen, ist es sinnvoll, sich einen Moment lang mit der Klärung des Begriffs «Abbildungsregel» aufzuhalten. Die Abbildungsregel legt die Art und Weise fest, in der etwas repräsentiert wird: sie bestimmt die *Gegebenheitsweise*. Stellen wir uns vor, es gäbe eine zweite Fotografie von Trapez-1 – Foto * –, die Trapez-1 mittels einer anderen Abbildungsregel repräsentiert. Während Foto Trapez-1 vergrößert, verkleinert Foto * es. In diesem Fall haben wir zwei Fotografien, die dasselbe Objekt (Trapez-1) auf zwei verschiedene Weisen repräsentieren. Diese Überlegung bildet das Fundament für die oftmals getroffene Unterscheidung zwischen der *Bedeutung* und dem *Referenten* einer Repräsentation. Zwei Repräsentationen haben demnach eine verschiedene Bedeutung, wenn sie dasselbe Objekt mittels zweier verschiedener Abbildungsregeln repräsentieren.

Es ist nun sinnvoll zu fordern, daß zwei Repräsentationen keine verschiedenen Referenten haben können, wenn sie mittels derselben Abbildungsregel repräsentieren. Wir müssen also die Abbildungsregel derart vervollständigen, daß sie den Referenten eindeutig festlegt. Dies können wir erreichen, indem wir auf den Begriff der Kausalität zurückgreifen: Foto repräsentiert Trapez-1 und nicht etwa Trapez-2 oder Trapez-3, da Foto von Trapez-1 verursacht worden ist und nicht von Trapez-2 oder Trapez-3.

Fassen wir also die Kausalitätsrelation als eine weitere notwendige Bedingung dafür auf, daß Foto Trapez-1 repräsentiert. Aber ist sie möglicherweise nicht auch eine hinreichende Bedingung, indem sie die Ähnlichkeitsrelation überflüssig werden läßt? Nein, bestimmt nicht: Es genügt, die Menge der Ursachen zu betrachten, die zur Entstehung der Fotografie geführt haben. Darunter befinden sich die beiden Tatsachen, daß die Streichhölzer auf dem Blatt Papier verteilt worden sind und daß der Fotograf, um die Aufnahme zu machen, auf den Auslöser gedrückt hat. Die Bewegung des Armes dessen, der die Streichhölzer verteilt hat, und die Bewegung des Fingers des Fotografen werden nicht von Foto mitrepräsentiert. Die Fotografie sagt nichts darüber aus, wessen Hand die Streichhölzer verteilt oder welcher Finger den Auslöser gedrückt hat. Foto repräsentiert folglich nur jene Ursache, die mit Foto in der durch die Abbildungsregel spezifizierten Ähnlichkeitsrelation steht. Kausalität und Ähnlichkeit sind beide notwendige Bedingungen für die fotografische Repräsentation.

Können wir jedoch vielleicht sagen, daß Kausalität und Ähnlichkeit zusammen eine hinreichende Bedingung für die fotografische Repräsentation bilden? Oder fehlt noch ein weiteres Element? Klarheit darüber könnte in Anbetracht der folgenden Überlegung entstehen. Stellen wir uns vor, daß Foto, anstatt auf Papier gedruckt zu werden, auf dem Schirm eines Computers erscheint. Die Aufnahme der Fotografie erfolgt dabei mit einem geeigneten Instrument, das Informationen auf magnetischem Material (zum Beispiel einer Diskette) speichern kann. Ein Programm des Rechners liest die Informationen und erzeugt Foto auf dem Schirm. Welches Kriterium ist nun dafür ausschlaggebend, daß Foto Trapez-1 und nicht eine bestimmte Konfiguration von gespeicherten Zeichen auf einer Diskette repräsentiert? Die Tatsache, daß es auf der Diskette eine bestimmte Konfiguration von Zeichen gibt, ist natürlich eine der Ursachen von Foto, und es existiert zudem eine ganz bestimmte Abbildungsregel, welche diese Zeichenkonfiguration auf Foto abbildet. Und dennoch ist Foto keine Fotografie dieser Zeichen. Es handelt sich hier um ein gutes Beispiel für das sogenannte *Problem der Tiefenambiguität*. Dessen Lösung scheint sich jedoch nicht von der zu unterscheiden, zu der wir bereits weiter oben gekommen sind, als wir uns gefragt haben, wieso Foto Trapez-1 und nicht das größere Trapez-3 repräsentiert. Die Abbildungsregel, welche die auf Diskette gespeicherten Zeichen auf Foto abbildet, ist eine andere als die Abbildungsregel, die Trapez-1 auf Foto abbildet. Daraus folgt, daß man die für Foto spezifische Abbildungsregel kennen muß, um bestimmen zu können, wovon es eine Repräsentation ist.

Anhand dessen können wir leicht erkennen, was in der folgenden logischen Analyse des Begriffs der fotografischen Repräsentation (FR) noch fehlt:

(FR) A ist genau dann eine fotografische Repräsentation von B, wenn gilt:
i) B ist eine Kausalursache von A;
ii) es existiert eine Abbildung f, so daß $f(A) = B$ gilt.

Das Problem dieser Definition ist, daß sie nicht ausreicht, um die Zeichenkonfiguration auf der Diskette als repräsentiertes Objekt von Foto auszuschließen. Man muß den Wirkungsbereich der existentiellen Quantifizierung innerhalb der zweiten Bedingung einschränken, indem man diese wie folgt umformuliert:

ii) * es existiert eine Abbildung f vom Typ Φ, so daß $f(A) = B$ gilt.

Die Aussichten, Kriterien für die Verwirklichung einer solchen Einschränkung zu finden, sind gut. Man kann beispielsweise verlangen, daß bestimmte räumliche Relationen erhalten bleiben sollen, so wie die folgende: Für drei beliebige Punkte x, y und z von A, für die gilt, daß y sich zwischen x und z befindet, muß es drei Punkte x', y' und z' von B geben, für die gilt, daß y' sich zwischen x' und z' befindet (und natürlich $f(x) = x'$, $f(y) = y'$ und $f(z) = z'$ erfüllt ist). Die Abbildungsregel f müßte dann so gewählt werden, daß für beliebige Punktfolgen von A die erhaltenen Punkte von B ebenfalls die entsprechenden räumlichen Relationen wie die Punkte von A besäßen. Und diese Bedingung wird sicher in den meisten Fällen von der Abbildungsregel, die die auf Diskette gespeicherten Zeichen auf die Punkte von A abbildet, nicht erfüllt werden.

Strenggenommen reicht die soeben formulierte Nebenbedingung noch immer nicht aus, das erwünschte Resultat zu erhalten, und muß offensichtlich noch genauer spezifiziert werden. Grundsätzlich jedoch genügt die Einschränkung unseren Anforderungen. Und es gibt keinen prinzipiellen Grund, der dagegen spräche, daß wir an einem Punkt unserer Untersuchungen angelangt sind, an welchem wir all die wichtigen Merkmale der fotografischen Repräsentation gefunden und formuliert haben, die wir benötigen, um nun zu der Analyse von Formen nichtfotografischer Repräsentation übergehen zu können.

Das Problem der Fehlrepräsentation

Es ist nicht unbedingt notwendig, gleich mit der Diskussion der Repräsentationen im Bewußtsein zu beginnen, um ein erstes wesentliches Problem zu thematisieren, das sich uns stellt, wenn wir das bisher gewonnene Modell der fotografischen Repräsentation auf andere Formen der Repräsentation erweitern wollen. Es handelt sich um das Problem der Fehlrepräsentation.

Betrachten wir wiederum ein Beispiel.[3] Auf der nördlichen Halbkugel lebt eine besondere Art von Meeresbakterien, deren Kennzeichen es ist, daß sie einen Magneten enthalten, der sich, wie eine Kompaßnadel, am Magnetfeld der Erde ausrichtet. Die Einstellung des Magneten auf eine bestimmte Position ruft eine Ausrichtung des Bakterienkörpers hervor. Dadurch bewegt dieser sich entlang der Linien des magnetischen Feldes in Richtung Nordpol und damit hinab auf den Meeresgrund zu. Für die Bakterien ist diese Orientierung ihrer Bewegung wichtig für das Überleben, da Sauerstoff für sie giftig ist. Und indem sie sich zum Meeresboden hinabbewegen, erreichen sie sauerstoffärmere Zonen. Es erscheint nun nicht absurd zu behaupten, daß diese magnetotaktischen Organismen über einen Mechanismus verfügen, der es ihnen erlaubt, die Richtung zu repräsentieren, in der sich sauerstoffarmes Wasser befindet.

Nur liegt in diesem Fall keine fotografische Repräsentation vor. Wenden wir die Definition (FR) – mit den erwähnten einschränkenden Bedingungen – auf ihn an. Ein interner Zustand S der Bakterie repräsentiert ein Gebiet ohne Sauerstoff C genau dann, wenn gilt: i) C ist eine Ursache von S; ii) es existiert eine Abbildung f vom Typ Φ, so daß $f(S) = C$ gilt. Den Typ Φ der benötigten Abbildung f anzugeben, ist sicher nicht sehr problematisch: Für jede beliebige Position, in der sich die Bakterie aufhalten kann, muß f die Richtung, in der sich sauerstoffarmes Meerwasser befindet, auf die Ausrichtung des Magneten abbilden. Wenn die Hauptachse der Bakterie mit der Achse des Magneten einen Winkel von 30 Grad bildet, dann liegt die sauerstoffarme Zone in 30 Grad Abweichung von der Ausrichtung der Hauptachse der Bakterie. Die Probleme entstehen erst mit der Kausalitätsbedingung: Es ist nicht die Anwesenheit sauerstoffarmen Wassers, die bewirkt, daß die Bakterie sich auf dieses zubewegt, sondern die Ursache für die Bewegungsrichtung sind die Linien des magnetischen Feldes der Erde. Der Magnet der Bakterie würde auch dann deren Bewegung anhand der Feldlinien orientieren, wenn dies die Bakterie nicht in eine sauerstoff-

3 Es stammt von Dretske 1988, S. 63 ff, der selbst auf Blakemore und Frankel 1981 verweist.

arme Zone führte. Und tatsächlich reicht es aus, die magnetotaktischen Bakterien auf die Südhalbkugel zu bringen, um festzustellen, daß sie dort in Richtung Meeresoberfläche schwimmen, wo sie sauerstoffvergiftet verenden. Wenn der magnetische Mechanismus der Bakterien wirklich sauerstoffarme Zonen repräsentiert, dann liegt hier keine fotografische, sondern eine andere Art von Repräsentation vor.

An dieser Stelle ist es uns nun möglich, genauer zu betrachten, worin das Problem der fotografischen Repräsentation überhaupt besteht: Die Kausalitätsbedingung ist offensichtlich unvereinbar mit der Möglichkeit einer Fehlrepräsentation. Die Idee der Fehlrepräsentation selbst setzt voraus, daß es Situationen geben können muß, in denen die Ursache der Repräsentation nicht identisch ist mit dem, was tatsächlich repräsentiert wird. Dementsprechend kann es keine «falschen» Fotografien geben, da eine Fotografie immer das repräsentiert, was sie verursacht hat. Dagegen kann sich die magnetotaktische Bakterie «irren»: Wenn wir sie auf die südliche Halbkugel bringen, «glaubt» sie sozusagen fälschlicherweise, daß die Meeresoberfläche ein für sie sicherer Ort mit sauerstoffarmem Wasser ist; ein Fehler, den sie mit dem Leben bezahlt. Die Möglichkeit der Fehlrepräsentation ist eigentlich ein Merkmal der mentalen Repräsentationen, wie wir sie menschlichen Individuen zuerkennen. Ein Subjekt kann irrtümlich glauben, daß die zwei Linien in der optischen Täuschung von Müller-Lyer verschieden lang seien; und zwar, weil das, was es glaubt, also das, was sein Glaubenszustand repräsentiert, nicht identisch ist mit dem, was seinen Glaubenszustand verursacht hat.

Dies impliziert nicht, daß es überhaupt keine Kausalrelation gibt, die die Grundlage der nichtfotografischen Repräsentation darstellt. Vielmehr ergibt sich die Frage, welche kausale Relation – anstelle der hier ungeeigneten Kausalbeziehung der fotografischen Repräsentation – in die nichtfotografische Repräsentation eingreift. Bevor wir auf diesen Punkt zurückkommen, müssen wir uns jedoch noch mit einem möglichen Einwand auseinandersetzen.

Die erklärende Rolle der Repräsentation

Warum ist es nicht besser, am fotografischen Modell festzuhalten und vereinfachend zu sagen, daß der magnetische Mechanismus der Bakterie nicht sauerstoffarme Zonen des Wassers, sondern die Richtung der Feldlinien repräsentiert? Was rechtfertigt unsere Behauptung, daß die Bakterie mit einem Mechanismus ausgestattet ist, der es ihr erlaubt, den Ort zu repräsentieren, an dem sich sauerstoffarmes Wasser befindet? Was rechtfertigt unseren Anspruch, die Möglichkeit der Fehlrepräsentation miteinzuschließen? Um auf diese Fragen eine Antwort geben zu können, müssen wir ein neues Element einführen, das für alle Formen der nichtfotografischen Repräsentation grundlegend ist: die erklärende Rolle des Begriffs «Repräsentation».

Was also erklärt die Tatsache, daß sich die Bakterie anhand der Feldlinien in Richtung des geomagnetischen Nordpols bewegt? Eine erste Antwort könnte sein, daß sie dieses Verhalten zeigt, weil sie einen Magneten enthält, der sich parallel zum geomagnetischen Feld ausrichtet, was wiederum das entsprechende Verhalten hervorruft. Aber nun können wir fragen: Warum enthält die Bakterie überhaupt einen Mechanismus, der jenes Verhalten hervorruft? Die offensichtliche Antwort darauf lautet: weil das durch den internen Mechanismus hervorgerufene Verhalten das Überleben der Bakterie – unter bestimmten gegebenen, externen Bedingungen – begünstigt. Die externen Bedingungen sind diejenigen, für die – in der gewohnten Lebensumgebung der Bakterie – die Richtung auf den geomagnetischen Nordpol zu identisch ist mit der Richtung, in der sich das sauerstoffarme Wasser befindet. Zusammenfassend läßt sich sagen, daß das Verhalten der Bakterie – ihre Bewegung in eine bestimmte Richtung – von einem internen Zustand hervorgerufen wird, der die Richtung *repräsentiert*, in der sich das sauerstoffarme Wasser befindet. Wir benutzen den Begriff der Repäsentation, um das Verhalten der Bakterie zu *erklären*. Würde ihr interner Zustand nur die Richtung der Feldlinien repräsentieren, die auf den geomagnetischen Nordpol zulaufen, reichte dies zur Erklärung des Bakterienverhaltens noch nicht aus. Deswegen müssen wir das fotografische Modell fallenlassen: Es erlaubt uns nicht, den Begriff der Repräsentation zu verwenden, um das Verhalten eines Lebewesens zu erklären.

Die eben gegebenen Erläuterungen benutzen implizit einen Begriff, den wir klären müssen. Es handelt sich um den Begriff der *Funktion*, der die folgende Umformulierung ermöglicht: Der interne Zustand *S* der Bakterie hat die Funktion, ein bestimmtes Verhalten *B* hervorzurufen. Unsere Aufmerksamkeit sollte hierbei darauf gerichtet sein, zwischen einem *Typ* des internen Zustands *S* und einem *Einzelfall* des bestimmten Zustandstyps zu einem präzisen Raum-Zeit-Punkt zu unterscheiden. Entsprechendes gilt für den Verhaltenstypus *B* und ein konkretes Auftreten desselben. Ganz allgemein können wir sagen, daß zu zwei verschiedenen Raum-Zeit-Punkten der Magnet der Bakterie sich im selben Zustandstypus befinden und die Bakterie denselben Typ des Verhaltens zeigen kann. Damit ist nun eine genauere Definition des Funktionsbegriffes möglich.

(Funktion) Ein *Einzelfall* σ_n eines internen Zustandes des Typs *S* hat genau dann die Funktion, ein Verhalten β_n des Typs *B* zu erzeugen, wenn gilt:
i) es gibt einen Zustand σ_j des Typs *S*, der σ_n vorausgegangen ist, und ein Verhalten β_j des Typs *B*, das β_n vorausgegangen ist, so daß gilt:
ii) σ_j hat β_j hervorgerufen;
iii) die Tatsache, daß σ_j β_j hervorgerufen hat, hat das Überleben und die Vermehrung der Zustände des Typs *B* begünstigt.

Es klingt vielleicht seltsam, von dem Überleben und der Vermehrung interner Zustände des Typs *S* zu sprechen. Tatsächlich ist es im Fall der Bakterie angemessen, direkt über das Überleben oder die Vermehrung der Spezies zu reden, zu der die Bakterie gehört; und davon, daß die Evolution dafür verantwortlich ist, daß Bakterien, die den beschriebenen Mechanismus nicht enthielten, aufhörten, sich fortzupflanzen. Aber es gibt Fälle, in denen interne Mechanismen eines Typs *S* nicht phylogenetisch, sondern ontogenetisch, das heißt aufgrund von Lernprozessen, selektiert werden. Die Definition des Funktionsbegriffes ist so formuliert worden, daß sie auch die Möglichkeit des Lernens miteinschließt. Es ist nun möglich, eine präzisere Definition des neuen Repräsentationsbegriffes anzugeben, den ich «biologische Repräsentation» (BR) nenne:

(BR) Ein interner Zustand des Typs *S* repräsentiert genau dann die externe Bedingung *C*, wenn gilt:
i) es existiert eine Funktion *f* vom Typ Φ mit $f(S) = C$;
ii) der Zustand des Typs *S* hat die Funktion, ein Verhalten des Typs *B* zu erzeugen, so daß gilt:
iii) *B* begünstigt das Überleben von *S* in der Umgebung, in der die Bedingung *C* realisiert ist.

Befassen wir uns wieder mit den beiden Möglichkeiten, das Verhalten eines Lebewesens zu erklären. Die erste Form der Erklärung ist kausaler Natur: Das Verhalten *B* ist von einem internen Zustand des Typs *S* verursacht. Die zweite dagegen verläuft funktional: Der Organismus zeigt ein Verhalten *B*, weil er einen internen Zustand des Typs *S* enthält, welcher *die Funktion hat*, *B* zu verursachen.

Lange Zeit hat die Philosophen die Frage beschäftigt, ob der Begriff der Funktion auf den der Kausalität reduziert werden kann. Im Anschluß an die Ausführungen zur Fehlrepräsentation habe ich bereits darauf hingewiesen, daß der Verzicht auf die für die Analyse der fotografischen Repräsentation wichtige Kausalrelation nicht unbedingt die Verneinung aller möglichen Formen der Kausalität impliziert. Welche Kausalrelation bildet folglich das Fundament des Funktionsbegriffes? Ein möglicher Zweifel könnte aus der Tatsache erwachsen, daß der Funktionsbegriff im allgemeinen teleologisch verstanden wird. Es scheint, als gingen wir von der teleologischen Hypothese aus, daß dem Organismus beziehungsweise dem repräsentationalen Zustand ein bestimmter Zweck innewohnt, nämlich der des Überlebens und des Vermehrens seiner selbst. Und dies ist offensichtlich keine kausale Eigenschaft.

Die überzeugendere Antwort darauf scheint mir jedoch jene zu sein, die auf der sogenannten ätiologischen Auffassung von Funktionen beruht.[4] Sie geht von der Tatsache aus, daß ein Organismus *aktual*, das heißt zum gegenwärtigen Zeitpunkt, einen Zustand des Typs *S* aufweist, der wiederum ein Verhalten des Typs *B* verursacht. Weiterhin können wir beobachten, daß es vorhergehende Zustände des Typs *S* gegeben hat, die in der Vergangenheit ein Verhalten des Typs *B* ver-

4 Vgl. Wright 1973, Bigelow und Pargetter 1987 sowie Sober 1993, S. 82ff.

ursacht haben. Und schließlich stellen wir fest, daß das Verhalten *B* die Anpassung des Organismus an seine normale Umgebung begünstigt hat. Nach der ätiologischen Theorie besteht dann die Möglichkeit, davon zu sprechen, daß zu einem Zeitpunkt *t* ein Zustand des Typs *S die Funktion hat*, ein Verhalten des Typs *B* hervorzurufen, weil zu Zeitpunkten, die *t* vorausgegangen sind, Zustände des Typs *S* das Verhalten des Typs *B* verursacht haben, welches die Anpassung begünstigt hat. Dieser Funktionsbegriff enthält kein teleologisches Element, sondern nur die Begriffe der Kausalität (ein Zustand des Typs *S* verursacht ein Verhalten des Typs *B*), der zeitlichen Abfolge (es muß Zustände des Typs *S* geben, die dem in Betracht stehenden vorausgegangen sind) und der Anpassung (das Verhalten *B* muß für das Überleben unter bestimmten gegebenen, externen Bedingungen begünstigend wirken). Wir gehen nicht von der Hypothese aus, daß der Zustand des Typs *S* die Funktion hat, das Überleben zu begünstigen, sondern von der Beobachtung, daß die Vorgänger des aktualen Zustandes in der Vergangenheit ein Verhalten verursacht haben, welches *tatsächlich* das Überleben begünstigt *hat*. Mit einem Satz: Unser Funktionsbegriff ist nicht teleologisch, sondern historisch-kausal.

Wir sind jetzt in der Lage, die biologische Repräsentation (BR) der fotografischen (FR) gegenüberzustellen, vor allem indem wir untersuchen, wie (BR) – im Gegensatz zu (FR) – die Möglichkeit der Fehlrepräsentation erklären kann. Betrachten wir dafür ein neues Beispiel. Wenn eine Mücke nahe genug an einem Frosch vorbeifliegt, läßt dieser die Zunge herausschnellen, welche die Mücke blitzschnell erfaßt und sie dem Verdauungssystem zuführt. Es existiert dabei im Frosch ein bestimmter interner Wahrnehmungszustand des Typs *S*, der die Funktion hat, die gerade beschriebene Bewegung der Zunge hervorzurufen. Die eingefangene Mücke wiederum bedeutet Nahrung für den Frosch und begünstigt dessen Überleben. Demnach *repräsentiert* der Zustand des Typs *S* die Anwesenheit von Nahrung, und zwar in Form von Mücken. Nun kann man aber beobachten, daß der Frosch die Zunge auch dann herausschnellen läßt, wenn man kleine, schwarze Kugeln an ihm vorbeischießt. Folglich rufen nicht nur Mücken, sondern auch beliebige kleine, schwarze, bewegliche Objekte in dem Frosch einen Zustand des Typs *S* hervor. Warum sollte man dann noch sagen, daß der Zustand *S* des Frosches Mücken repräsentiert und nicht etwa kleine, schwarze Kugeln? Genau deswegen, weil das, was das Überleben des Frosches tatsächlich begünstigt, nicht kleine, schwarze Kugeln, sondern Mükken sind, die dem Tier als Nahrung dienen. In dem Moment, da er ein schwarzes Kugelgeschoß verschluckt, weil er «glaubt», daß es sich dabei um eine Mücke handelt, «irrt» sich der Frosch. Es liegt eine Fehlrepräsentation vor.

Es ist wichtig hervorzuheben, daß ein Zustand des Typs *S* nicht notwendigerweise von der externen Bedingung *C* verursacht worden sein muß, um diese zu repräsentieren. Auch wenn der Frosch in den meisten Fällen kleine, schwarze Kugeln verschluckt und nur von Zeit zu Zeit Mücken, repräsentiert der interne Zustand des Typs *S* trotzdem nicht kleine, schwarze Kugeln, sondern die Anwesenheit von Nahrung in Form von Mücken (vorausgesetzt, daß die Kugeln nicht auch auf irgendeine Weise zum Überleben des Frosches beitragen).

Wie bei der fotografischen Repräsentation erlaubt uns das Vorhandensein der Abbildungsregel *f*, von verschiedenen Weisen der Repräsentation derselben externen Bedingung zu sprechen. Ein Beispiel soll dies erläutern. Dieselbe externe Bedingung, etwa die Größendimensionen eines mittelgroßen Objekts, kann sowohl vom taktilen als auch vom visuellen Wahrnehmungssystem repräsentiert werden, wobei es möglich ist, daß beide Repräsentationen hinsichtlich der betreffenden Umgebung dieselbe Funktion besitzen. Dennoch repräsentieren die beiden Wahrnehmungssysteme dieselbe externe Bedingung mittels zweier gänzlich verschiedener Abbildungsregeln.

Es dürfte klargeworden sein, welche wichtigen Merkmale die biologische Repräsentation aufweist und worin sie sich von der fotografischen Repräsentation unterscheidet. Nun könnten wir eigentlich damit beginnen, die Klasse der mentalen Repräsentationen zu behandeln. Zuvor ist es jedoch erforderlich, die Frage nach dem Repräsentierten zu stellen, die bisher erst auf eine sehr intuitive und vage Art und Weise beantwortet wurde. Der ontologische Status dessen, was repräsentiert wird, muß geklärt werden.

Der Gegenstand und der Gehalt der Repräsentation

Der Ursprung der Fragestellung ist einfacher Natur. Die Fotografie repräsentiert das, was sie verursacht hat. Man könnte zwar den ontologischen Status der Relata einer kausalen Beziehung diskutieren, doch im

Moment reicht es aus, uns auf die Tatsache zu verständigen, daß das, was die Fotografie verursacht hat, ein Bestandteil der realen Welt ist (sei es nun eine Tatsache, ein Ereignis, eine Eigenschaft oder etwas ganz anderes). Aber für nichtfotografische Repräsentationen kann diese Auffassung nicht gelten, da sie, wie ich ausführlich gezeigt habe, nicht das repräsentieren, was sie verursacht hat. Nehmen wir an, um auf das Beispiel mit dem Frosch zurückzukommen, daß ein interner Zustand des Typs *S* zu einem Zeitpunkt *t* die Anwesenheit von nahrhaften Mükken repräsentiert, obwohl im Moment *t* keine nahrhaften Mücken vorhanden sind: die Fehlrepräsentation ist von einer kleinen, schwarzen Kugel verursacht worden. In diesem Fall repräsentiert der Zustand des Typs *S* den Sachverhalt, zum Zeitpunkt *t* sei Nahrung vorhanden, wobei die repräsentierte Nahrung jedoch nicht Bestandteil der realen Welt ist. Demgemäß könnte man behaupten, Fehlrepräsentationen repräsentierten nichtbestehende Sachverhalte.

Schon für sich genommen hat diese Annahme sehr schwerwiegende Folgen. Durch sie wird die Welt mit neuen Entitäten, den nichtbestehenden Sachverhalten, übervölkert. Aber es kommt noch schlimmer. Wenn ein Zustand des Typs *S* bei einer Fehlrepräsentation einen nichtbestehenden Sachverhalt repräsentiert, warum sollte er dann überhaupt einen bestehenden Sachverhalt repräsentieren, falls eine richtige Repräsentation vorliegt? Da ein bestehender Sachverhalt eine von einem nichtbestehenden Sachverhalt zu unterscheidende Entität ist, bedeutete dies, daß die Zustände des Typs *S* nicht immer dasselbe repräsentierten. Das wäre nichts anderes als das Zugeständnis, nicht auf eindeutige Weise festlegen zu können, was tatsächlich repräsentiert wird.

Darüber hinaus genügte es auch nicht, einfach die Welt mit nichtbestehenden Sachverhalten anzureichern und zu behaupten, das Objekt einer Repräsentation sei immer ein nichtbestehender Sachverhalt. Denn mit diesem Schachzug verstellten wir uns die Möglichkeit, den Unterschied zwischen richtigen und falschen Repräsentationen zu erklären. Wenn alle Repräsentationen nichtbestehende Sachverhalte repräsentierten, was würde falsche Repräsentationen dan noch von richtigen unterscheiden? Sicherlich wäre es nicht möglich zu behaupten, die richtigen Repräsentationen seien diejenigen, die nichtbestehende Sachverhalte repräsentierten, welche wiederum mit bestehenden Sachverhalten *korrespondierten*. Denn auf diese Weise hätten wir die Relation der Korrespondenz eingeführt, die nichts anderes ist als eine Variante der Repräsentation. Es wäre in diesem Fall ehrlicher, gleich einzugestehen, eine Repräsentation sei richtig, wenn sie nichtbestehende Sachverhalte repräsentierte, die bestehende Sachverhalte repräsentierten.

Den Ausgangspunkt der Lösung, die ich vorschlagen möchte, stellt die Unterscheidung zwischen Gegenstand und Gehalt einer Repräsentation dar. Der Gehalt der Repräsentation entspricht dem, was ich vorher die Gegebenheitsweise beziehungsweise die Bedeutung einer Repräsentation genannt habe. Im Fall der fotografischen Repräsentation wird die Gegebenheitsweise durch die Abbildungsregel bestimmt. Daneben kann die fotografische Repräsentation nicht falsch sein. Es ist nicht möglich, daß eine Fotografie einen Gehalt hat, ohne einen Gegenstand zu besitzen. Bei der nichtfotografischen Repräsentation dagegen sieht dies ganz anders aus. Während der Gehalt eine interne, das heißt wesentliche Eigenschaft der nichtfotografischen Repräsentation ist, gilt dies nicht für den Gegenstand. Demnach ist es einer nichtfotografischen Repräsentation unmöglich, ohne Gehalt zu sein oder einen anderen Gehalt zu haben als den, den sie tatsächlich hat. Währenddessen könnte der Gegenstand einer nichtfotografischen Repräsentation auch ein anderer sein oder gänzlich fehlen; wenn einer Repräsentation mit einem ganz bestimmten Gehalt ein Gegenstand fehlt, dann ist sie falsch.

Nun läßt sich diese Unterscheidung auf den Fall der weiter oben definierten biologischen Repräsentation anwenden. Der Gehalt eines internen Zustandes S ist bestimmt durch die Abbildungsregel f und die externe Bedingung C. Ein Zustand des Typs S repräsentiert die Bedingung C *auf eine bestimmte Weise*, wobei es sehr vage bleibt, was mit der externen Bedingung C eigentlich gemeint ist. Greifen wir erneut auf das Beispiel des Frosches zurück. Sein interner Zustand repräsentiert die Tatsache, daß Nahrung vorhanden ist. Genauer: der interne Zustand σ_n des Typs S des Frosches repräsentiert die Tatsache, daß die Eigenschaft *nahrhaft* an einem bestimmten Ort und zu einem bestimmten Zeitpunkt exemplifiziert ist. Der Zeitpunkt ist im Fall des Frosches identisch mit dem Zustand, in welchem der Zustand σ_n auftritt; der räumliche Ort wird in Relation zu dem Ort bestimmt, an dem sich der Frosch befindet (zum Beispiel rechts oben, dem Standort des Frosches gegenüber). Die komplette Beschreibung des repräsentationalen Gehalts des Frosches ist:

(R_F) Der Zustand σ_n des Typs *S* des Frosches, der sich an einem Ort *p* befindet, repräsentiert auf eine bestimmte Weise (mittels einer Abbildungsregel *f*) und zu einem Zeitpunkt *t* die Tatsache, daß die Eigenschaft *nahrhaft* zum Zeitpunkt *t* an einem Ort *p'* relativ zum Ort *p* exemplifiziert ist.

Die Repräsentation ist falsch, wenn in *p'* im Moment *t* die Eigenschaft *nahrhaft* nicht exemplifiziert ist; beispielsweise dann, wenn sich dort anstelle einer Mücke eine kleine, schwarze Kugel befände.

Was ist der Gehalt und was der Gegenstand des repräsentierenden Zustandes σ_n des Frosches? Im Gegensatz zur fotografischen Repräsentation besteht der *Gehalt* der nichtfotografischen Repräsentation nicht nur aus der Abbildungsregel, sondern auch aus der Eigenschaft *nahrhaft*. Eigenschaften haben die Charakteristik, entweder exemplifiziert oder nichtexemplifiziert sein zu können. Das, was eine richtige von einer falschen Repräsentation unterscheidet, ist folglich *keine neue Repräsentationsbeziehung* wie etwa die bereits in Erwägung gezogene Korrespondenzbeziehung, sondern die *Beziehung der Exemplifizierung*. Der *Gegenstand* der Repräsentation des Frosches ist das, was die Eigenschaft *nahrhaft* zum Zeitpunkt *t* am Ort *p'* exemplifiziert. Wenn die Eigenschaft nicht exemplifiziert wird, ist die Repräsentation falsch und gegenstandslos.

Wer sich ein wenig in der Philosophiegeschichte auskennt, wird bemerkt haben, daß die Lösung, die ich eben vorgeschlagen habe, an die Russellsche Unterscheidung zwischen *Erkenntnis durch Beschreibung* und *Erkenntnis durch Bekanntschaft*[5] erinnert. Auch Russell hatte erkannt, daß es einer bestimmten Menge von Repräsentationen möglich ist, falsch zu sein, weil die Eigenschaften, die den Gehalt der betreffenden Repräsentationen (mit)konstituieren, nicht exemplifiziert sind.

Die von mir vorgeschlagene Antwort auf die Frage nach dem ontologischen Status des Repräsentierten lädt dazu ein, eine Beobachtung methodologischer Art zu vollziehen, die den Gegensatz zwischen *Internalismus* und *Externalismus* betrifft. Laut dem internalistischen Standpunkt wird der Gehalt der Repräsentation aufgrund interner Faktoren des repräsentierenden Subjekts eindeutig bestimmt. Auf den Frosch aus

5 Vgl. Russell (1912) 1967, S. 43 ff.

unserem Beispiel angewandt hieße dies, daß der Gehalt der Repräsentation eindeutig bestimmt ist durch neurophysiologische Faktoren. Dieser Auffassung entgegengesetzt ist die von mir vorgebrachte Lösung, die Bezug auf eine externe, nichtneurophysiologische Eigenschaft C nimmt, indem diese als ein Konstituent des Gehalts der Repräsentation aufgefaßt wird. Meine Konzeption verteidigt demnach eine Form des Externalismus hinsichtlich des repräsentationalen Gehalts. Im nächsten Abschnitt sollen einige der Konsequenzen, die sich aus dieser Auffassung ergeben, diskutiert werden.

Fassen wir noch einmal kurz die Ergebnisse dieses Paragraphen zusammen. Der Ausdruck «das, was repräsentiert wird» ist doppeldeutig. Die skizzierte Lösung erklärt die Doppeldeutigkeit, indem sie auf die Unterscheidung zwischen Gehalt und Gegenstand einer Repräsentation zurückgreift. Der Gehalt ist durch eine Eigenschaft und eine Abbildungsregel bestimmt. Der Gegenstand ist dasjenige, was die Eigenschaft zu einem bestimmten Zeitpunkt und an einem bestimmten Ort exemplifiziert.

Repräsentation und Bewußtsein

Um Beispiele biologischer Repräsentationen, in denen ein Organismus eine bestimmte externe Bedingung repräsentiert, zu beschreiben, habe ich das Verb «glauben» in Anführungszeichen verwendet, da es sehr zweifelhaft wäre, von einem Organismus wie der beschriebenen Meeresbakterie zu sagen, er verfiele wirklich in Glaubenszustände. Tatsächlich schreiben wir Glaubenszustände, Wünsche, Ängste usw. nur denjenigen Individuen zu, die unserer Meinung nach mit Bewußtsein ausgestattet sind. Nun sieht es aber so aus, daß wir uns in dem Fall, da mentale Zustände wie Meinungen und Wünsche vorliegen, einer weiteren Art von Repräsentationen gegenübersehen, die sich von der biologischen Repräsentation durch die Tatsache unterscheidet, daß sie bewußt ist. Bezeichnen wir diese Klasse der bewußten Repräsentationen mit dem Ausdruck «mentale Repräsentation». Nun stellt sich folgende wichtige Frage: Was macht die mentalen Repräsentationen bewußt? Anscheinend gibt es zwei mögliche Antworten. Die erste lautet: Der Gehalt mentaler Repräsentationen enthält ein weiteres Element, das dem Gehalt biologischer Repräsentationen fehlt. Die zweite kann so formuliert werden: Die mentalen Repräsentationen werden von etwas begleitet, was sie bewußtmacht, ohne dabei gleichzeitig den Gehalt zu beeinflussen.

Einer Auffassung zufolge, die man oft als eine Version der zweiten Antwort antrifft, ist das, was eine Repräsentation bewußtmacht, die Tatsache, daß die Repräsentation selbst der Gegenstand eines weiteren, sozusagen höherstufigen mentalen Zustandes ist. Meine Wahrnehmung von der Sonne ist bewußt aufgrund der Existenz eines zweiten Zustandes, der die Tatsache repräsentiert, daß ich gerade dabei bin, die Sonne wahrzunehmen. Das zentrale Problem dieser Auffassung ergibt sich, wenn man nach dem Status des Zustandes zweiter Ordnung (nennen wir ihn *B*) fragt, der den in Betracht gezogenen mentalen Zustand (*A*) als repräsentationalen Gegenstand hat. Man kann nicht verlangen, daß *B* seinerseits bewußt sei, ohne dabei einen Regreß in Kauf zu nehmen: *B* wäre nur bewußt, wenn es einen Zustand *C* gäbe, der *B* repräsentierte, und so fort. Aber wenn *B* nicht bewußt ist, bleibt es immer noch fraglich, wie es kommt, daß er *A* bewußtmacht. Es existieren unzählige Zustände unseres Körpers, welche von Gehirnzuständen repräsentiert werden, ohne daß wir davon Bewußtsein haben. Der Umstand, von einem Zustand zweiter Ordnung repräsentiert zu werden, macht demnach für sich allein genommen einen Zustand erster Ordnung noch nicht bewußt. Es muß ein bestimmtes Merkmal *einiger* Zustände zweiter Ordnung geben, so daß diese (und nur diese) die Zustände erster Ordnung bewußtmachen können. Meinen Kenntnissen nach ist es bisher niemandem gelungen, eine überzeugende Position auszuarbeiten, die mit Hilfe eines begleitenden Umstandes erklären kann, warum mentale Repräsentationen bewußt sind.

Wie steht es aber mit den anderen Theorien, nach denen das, was einen mentalen Zustand bewußtmacht, ein Bestandteil seines Gehalts ist? Laut einer üblichen Position in diesem Kontext besitzen mentale Zustände neben ihrem repräsentationalen (jenem durch *BR* definierten) Gehalt auch einen *phänomenalen* beziehungsweise *qualitativen* Gehalt, der zu dem ersteren hinzukommt. Aber der Begriff eines qualitativen Gehalts ist selbst sehr umstritten.

Es scheint am besten zu sein, erneut mit einem Beispiel zu beginnen. Die in der ersten Hälfte des 20. Jahrhunderts von Innsbrucker Psychologen um Ivo Kohler gemachten Erfahrungen haben gezeigt, wie ein Individuum sich an eine orthogonale Inversion der räumlichen Darstellungen, das heißt an eine horizontale und vertikale Spiegelung, die die Welt «auf den Kopf stellt», anpassen kann. Wenn das Subjekt zum erstenmal die Brille aufsetzt, die die Inversion erzeugt, nimmt es im Vergleich zur normalen Wahrnehmung eine deutliche Differenz wahr, obwohl sich währenddessen am Objekt seiner Wahrnehmung nichts geändert hat. Es sieht immer noch denselben Stuhl, und dennoch hat es eine gänzlich verschiedene Sinnesempfindung. Wie ist es jedoch, wenn wir annähmen, daß die eine Hälfte von uns normal, die andere Hälfte dagegen im Vergleich orthogonal invertiert sähe? Es ist weiterhin vorstellbar, daß niemand diesen Unterschied bemerkte: Wir könnten uns alle auf dieselbe Art und Weise verhalten und dieselben Dinge wahrnehmen. Trotzdem gäbe es eine qualitative Differenz in unserer Wahrnehmung. In bezug auf die räumlichen Wahrnehmungen ist der qualitative Gehalt der einen Hälfte von uns gänzlich verschieden von dem der anderen Hälfte. Ein anderes, typisches Beispiel wäre die Inversion des Farbenspektrums. Noch radikaler ist dagegen die Vorstellung, daß einige Lebewesen, ohne dabei etwas wie Schmerz zu empfinden, dieselben neurophysiologischen Zustände haben könnten, die wir haben, wenn wir einen Schmerz verspüren. Das Verhalten dieser Individuen gliche dann dem unseren, zum Beispiel wenn sie sich den Finger verbrennten, auch wenn sie dabei nichts fühlten. Ihr Gehirn repräsentierte, wie das unsrige, eine Verletzung der Hautoberfläche, die bei ihnen, wie bei uns, ein bestimmtes Verhalten, wie eine Bewegung des Fingers, hervorriefe. Aber während wir einen Schmerz fühlen, empfänden sie nichts Vergleichbares, denn alle ihre neurophysiologischen Prozesse spielten sich ohne Bewußtsein ab. Sie wären, um eine oft verwendete Bezeichnung aufzunehmen, so etwas wie Roboter ohne Bewußtsein und auf solche Art konstruiert, daß sie unsere Repräsentationen und unsere Handlungen kopierten.

Es gibt, wie gesagt, einige, die Beispiele dieser Art nicht überzeugend genug finden, um die Existenz eines qualitativen Gehalts, der für die Präsenz von Bewußtsein verantwortlich ist, zu beweisen. Die Gegner einer Theorie des qualitativen Gehalts versuchen im allgemeinen zu zeigen, daß alle sogenannten qualitativen Unterschiede im repräsentationalen Gehalt des in Betracht gezogenen mentalen Zustandes lokalisiert werden können. Es wäre beispielsweise möglich, daß die Abbildungsregel, die den Gehalt der Repräsentation einer epidermischen Erregung im Bewußtsein eines Menschen bestimmt, von jener unterschieden wäre, die den Gehalt der Repräsentation einer ähnlichen Erregung im oben beschriebenen Roboter festlegt. Danach übernähme die für den repräsentationalen Gehalt der menschlichen Repräsentation charakteristische Abbildungsregel die Verantwortung für die Tatsache, daß der Mensch, und nicht der Roboter, mit einem Bewußtsein ausgestattet ist.

An dieser Stelle kann man sich jedoch fragen, was an dem Problem der Lokalisation dessen, was eine Repräsentation bewußt sein läßt, überhaupt so wichtig ist? Wiederholen wir die Alternativen, denen wir uns gegenübersehen: 1. Das, was eine Repräsentation bewußtmacht, ist ein qualitativer, vom repräsentationalen unterschiedener Gehalt; 2. das, was eine Repräsentation bewußtmacht, ist ein spezifisches Merkmal ihres repräsentationalen Gehalts. Was hängt nun von einer eventuellen Entscheidung für die eine und gegen die andere der beiden Möglichkeiten ab?

Um diese Frage zu beantworten, muß der Begriff der kausalen Wirksamkeit eingeführt werden. Das Bewußtsein ist kausal wirksam, wenn die Tatsache, daß ein repräsentationaler Zustand bewußt ist, für einige seiner kausalen Konsequenzen verantwortlich ist. Betrachten wir ein klassisches Beispiel. Stellen wir uns eine Sängerin vor, die die berühmte Arie der Königin der Nacht in der *Zauberflöte* intoniert. Als sie die höchste Note erreicht, lassen die von der Stimme der Sängerin hervorgerufenen Vibrationen der Luft ein Fenster des Konzertsaals zerspringen. Die Bedeutung der gesungenen Worte ist sicherlich nicht für das Zerbrechen der Fensterscheibe verantwortlich. Das Fenster wäre auch dann zerbrochen, wenn die Worte eine andere Bedeutung gehabt hätten. Die Bedeutung der Worte ist kausal unwirksam oder, in philosophischer Terminologie, *epiphänomenal.* Die oben zugunsten des qualitativen Gehalts der Repräsentationen gegebenen Beispiele scheinen ebenfalls zu suggerieren, daß das Bewußtsein faktisch epiphänomenal sei. Wenn zwei Gruppen von Menschen qualitativ verschiedene Repräsentation der räumlichen Relationen haben könnten, ohne daß dadurch irgendein Unterschied im Verhalten erzeugt würde, wäre die qualitative Differenz epiphänomenal. Wenn der Roboter unsere von einer epidermischen Erregung hervorgerufenen repräsentationalen Zustände und unser durch diese bestimmtes Verhalten kopieren könnte, ohne dabei so etwas wie Schmerz zu fühlen, dann wären die Schmerzempfindungen, die wir verspüren, kausal unwirksam, also ebenfalls epiphänomenal. Wir hätten zum Beispiel auch dann den Finger von einer Kerzenflamme weggezogen, wenn wir nicht irgendeinen Schmerz verspürt hätten.

Wenn zwei Repräsentationen jedoch verschiedene repräsentationale Gehalte besitzen, können sie auf keinen Fall hinsichtlich ihrer kausalen Wirksamkeit identisch sein. Der repräsentationale Gehalt wird, wie gesagt, durch die externe Eigenschaft C und die Abbildungsregel *f* festgelegt. Und die externe Eigenschaft C ist kausal wirksam. Nehmen wir an, daß Mücken für den Frosch nicht nahrhaft, sondern schädlich sind. Anstelle der Eigenschaft *nahrhaft* würden sie die Eigenschaft *giftig* exemplifizieren, was selbstverständlich ein anderes Verhalten des Frosches determinierte. Dasselbe wie für die externe Bedingung gilt auch für die Abbildungsregel *f*. Das Bild, das sich auf der Retina des menschlichen Auges befindet, verkleinert die Dimensionen der meisten externen Objekte. Aber es gibt eine weitere Abbildungsregel, mit deren Hilfe wir das verkleinerte Bild annähernd auf die realen Dimensionen des Objekts projizieren können.

Sie vergrößert das Bild auf unserer Retina so, daß wir unser Verhalten den wirklichen Dimensionen der Gegenstände anpassen können. Denken wir uns jetzt die Vergrößerungsvorschrift durch eine andere ersetzt, die das Objekt auf unserer Retina nochmals verkleinerte. Dadurch veränderte sich unser Verhalten radikal, so daß wir in bezug auf unsere normale Umgebung nicht mehr angemessen agieren könnten. Versuchten wir eine Tür zu öffnen, würden wir bestenfalls den kleinen Finger einige Millimeter weit bewegen. Es gibt gute evolutionäre Gründe für die Selektion derjenigen Abbildungsregeln, die unsere Repräsentationen bestimmen. Einen anderen Verlauf hätte die Entwicklung genommen, wenn wir beispielsweise viel kleiner gewesen wären und uns zwischen Wasser- und Sauerstoffmolekülen hätten hindurchbewegen müssen.

An diesen Überlegungen zeigt sich nun, daß die entscheidende Differenz der beiden Alternativen bezüglich der oben gestellten Frage nach der Lokalisation von Bewußtsein mit dem Problem der kausalen Wirksamkeit eng verbunden ist. Wenn einerseits Bewußtsein tatsächlich epiphänomenal ist, kann es nicht von einer Komponente des repräsentationalen Gehalts herrühren. Demnach muß es einen zusätzlichen, qualitativen Gehalt geben, der für die Präsenz von Bewußtsein verantwortlich ist und den repräsentationalen Gehalt in keiner Weise beeinflußt. Wenn man andererseits jedoch glaubt, daß das, was die mentalen Repräsentationen bewußtmacht, eine Eigenschaft des repräsentationalen Gehalts ist, dann kann das Bewußtsein nicht epiphänomenal sein. Es ist zur Zeit nicht abzusehen, wie eine Lösung dieses Dilemmas aussehen könnte. Deswegen werde ich mich zum Schluß darauf beschränken, auf zwei Beobachtungen hinzuweisen, die die eine der beiden erwähnten Positionen attraktiver als die andere erscheinen lassen könnten.

Zuerst ist es wichtig zu bemerken, daß die Annahme, das Bewußtsein sei epiphänomenal, das Problem des Bewußtseins von dem der Repräsentation trennen würde. Diese Auffassung widerspräche nicht nur einer langen philosophischen Tradition, die dem Begriff der Repräsentation innerhalb der Diskussion über das Bewußtsein eine zentrale Rolle zuerkannt hat, sondern sie würde dem Bewußtsein auch einen Status *sui generis* zuerkennen, der es vielleicht noch mysteriöser sein ließe, als es schon für sich allein genommen ist. Möglicherweise ist es vielversprechender, Bewußtsein als ein Merkmal bestimmter besonders entwickelter Formen von Repräsentationen anzunehmen. Dann bliebe aber weiterhin die Frage, warum einige Repräsentationen bewußt sind und andere nicht.

Die zweite Beoachtung nimmt Bezug auf die Gefahr eines Dualismus. Das große Problem aller dualistischen Positionen ist, daß sie die Interaktion zwischen Bewußtsein und Materie mysteriös erscheinen lassen. Um dieser *Sackgasse* zu entgehen, neigt man üblicherweise dazu, irgendeine Form der Identität zwischen Bewußtsein und Materie anzunehmen. Ganz allgemein muß demnach dem Bewußtsein ein materielles Pendant entsprechen. Daraus erwächst jedoch, vereinfachend gesprochen, die Schwierigkeit, sich Eigenschaften vorzustellen, die gleichzeitig materiell und epiphänomenal sind. Denn wenn zwei Entitäten sich in einigen materiellen Eigenschaften unterscheiden, dann existiert auch ein Unterschied bezüglich ihrer kausalen Wirksamkeit. Folglich kann das Bewußtsein kein materielles Pendant besitzen, wenn die Unterscheidung zwischen bewußter und nichtbewußter Repräsentation epiphänomenal ist.

Diese zwei kurzen Überlegungen können vielleicht plausibel machen, warum letzten Endes die Auffassung attraktiver zu sein scheint, die behauptet, das, was einige Repräsentationen bewußt sein läßt, sei eine Eigenschaft des repräsentationalen Gehalts. Damit gebe ich gleichzeitig zu, daß meiner Meinung nach der Mensch, und nicht der Roboter, Bewußtsein besitzt, weshalb wir uns bei dem Versuch zu verstehen, was unsere mentalen Zustände bewußt macht, mehr auf die Materie, aus der der Mensch geschaffen ist, als auf das Programm, das den Roboter kontrolliert, konzentrieren sollten.

Literatur

Bigelow, John, und Pargetter, Robert, 1987: «Functions», *Journal of Philosophy* (84), 181–196.

Blakemore, Richard P., und Frankel, Richard B., 1981: «Magnetic Navigation in Bacteria», *Scientific American* (245), 6 (dt.: «Magnetische Bakterien – lebende Kompaßnadeln», *Spektrum der Wissenschaft*, Februar 1982).

Bruns, Manfred, und Soldati, Gianfranco, 1994: «Object-dependent and Property-dependent Content», in: *Dialectica* (48), 185–208.

Cummins, Robert, 1989: *Meaning and Mental Representation*, Cambridge (MA): MIT Press.

Davidson, Donald, 1980: *Essays on Actions and Events*, Oxford: Oxford University Press (dt.: *Handlung und Ereignis*, Suhrkamp, Frankfurt a. M. 1990).

Dretske, Fred, 1981: *Knowledge and the Flow of Information*, Cambridge (MA): MIT Press.

Dretske, Fred, 1983: «Précis of ‹Knowledge and the Flow of Information›», *Behavioral and Brain Sciences* (6), 55–63.

Dretske, Fred, 1986: «Misrepresentation», in: Radu Bogdan (Hg.), *Belief: Form, Content and Function*, Oxford: Oxford University Press, 17–36.

Dretske, Fred, 1988: *Explaining Behavior: Reasons in a World of Causes*, Cambridge (MA): MIT Press.

Eckardt, Barbara von, 1993: *What Is Cognitive Science?*, Cambridge (MA): MIT Press.

Fodor, Jerry A., 1987: *Psychosemantics*, Cambridge, Mass.: MIT Press.

Fodor, Jerry A., 1990a: *A Theory of Content and Other Essays*, Cambridge, Mass.: MIT Press.

Heil, John, und Mele, Alfred (Hg.), 1991: *Mental Causation*, Oxford: Oxford University Press.

Kim, Jaegwon, 1993: *Supervenience and Mind*, Cambridge: Cambridge University Press.

Lewis, David, 1986: «Causal Explanation», in: *Collected Papers* (Vol. 2), Oxford: Oxford University Press, 214–240.

Lewis, David, 1986: «Causation», in: *Collected Papers* (Vol. 2), Oxford: Oxford University Press, 159–171.

Millikan, Ruth Garrett, 1984: *Language, Thought, and Other Biological Categories*, Cambridge (MA): MIT Press.

Millikan, Ruth Garrett, 1993: *White Queen Psychology and Other Essays for Alice*, Cambridge (MA): MIT Press.

Rosenthal, David M., 1986: «Two Concepts of Consciousness», *Philosophical Studies* (94), 329–359.
Rosenthal, David M., 1993: «Thinking that One Thinks», in: Martin Davies und Glyn W. Humphreys (Hg.) 1993: *Consciousness*, Oxford: Blackwell, 197–223.
Russell, Bertrand, 1912 (1959): *The Problems of Philosophy*, Oxford: Oxford University Press (dt.: *Probleme der Philosophie*, Suhrkamp, Frankfurt a. M. 1967).
Sober, Elliott, 1993: *Philosophy of Biology*, Oxford: Oxford University Press.
Stich, Stephen, und Warfiled, Ted A., 1994: *Mental Representation: A Reader*, Oxford: Blackwell.
Wright, Larry, 1973: «Functions», *Philosophical Review* (82), 139–168.

Peter Mulser

Über Voraussetzungen einer quantitativen Naturbeschreibung

Warum ist etwas und nicht nichts?

Man hat diese Frage als das zentrale, tiefste Problem der Philosophie angesehen (Martin Heidegger). Es gelte, das Innerste der Welt zu erkennen und offenzulegen, wie das Ganze durch seine Teile auf sich selbst wirke und sich in einem ewigen Prozeß verwirkliche. Bevor wir uns allzusehr in solchen vermeintlichen Tiefsinn ergehen, tun wir gut daran, uns zu vergegenwärtigen, daß das menschliche Gehirn, das solches denkt, auch ein Stück der Natur ist, deren «Sein» und «Sosein» es begründen will. Als hätte die Natur von allem Anfang an gewußt, sie müsse den Menschen dereinst solcherart schaffen, daß dieser sie begreifen kann. Hier wird eine prinzipielle Schranke der Erkenntnis offenbar, die zu bescheidenerem Anspruch gemahnt. Aber so ließe sich doch wenigstens fragen, ob es nicht ein Prinzip, ein Gesetz gibt, nach dem alles «Sein» sich manifestiert. In zweieinhalbtausend Jahren haben die Philosophen immer wieder versucht, dieses Prinzip zu finden, und haben die verschiedensten Antworten gegeben, qualitative; denn wie anders könnte man ein solches Prinzip, das Idee und Geist zugleich ist, fassen?

Die Forderung nach dem *einen* Prinzip oder Gesetz ist selbst nicht mehr als Hypothese oder Wunschdenken und durch nichts gestützt als durch den Glauben daran. Zum einen die Erfolglosigkeit der Suche und zum anderen die Komplexität der Erscheinungen legen für mich sehr wohl den Schluß nahe, daß nicht *ein* Prinzip die Welt regiert, sondern, wenn überhaupt, mehrere, viele, oder sogar unendlich viele – und somit keines. Wenn man die Geschichte der Philosophie von Thales bis in unsere Gegenwart verfolgt und sich vor Augen führt, welche Welterklärungen die Philosophen angeboten haben, fällt der letzte Schluß nicht schwer. Leichter als ein Gang der Entwicklung in der Naturphilosophie vergangener Epochen sind zwei Charakteristika auszumachen: Das philosophische Nachdenken hat das Denken überhaupt geschärft und sukzessive zahlreiche vermeintlich tiefe Probleme als grundsätzlich unlösbar und somit als Scheinprobleme entlarvt. Wohl berühmtestes Beispiel ist das nicht erkennbare Kantsche «Ding an sich». Es scheint, als seien Erfolg und Nutzen philosophischen Denkens in der Aufgabe von Positionen und in der freiwilligen Beschränkung am größten gewesen. Der andere Aspekt traditioneller Naturerkenntnis und -philosophie ist ihr Mangel an Folgerichtigkeit; die qualitative Naturbeschreibung tritt auf der Stelle. Sie lebt, in ihren besten Vertretern, von der Bildung neuer interessanter Assoziationen und geistreicher Bezüge und gehört somit mehr in das Reich von Kunst und Dichtung. In diesem vorwissenschaftlichen Feld kommt der Philosophie als Anreger und Wegbereiter, und auch als Regulativ für Geist und Psyche, eine nicht zu unterschätzende Bedeutung zu. Nur darf sie nicht den Anspruch gesicherter Erkenntnis erheben. Diese nämlich setzt als Postulat Nachprüfbarkeit voraus und fordert das Experiment.

Das Experimentieren als systematisches Befragen der Natur kannte das alte Denken nicht. Es ist eine echte Erfindung am Übergang zur Neuzeit, mit einschneidenden Folgen für Denken und Handeln. Die neue Methode der Naturwissenschaften führt zu systematischem Wissensaufbau und zu Lehr- und Übertragbarkeit von Wissen über alle historischen Kulturen hinweg. Wie durchschlagend ihr Erfolg war, geht aus der Tatsache hervor, daß die Naturwissenschaften ganze Themenkomplexe der Philosophie entrissen und letztere in ihr Vorfeld verwiesen, wo sie sich um die Grundlegung der wissenschaftlichen Disziplinen bemüht. Die Naturphilosophie alter Prägung ist heute verschwunden, doch hat sie auf ihren Rückzugsgefechten zuweilen heftigen und vorübergehend sogar erfolgreichen Widerstand geleistet. Als markantes Beispiel sei an Georg Friedrich Hegel erinnert, der in Deutschland das naturwissenschaftliche Denken um gute zwanzig Jahre aufhalten konnte.

Die Erkenntnis Galileis: eine kühne Behauptung

Im folgenden soll in wesentlichen Zügen dargelegt werden, welcher Art die wissenschaftliche, quantitative Naturerkenntnis ist und auf welchen Voraussetzungen sie fußt. Das Neue an der Methode läßt sich treffend durch folgenden Schwank über Galileis Fallversuche kennzeichnen.

Der junge Galilei stieg eines Tages auf den Schiefen Turm in seiner Heimatstadt Pisa, bepackt mit allerlei Gegenständen, die er samt und sonders mit sichtlichem Vergnügen in die Tiefe fallen ließ, einen nach dem anderen: eine Kugel aus Blei, ein altes Fernrohr, seine Brille, einen Kochlöffel, einen Lampion aus Papier, Bettfedern, Blütenpollen und einen Vogel. Dann rannte er nach unten und stellte fest, Kugel, Kochlöffel, Brille und Fernrohr lagen im Gras, und der Lampion ging vor seinen Augen nieder, aber einige Bettfedern tänzelten immer noch in der Luft, die Pollen waren eine Beute des Windes und nicht mehr auszumachen, und dem Vogel gelüstete es nach Höhe und Weite, er entschwand in den Lüften. Galilei faßte seine Versuchsergebnisse zusammen und verkündete: «Alle Körper fallen gleich schnell.» Und der Vogel? Vielleicht wandte einer ein, der Satz gelte nur für die unbelebten Dinge. Was ist dann aber mit dem Flugzeug, das, obwohl kein Lebewesen, auch nicht fällt?

Einstein hat nach gründlichem Nachdenken Galileis Aussage bestätigt, obwohl der Augenschein einen ganz anderen Eindruck vermittelt. Wird der Fallversuch nur mit schweren und kompakten Gegenständen und bei Windstille durchgeführt, kommt man Galileis Postulat immerhin sehr nahe. Schließlich hat sein Schüler Torricelli eine Variante des Fallversuches durchgeführt, die auch heute noch eindrucksvoll ist. Er benutzte seine Erfindung der Luftpumpe, um eine Röhre zu evakuieren, und ließ darin gleichzeitig Bleikugel und Daune fallen. Sie treffen tatsächlich im selben Moment unten auf.

Naturerkenntnis hat Modellcharakter, und damit auch die erfahrbare Realität. Galilei hat nicht eine Aussage über den freien Fall aller Körper gemacht; er hat ein Naturgesetz entdeckt, nämlich wie die Schwerkraft auf alle Körper wirkt. Luftreibung und Auftrieb interessierten ihn nicht; es ging ihm um den reinen Fall im Schwerefeld der Erde. Dieselbe Fallbewegung macht auch der Mond zur Erde hin, wie Isaac Newton erkannte. Daß er nie auf ihr aufschlägt, liegt an seinem schnellen Flug. Ohne Erdanziehung würde er anstatt einer Kreisbahn eine gerade Trajektorie beschreiben – was wiederum eine Entdeckung Galileis war – und hätte sich schon lange fernab in den Weltraum begeben.

Mit dem Namen Galilei sind zwei weitere Errungenschaften verknüpft, das Gesetz des freien Falls und das Pendelgesetz. Im folgenden soll erörtert werden, worin seine Leistung bei der Aufstellung der beiden Formeln für die durchfallene Höhe eines schweren Körpers in Abhängigkeit von der Zeit und für die Schwingungsdauer des Pendels als Funktion der Pendellänge bestand.

Da alle Körper gleich schnell fallen, kann die Höhe nicht von der Masse des fallenden Körpers abhängen, sondern nur von der Erdbeschleunigung, das heißt, von der Geschwindigkeitszunahme pro Zeiteinheit durch die Erdanziehung. Zwei gleiche Kugeln gleichzeitig nebeneinander losgelassen müssen aus Symmetriegründen gleich schnell fallen. Wenn dem aber so ist, kann ich sie mir auch durch einen festen, ganz leichten Stab verbunden denken, ohne daß sich etwas ändert; nur handelt es sich jetzt um einen Körper der *doppelten* Masse, der mit der gleichen Geschwindigkeit fällt. Jeder Körper besteht aber aus sehr vielen gleichen «Kugeln», die wir Atome nennen, oder Gruppen von solchen, die über elektrische Kräfte miteinander verbunden sind. Durch wiederholte Anwendung des Arguments mit den zwei Kugeln gelangen wir schließlich zu Galileis Behauptung. Analog schließen wir, daß die Schwingungsdauer einer Kugel am Faden nur von dessen Länge und wiederum nicht von ihrer Masse abhängen kann, denn auch das Schwingen ist ein – jetzt allerdings periodisches – Fallen zum tiefsten Punkt, der Ruhelage des Pendels, hin.

Längen können wir in Metern, Zentimetern oder noch anderen Einheiten messen, Zeiten in Sekunden, Millisekunden oder Minuten; die Erdbeschleunigung hat die «Dimension» einer Länge geteilt durch das Quadrat einer Zeit. Von einer Formel für die Fallhöhe und die Schwingungsdauer verlangen wir nun, daß die daraus berechnete Höhe und Schwingungszeit unabhängig von den benutzten Einheiten sind. Aus dieser Forderung allein folgt dann zwangsläufig, daß die Größen Erdbeschleunigung und Zeit beziehungsweise Pendellänge und Erdbeschleunigung nur in den oben angegebenen Kombinationen auftreten können. Die Leistung Galileis bestand also in der Einsicht der Massenunabhängigkeit der beiden Vorgänge und, in geringerem Maße, in der Bestimmung der «dimensionslosen» Faktoren, die zusätzlich noch in die beiden Formeln eingehen. Diese reinen Zahlen, die bei Maßsystemänderung invariant bleiben, müssen aus getrennten Überlegungen abgeleitet werden.

Die Forderung nach Skaleninvarianz

Die obigen Erörterungen sind Beispiele für die Dimensionsanalyse, die auf der Forderung beruht, daß jedes richtig formulierte Naturgesetz sich nicht ändern darf, wenn die Maßeinheiten anders gewählt werden; es muß skaleninvariant sein. Diese Forderung ist so elementar, daß sie keiner Begründung bedarf. Genügt ein Naturgesetz dieser Forderung nicht, dann ist es entweder falsch oder unvollständig. So einsichtig und einfach die Forderung auch erscheint, so wohnt ihr eine große Kraft inne, und es ergeben sich aus ihr gewichtige Schlüsse, auch von philosophischer Tragweite.

Eine präzise mathematische Formulierung findet die Skaleninvarianz im sogenannten Buckinghamschen Pi-Theorem. Eine Meßgröße wird im allgemeinen von einer endlichen Anzahl von physikalischen Größen (Variablen) abhängen. Ihre Anzahl betrage n. In anderen Worten, die Meßgröße ist eine Funktion von n Variablen. Im Falle des Pendelgesetzes ist diese Meßgröße die Schwingungsdauer; die Länge und die Erdbeschleunigung sind die Variablen. Die Funktion ist die Quadratwurzel aus dem Verhältnis der beiden Variablen dividiert durch eine reine Zahl, die in diesem Fall gerade π («pi») ist (der Mathematiker möge mir den hier verwendeten altmodischen, aber anschaulichen Funktionsbegriff verzeihen).

Dies ist nicht die kompakteste Formulierung einer Formel. Sie wird es durch den Übergang zu dimensionslosen Variablen, denen man die Bezeichnung Π («Pi») gab. Dividiert man zum Beispiel eine Ortskoordinate durch eine Größe der Dimension Länge, dann entsteht eine solche dimensionslose Π-Variable. Dies können wir dadurch bewerkstelligen, daß wir durch eine wirkliche Länge, zum Beispiel die des Pendels, oder durch eine Kombination von Größen der Dimension einer Länge teilen.

Das Buckingham-Theorem besagt nun folgendes: Jedes Naturgesetz der obigen Art läßt sich in dimensionslose Form bringen, wobei die Meßgröße Π von r dimensionslosen Variablen abhängt und diese Anzahl r auf keinen Fall größer ist als die ursprüngliche Anzahl n.

Der Witz der Sache liegt gerade darin, daß r oft kleiner, sogar viel kleiner ist als n. Griffige Beispiele werden den Leser sehr bald von der Kraft des Buckingham-Theorems überzeugen.

Zuerst aber noch zu den dimensionslosen Variablen. Sie behalten ihren Zahlenwert bei beliebiger Änderung aller Maßeinheiten bei und enthalten lediglich das absolut Essentielle, was man zur Beschreibung von Vorgängen braucht. So ist die Pendelbewegung in der Zeit genau festgelegt, wenn man den Auslenkwinkel zu jedem Zeitpunkt im Bogenmaß (Verhältnis von beschriebenem Kreisbogen zu Radius) kennt. Oder: Die Uhrzeit liegt eindeutig fest, wenn der seit Mitternacht beschriebene Bogen des Stundenzeigers gerade ein Viertel Kreis ausmacht, unabhängig davon, welche kunstvolle Gestalt das Zifferblatt hat; es ist nämlich drei Uhr früh. Wenn die Zahl der dimensionslosen Variablen kleiner ist als die Zahl der ursprünglichen dimensionsbehafteten, liegt eine *Ähnlichkeit* vor. Vorgänge, die nur mehr von einer dimensionslosen Variablen abhängen oder von keiner, nennt man *selbstähnlich*. Ein ausgesprochener Glücksfall liegt vor, wenn r den Wert Null annimmt, es also keine Variable gibt, von der eine Meßgröße abhängen kann. Dann bleibt dieser nichts anderes übrig, als konstant zu sein. Ein Beispiel dafür ist Galileis Pendelgesetz. Eine kluge Person könnte nämlich auf die Idee kommen, nicht die Schwingungsdauer zu messen, sondern statt dessen die Größe «Quadrat der Schwingungsdauer mal Pendellänge geteilt durch Erdbeschleunigung», aus der die Schwingungsdauer mit dem Taschenrechner leicht zu ermitteln ist. Sie würde dann, Galileis Überlegung nachvollziehend, sofort zu dem Schluß kommen, daß diese Größe immer und überall nur konstant sein kann. Damit ist das Pendelgesetz bis auf den Faktor 2π wiederentdeckt!

Vielleicht ist dieser Fall schon zu einfach. Deshalb nun zu zwei interessanten historischen Beispielen.

In den Jahren 1909 bis 1911 standen E. und M. Bose und D. Rauert vor folgendem praktischen Problem: Vier große Behälter mit Volumen V sollen mit Chloroform, Bromoform, Quecksilber und Wasser aufgefüllt werden. Um die Zuleitungen richtig auslegen zu können, muß man wissen, wie groß der Druckabfall in diesen ist. Bei den vier gleichen Anlagen mit identischen Abmessungen wird er für jede Flüssigkeit verschieden ausfallen. Die genannten Wissenschaftler haben deshalb in einem geeigneten Experiment den Druckabfall in Abhängigkeit von der Fülldauer ermittelt (je rascher die Füllung, desto größer die Druckdifferenz) und das Ergebnis in Form von vier Kurven aufgetragen. Als der bekannte Strömungstheoretiker Theodore von Kármán bald darauf die Ergebnisse zu Gesicht bekam, stutzte er und meinte, es müßte ein

Ähnlichkeitsgesetz für diesen Vorgang geben. Er überlegte sich, daß der Druckabfall nur vom Volumen, der Füllzeit, der Dichte und der Zähigkeit abhängen konnte. Aus den genannten fünf Größen lassen sich nur zwei voneinander unabhängige Kombinationen bilden, die dimensionslose Variable ergeben. Somit hängt die den Druckabfall enthaltende dimensionslose Meßgröße Π nur von einer Variablen ab. Trägt man die Ergebnisse in Abhängigkeit dieser Ähnlichkeitsvariablen mit Π als Ordinate auf, so verschmelzen die vier verschiedenen Kurven aus der Abbildung zu einer einzigen für alle vier verschiedenen Flüssigkeiten! Das bedeutet, Bose und Rauert hätten sich die Messungen an drei Flüssigkeiten ersparen können, die Messungen an Wasser zum Beispiel hätten allein schon die volle Antwort ergeben. Mit anderen Worten, die Kármánsche Analyse liefert ein starkes Indiz für die Richtigkeit der Versuchsergebnisse von Bose und Rauert und zugleich den Wert des Druckabfalls für jede andere Flüssigkeit. Von Kármán hat also ein Naturgesetz gefunden.

Wir befassen uns nun mit einem zweiten, nicht minder interessanten Fall, der ersten Atombombenexplosion in Alamogordo in New Mexico. Im Jahre 1950 wurden die Fotos einer Serie von Feuerbällen der Explosion veröffentlicht, die ein akkreditierter Fotograf 1945 aufgenommen hatte. Der Physiker Sir Geoffrey Ingram Taylor überlegte sich, daß der Radius des aus der thermonuklearen Explosion entstehenden Feuerballs außer von der Zeit nur noch von der Energie der Bombe und der Dichte der Luft abhängen könne. Mit diesen Größen läßt sich nur auf eine Art die Dimension einer Länge bilden. Somit war der Radius des Feuerballs in Abhängigkeit von der Zeit leicht gefunden.

Aus dieser Formel hat Taylor den streng geheimgehaltenen Wert für die Energie der Explosion zu 10^{14} Joule ermittelt und nach eigener Aussage prompt beträchtlichen Ärger mit dem Geheimdienst wegen angeblicher Spionage bekommen. Dabei bestand sein Geheimnisverrat lediglich darin, daß er die zeitliche Entwicklung des Feuerballs aus veröffentlichten Fotos entnahm und kurz nachdachte.

Das gefundene Gesetz ist nicht auf die Explosion von Alamogordo beschränkt. Es gilt immer dann, wenn auf kleinstem Raum in sehr kurzer Zeit sehr viel Energie zugeführt wird. In jeder Situation dieser Art kommt es zu einer starken Stoßwelle, deren Radius durch obiges Gesetz gegeben ist. Beispiele hierfür sind Meteoriteneinschlag und Eindringtiefe eines kurzen Laserpulses hoher Intensität in einen Festkörper.

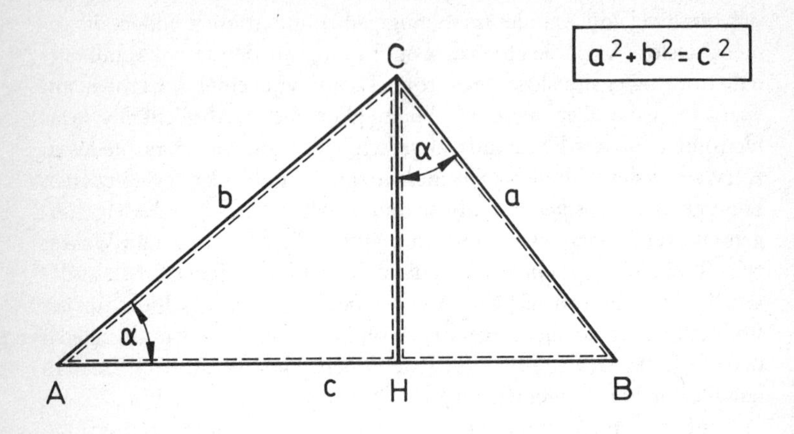

Schließlich sei zur Erheiterung des Lesers noch der Satz des Pythagoras mit Hilfe der Dimensionsanalyse bewiesen. Dieser besagt, daß in einem rechtwinkligen Dreieck (siehe Abbildung) die Summe der Quadrate über den Katheten gleich dem Quadrat über der Hypotenuse ist; in Symbolen: $a^2+b^2=c^2$. Der angeblich von Einstein stammende Beweis geht folgendermaßen. Fällt man von C aus das Lot auf die Hypotenuse, denn ergeben sich die drei rechtwinkligen Dreiecke ABC, ACH und BCH mit den Flächen F_c, F_b und F_a und gleichen Winkeln. Die Größe einer Fläche ist dem Quadrat einer Länge proportional (Länge mal Breite), also ist die Fläche des großen Dreiecks gleich c^2 multipliziert mit einer reinen Zahl F, die nur von der dimensionslosen Variablen des Winkels α abhängen kann, $F_c=Fc^2$. Da das Dreieck ACH den Winkel α mit dem Dreieck ABC gemeinsam hat und der entsprechende Winkel im Dreieck BCH ebenfalls α beträgt, gilt für die beiden Flächeninhalte $F_b=Fb^2$ und $F_a=Fa^2$. Die Fläche des großen Dreiecks ist die Summe der Flächen der kleinen, also $F_a+F_b=F_c$ oder $Fa^2+Fb^2=Fc^2$. Durch Herauskürzen des gemeinsamen Faktors F folgt $a^2+b^2=c^2$, was die Behauptung war.

Hier ist nun der Augenblick gegeben, wichtige Schlüsse zu ziehen.

Wir wissen, daß der Satz von Pythagoras nur in der euklidischen Geometrie gilt, nicht aber in einer allgemeinen Riemannschen. Dies bedeutet, daß in einer allgemeinen Riemannschen Geometrie für einen gekrümmten Raum die Angabe zweier Längen nicht mehr ausreicht, um den Flächeninhalt eines Rechtecks oder Dreiecks zu bestimmen. Wäre dem nicht so, müßte der Satz von Pythagoras in jeder Geometrie gelten, was nicht der Fall ist.

Schauen wir uns noch zwei weitere Schlußfolgerungen an. Wir wissen, daß ein radioaktiver Atomkern rein zufällig zerfällt oder daß ein angeregtes Atom rein zufällig sein Photon emittiert. Es ist nicht gelungen vorauszusagen, wann ein Kern zerfällt oder ein bestimmtes Atom sein Photon ausstrahlt. Aus dieser Kenntnis allein, daß der reine Zufall regiert, folgt für das betreffende System aus dem Satz von Buckingham die Existenz einer Naturkonstanten, die wir mittlere Lebensdauer nennen. Viel bedeutender noch ist jedoch folgender Schluß. Das Auffinden einer Weltformel, aus der alle Erscheinungen im Kosmos zumindest im Prinzip berechenbar sind, wäre für den Physiker die Erfüllung fast aller Träume. Einstein und Heisenberg haben nach solchen Formeln gesucht. Diese Gleichung sollte möglichst wenige Konstanten enthalten, und doch sollte alles aus ihr berechenbar sein. Das Beste wäre, sie enthielte gar keine Konstanten – aber gerade dies verbietet das Buckingham-Theorem, denn ohne dimensionsbehaftete Größen lassen sich keine dimensionslosen Variablen bilden und keine Naturgesetze dimensionslos formulieren, was im Widerspruch zur Aussage des Theorems stünde. Eine Weltformel muß notgedrungen ein paar wesentliche Naturkonstanten enthalten, zum Beispiel die Lichtgeschwindigkeit, die Elementarladung oder das Plancksche Wirkungsquantum. Diese sind dann Annahmen der Theorie und können nicht weiter abgeleitet werden. Andererseits bestimmen ihre Werte ganz wesentlich das Aussehen unserer gesamten Erscheinungswelt.

Was ist also die Moral der Geschichte? Wollen wir an einigen selbstverständlichen Prinzipien, Symmetrien, Invarianzen festhalten, dann gibt es keine *absolute* Welterklärung, immer nur eine *relative*. Die Frage, warum etwas ist und nicht nichts, macht keinen Sinn.

Symmetrien und der Satz von der Erhaltung der Energie

In einer wissenschaftlichen oder wissenschaftsphilosophischen Zeitschrift könnte ich mir folgende Anzeige vorstellen: Gesucht wird das Experiment, das die Nichterhaltung der Energie nachweist.

Natürlich kann damit nur ein Gedankenexperiment gemeint sein, denn in der Natur gilt ja die Erhaltung der Energie. Warum?

Theorie, also quantitative, kausale Erklärung, impliziert Nachprüfbarkeit und somit Reproduzierbarkeit eines Experiments. Der Physiker, allgemeiner der Naturwissenschaftler, abstrahiert aus der Erfahrung, daß diese Invarianz immer gegeben ist. Im kleinen, muß ich vorsichtshalber hinzufügen. Was das heißt, soll am Ende kurz erörtert werden. Nimmt man dann weiter an, daß der betrachtete Vorgang durch eine Lagrangefunktion oder einen Hamiltonoperator beschrieben werden kann – für den theoretischen Physiker beinahe eine Selbstverständlichkeit –, dann folgt zwangsläufig, daß er energieerhaltend ist. Symmetrien sind etwas sehr Natürliches. Wir beachten sie, weil sie uns festen Grund geben und uns sagen, wie man es in der Wissenschaft richtig macht. Darüber hinaus hat jede Symmetrie einen Erhaltungssatz zur Folge. Das Boot auf dem Wasser bewegt sich nach hinten, wenn ich nach vorn schreite, wegen der Impulserhaltung. Und diese folgt aus der Translationsinvarianz, das heißt aus der Tatsache, daß die Bewegung Mensch–Boot nicht davon abhängen darf, an welcher Stelle des Sees es sich befindet. Daß die Eisläuferin sich schneller dreht, wenn sie die ausgestreckten Arme verschränkt, ist eine notwendige Folge davon, daß es keine Möglichkeit gibt, aus ihrer Kür auf die Orientierung der Eishalle, ob nach Norden oder nach Osten ausgerichtet, zu schließen. Man hat viele Symmetrien in der Natur entdeckt, und es wird noch weitere zu entdecken geben. Hoffen wir.

Zurück zu unserem Gedankenexperiment. Wollen wir damit erfolgreich sein, müssen wir uns einen Vorgang ausdenken, der heute so und morgen ganz anders abläuft; der also keine Reproduzierbarkeit erkennen läßt. Geradezu als Bilderbuchexperiment bietet sich dafür der Beta-Zerfall an. Das Neutron kann sich unter Aussendung eines Elektrons in ein Proton, dem anderen Baustein aller Atomkerne, umwandeln. Mißt man nun die Energie des dabei emittierten Elektrons, so findet man einmal diesen, einmal jenen Wert, völlig zufällig, und sonst weiter nichts. Der Erhaltungssatz der Energie schien ernsthaft in Gefahr zu sein. Übrigens war er das auch früher schon oft. Nur weil man die Erklärung leichter fand, waren die Fälle nicht spektakulär. Man weiß, jedes sich drehende Rad kommt zum Stillstand; wegen der unvermeidlichen Reibung, sagen wir. Sogar die Planeten werden dereinst ein solches Schicksal erleiden, wenn nicht zuvor eine Katastrophe eintritt. Der Mond hat seine Eigenrotation schon fast vollständig durch Reibung verloren wegen der Erde, die ihn durch ihre Gezeiten zwang, ihr immer dasselbe Gesicht zuzuwenden. Die Energie blieb aber erhalten, sie hat sich nur in Wärme umgewandelt. Dabei bleibt es aber nicht. Auch die beste Thermosflasche kann die Wärme nicht halten: Warme Körper senden Photonen aus, die die Energie bis an den Rand des Universums tragen können. Werden alle Energieträger zusammengesammelt, dann stimmt die Bilanz wieder und nichts fehlt an Energie. Ist eine Energie verloren, so findet man eine neue; und wenn man keine findet, so postuliert man trotzdem eine. Nach diesem Rezept ist Wolfgang Pauli 1931 vorgegangen. In einem berühmten Brief an die Physikerversammlung auf einer großen Tagung hat er den Vorschlag gemacht, daß das Neutron nicht nur in ein Proton und Elektron zerfällt, sondern auch noch ein Antineutrino aussendet, das den Rest der Energie mit sich fortträgt. Das war damals eine kühne pure Hypothese. Er fügte denn auch hinzu, man würde dieses Teilchen nie und nimmer entdekken können. Mit dieser Vorhersage irrte er sich – 1956 haben C. L. Cowan und Frederick Reines in Los Alamos das Neutrino nachgewiesen, obwohl es imstande ist, viele Male die Erde zu durchqueren, ohne mit auch nur einem Atom zusammenzustoßen. Inzwischen hat sich der Umgang mit Neutrinos zu einem veritablen Wissenschaftszweig ausgeweitet, und wir wissen, daß ganze Schauer von Neutrinos fortwährend unseren Körper durchqueren, ohne uns auch nur im geringsten Schaden zuzufügen.

Es steht schlecht um unser Gedankenexperiment. Es darf nicht nur nicht reproduzierbar sein; obendrein müßte noch der Beweis erbracht werden, daß es auf keine Weise möglich ist, das betrachtete System, bei dem Energie versickert, durch weitere Teilchen zu ergänzen, ohne in ernste Widersprüche zu geraten. Ein Ding der Unmöglichkeit! Ist der Satz von der Erhaltung der Energie also ein Postulat von uns an die Natur und kein Naturgesetz, sozusagen lediglich ein Schema für unsere Buchführung? Zum Teil sicherlich. Das ist jedoch nicht der ganze Gehalt. Bei genauerem Hinsehen sind all unsere Gesetze über die Natur von ähnlicher Art. Sie sind Definition oder Postulat, aber auch sehr effektive Ordnungsschemata, die uns in der Erkenntnis weiterbringen. Daß es eine Erhaltung der Energie gibt – exakt allerdings nur in unserem Bewußtsein – im Sinne einer sinnvollen Aussage, ist eine Folge der Existenz isolierter Systeme. Deren Existenz erachte ich als eine notwendige Voraussetzung für jede Erkenntnis, auch wenn in der philosophischen Literatur kaum je darauf hingewiesen wird. Damit sind aber auch der Gültigkeit von Erhaltungssätzen Grenzen gesetzt. Im großen, das heißt für den Kosmos, kann ich weder Reproduzierbarkeit noch Abgeschlossenheit, Abtrennbarkeit ausmachen. Die Erhaltungssätze für kleine, das heißt überschaubare Systeme mögen im großen gelten oder auch nicht.

Reflexionen über Existenz und Wirklichkeit

Der Mensch hat seine subjektive Wirklichkeitserfahrung. Die Philosophie hat sich sehr bemüht zu beweisen, daß sie mehr ist als nur eine Ausgeburt unserer Träume. Wofür es eine klare Evidenz gibt, ist die Existenz von Wirkungen, Einwirkungen auf uns, die außerhalb unser selbst liegen. Die Existenz des Überraschungseffekts ist mir der beste Beleg dafür. Einstein hat die Krümmung der Lichtstrahlen in der Nähe von großen Massen vorhergesagt und eine Formel dafür angegeben. Sir Arthur Eddington hat 1917 zum Zwecke des Nachweises eine Expedition nach Afrika geleitet, wo die dazu erforderliche Sonnenfinsternis total war. Die Expedition hätte eine Krümmung feststellen können oder auch nicht. Sie hat sie festgestellt in der von Einstein berechneten Stärke! Die Existenz einer Wirklichkeit außerhalb von uns im Sinne von Wirkungen ist die einfachste aller möglichen Annahmen. Sie hat die meiste Evidenz für sich. Daher gibt es eine objektive Wirklichkeit.

Wir konstruieren Bilder und nennen sie Wirklichkeit. Es gibt viele Bilder von einem Gegenstand. Von Italien gibt es eine geographische, physische, historische, ethnologische, touristische, gastronomische etc. Landkarte, aber es existiert nur ein Land Italien. Bilder sind Modelle und wesentlich durch ihren Erfolg geprägt und den Zweck, dem sie dienen. Wahr und richtig ist, was sich als erfolgreich erweist. Deshalb ist die Naturwissenschaft seit Galilei wahr. Es ist schwerlich vorstellbar, daß Hegels Naturphilosophie zur Technik geführt hätte.

Worauf gründet sich dieser Erfolg der Naturwissenschaften? Auf die Existenz isolierter und isolierbarer oder zumindest verdünnbarer Systeme. Diese Eigenschaft erlaubt die Ordnung nach «reinen» Fällen. Sie führt zu Reproduzier- und Steuerbarkeit. Bis heute haben die Wissenschaftler durch Abtrennen, durch «Zerhacken» immer wieder Erfolg gehabt. Wer weiß, wo und wie dieser Vorgang zum Stillstand kommen wird?

Nach Platon ist Wirklichkeit vorgegeben, ewig und nicht vermehrbar, denn sie besteht in den Ideen, von denen alle Wahrnehmung nur Abbild ist. Danach gäbe es keine Neuschöpfung, denn alle Erkenntnis wäre lediglich ein «Sich-Wiedererinnern». Die gesamte Mathematik mit all ihren Theoremen wäre schon immer dagewesen, der Mathematiker holt sie lediglich aus der Vergessenheit. Ich kann nicht beweisen, daß Platon unrecht hat, aber ein solcher Standpunkt ist für uns bedeutungslos, er löst nicht unsere Probleme. Angemessener ist die Auffassung, daß Wirklichkeit geschaffen wird, daß sie wächst. Wir erschaffen Gegenstände und damit Wirklichkeit. Sobald wir genügend Eigenschaften über ein «Ding» (= Wollen, Zweck) kennen und hinreichend Erfahrung damit angesammelt haben, nimmt es Existenz an, selbst dann, wenn es gar nicht existieren kann. Ein Beispiel: Die Deltafunktion δ soll die Eigenschaft haben, daß ihre Faltung mit jeder stetigen Funktion den Wert dieser Funktion an jeder gewünschten Stelle wiedergibt. Paul A. M. Dirac hat diese Funktion eingeführt, weil sie so praktisch ist, aber jeder Mathematikstudent ist in der Lage zu zeigen, daß es eine Funktion mit dieser Eigenschaft gar nicht geben kann. Erst der französische Mathematiker Laurent Schwartz hat eine widerspruchsfreie Theorie über Distributionen entwickelt, die genau das tun, was die Deltafunktion leisten soll. Man hat also gelernt, mit dem Deltasymbol δ widerspruchsfrei umzugehen, und seitdem existiert die Deltafunktion. Man könnte auch sagen, sie existiert, weil wir es wollen. Ein weiteres Beispiel: Das Ganze ist größer als ein Teil davon. Dies ist doch ein unumstößlicher Satz und bedarf keines Beweises. Irrtum, er ist falsch. Georg Cantor hat uns beigebracht, daß zwei Mengen gleich viele Elemente enthalten, also gleichmächtig sind, wenn wir sie einander eineindeutig (bedeutet: umkehrbar eindeutig, bijektiv) zuordnen können. Nun kann ich jeder natürlichen Zahl eine gerade Zahl eineindeutig zuordnen, und somit sind beide Mengen gleichmächtig, gleich groß, obwohl in der Menge der geraden Zahlen die Hälfte, nämlich die ungeraden, fehlen. Aristoteles hätte diesen Gleichheitsbegriff kaum akzeptiert, wo ihn doch Cantors Kollege Leopold Kronecker, selber kein unbedeutender Mathematiker, bekämpfte, sehr zum Leidwesen Cantors. Wir akzeptieren Cantors Gleichheitsbegriff, weil er erfolgreicher ist als der alte. Solange es sich um Endlichkeiten handelt, sind beide identisch, bei Unendlichkeiten kann der traditionelle Begriff keine Aussage machen, der Cantorsche hingegen sehr wohl.

Unser Weltbild, unsere Wissenschaft, unsere Philosophie wären höchstwahrscheinlich ganz anders in einer dichten Welt ohne isolierbare Systeme. Wäre unsere Welt so heiß, daß alle festen Körper zerflössen (wir aber trotzdem existierten und denken könnten), schwerlich hätten wir eine euklidische Geometrie oder eine allgemeine Riemannsche, wir hätten keine Veranlassung, keine Gelegenheit, eine solche zu entwickeln. Erkenntnis ist immer auch Zweck, auf etwas gerichtet.

Mit dem Schaffen neuer «Wirklichkeit» sind auch Gefahren verbunden. Eine ist sicher die, daß manche Aussagen wenig vom Puls des Wirklichen vermitteln, schal oder gar Schein sind. Was ich meine, möchte ich mit einem Spruch Karl Valentins andeuten. Nach ihm hat die Wissenschaft herausgefunden, daß «der Regen eine primöse Zersetzung luftähnlicher Mibrollen und Vibromen ist, deren Ursache bis heute noch nicht stixiert wurde». Das Damoklesschwert der Mibrollen und Vibromen schwebt als große Versuchung über allem Wissenschaftstreiben: Wir müssen einen steten Kampf führen gegen leere Tautologien. Aber auch – und erst recht – die Philosophen.

Claus Kiefer

Über den Ursprung der physikalischen Zeitrichtung im Universum

Daß sich in der Natur der Übergang von einem wahrscheinlichen zu einem unwahrscheinlichen Zustande nicht ebenso oft vollzieht als der umgekehrte, dürfte durch die Annahme eines sehr unwahrscheinlichen Anfangszustandes des ganzen uns umgebenden Universums genügend erklärt sein ...

Ludwig Boltzmann (1844–1906)

Die Pfeile der Zeit

Warum können sich die Scherben einer Teetasse, die auf den Boden gefallen ist, nicht wieder von selbst zusammenfügen und mit dem Tee auf den Tisch zurückkehren? Diese Frage mag auf den ersten Blick merkwürdig erscheinen, doch berührt sie eines der fundamentalsten Probleme der Physik überhaupt. Die grundlegenden Gleichungen der Physik zeichnen nämlich (von einer kleinen Ausnahme abgesehen) keine Zeitrichtung aus. Zu jedem in der Natur möglichen Vorgang müßte es demgemäß auch den zeitumgekehrten geben, ähnlich einem rückwärts ablaufenden Film, bei dem alle Bewegungsvorgänge gegenläufig stattfinden. Da eine Teetasse auf den Boden fallen und in Dutzende von Scherben zerbrechen kann, sollte auch der rückwärts ablaufende Vorgang möglich sein. So etwas wurde aber noch nie beobachtet – den beobachteten Phänomenen ist eine grundlegende *Irreversibilität* (Unumkehrbarkeit) aufgeprägt. Wie läßt sich dies mit den zeitumkehrsymmetrischen Grundgleichungen der Physik in Einklang bringen?

Eine Möglichkeit wäre es sicher, anzunehmen, daß die wirklichen Grundgleichungen irreversibel sind, bisher aber noch nicht aufgefunden wurden. In der Tat suchen einige Autoren (unter anderem die Brüsseler Gruppe um Ilya Prigogine) nach solchen neuen Gleichungen. Hier aber soll die konservativere These aufgestellt – und begründet – werden, daß die bekannten reversiblen Gleichungen genügen, um die «Gerichtetheit in der Zeit» zu verstehen, wenn nur das Auftreten *einer speziellen Randbedingung* befriedigend verstanden werden kann. Dem scheint zunächst entgegenzustehen, daß in der Natur sehr viele irreversible Phänomene beobachtet werden, die auf den ersten Blick nichts miteinander zu tun haben. Man spricht auch von den verschiedenen *Pfeilen der Zeit*, eine Bezeichnung, die auf den britischen Astrophysiker Arthur Eddington zurückgeht. Auffallend ist aber, daß alle ähnlichen Zeitpfeile in die gleiche Richtung zeigen. Ursache ist die extreme dynamische Kopplung, die Teilsysteme des Universums miteinander verbindet. So hat schon Emile Borel Anfang des zwanzigsten Jahrhunderts abgeschätzt, daß etwa die Bewegung von einem Gramm Materie auf dem Sirius innerhalb von Sekundenbruchteilen, nachdem deren gravitative Wirkung auf der Erde eingetroffen ist, hier den Mikrozustand eines Gases völlig ändert. Es ist deswegen zu erwarten, daß es keine Bereiche des Universums gibt, in denen die Zeit in die umgekehrte Richtung fließt.

Was sind die verschiedenen Zeitpfeile? Da ist zunächst einmal der Zeitpfeil der *Wellenausbreitung*, insbesondere der elektromagnetischen Strahlung. Wenn ein Stein ins Wasser geworfen wird, laufen Wellen von dem Auftreffpunkt konzentrisch *aus*. Der aufgrund der Gleichungen ebenfalls mögliche Vorgang, bei dem Wellen konzentrisch *ein*laufen und einen Stein aus dem Wasser heben, wird jedoch nie beobachtet. Ähnliches gilt auch für elektromagnetische Wellen, die ihrer Quelle immer nachfolgen, aber nie zeitlich vorausgehen.

Eine weitere Auszeichnung der Zeitrichtung wird durch den *Zweiten Hauptsatz der Thermodynamik* ausgedrückt. Dieser wird üblicherweise nicht zu den Grundgleichungen gezählt, sondern beschreibt eine Erfahrungstatsache. Der Satz besagt, daß es eine physikalische Größe gibt, die Entropie, welche ein Maß für die Ordnung oder Wahrscheinlichkeit eines Zustandes darstellt und für abgeschlossene Systeme zeitlich nie abnimmt (Näheres im nächsten Abschnitt). Gasmoleküle etwa, die sich ausschließlich in einer Hälfte eines Behälters aufhalten, entsprechen einem unwahrscheinlichen Zustand, also einem Zustand kleiner Entropie, während Gasmoleküle, die sich auf den ganzen Behälter verteilen, einen wahrscheinlicheren Zustand, also einen solchen großer Entropie, darstellen. Man beobachtet niemals, daß sich die Gasmoleküle von selbst in einer Hälfte versammeln, wohl aber den umgekehrten Vorgang – die absichtlich in eine Hälfte gedrängten Moleküle werden sich in kurzer Zeit über den ganzen Behälter ausbreiten. Der Zweite Hauptsatz der Thermodynamik ist direkt für unser subjektives Empfinden der Zeitrichtung verantwortlich, da er physiologischen Vorgängen, insbesondere der Wirkungsweise unseres Gedächtnisses, zugrunde liegt. Deshalb erinnern wir uns an die Vergangenheit, nicht aber an die Zukunft – diese erscheint «offen».

Außer diesen Zeitpfeilen gibt es noch solche, die nur in Bereichen jenseits der unmittelbaren Alltagserfahrung eine Rolle spielen – dem mikroskopischen und dem kosmologischen Bereich. Der *quantenmechanische Zeitpfeil* spricht die Irreversibilität an, die bei der Messung an einem quantenmechanischen System mit dem sogenannten «Kollaps der Wellenfunktion» verknüpft ist. Dabei entstehen auf irreversible Weise klassische Eigenschaften aus der nichtlokalen Quantenwelt. Auch hierzu weitere Erörterungen im nächsten Abschnitt.

Schließlich gibt es noch die Zeitpfeile der *Gravitation*. Da sind zum einen die *Schwarzen Löcher* – exotische Objekte, die durch den Gravitationskollaps massereicher Sterne entstehen können und sich durch die Existenz einer Singularität auszeichnen, einem Bereich in der Raumzeit mit unendlicher Krümmung. Allerdings ist diese Singularität von einem «Horizont» umgeben, durch den nichts, nicht einmal Licht, nach außen dringen kann, wohl aber von außen nach innen. Die zeitgespiegelten Objekte, die sogenannten *Weißen Löcher*, zeichnen sich umgekehrt dadurch aus, daß durch deren Horizont nichts eindringen, wohl aber etwas nach außen gelangen kann. Weiße Löcher wurden nie beobachtet, und gute Gründe sprechen für die Annahme, daß es keine gibt. Ganz eindeutig wird hierdurch eine Zeitrichtung ausgezeichnet.

Während Schwarze Löcher durch Gravitationskollaps entstehen, ist es beim Universum seine *globale* Expansion, welche im Rahmen der Gravitation eine Zeitrichtung auszeichnet. Dieser globalen Expansion sind *lokale* Kontraktionen überlagert, die zu dem Anwachsen von Inhomogenitäten führen (Entstehung von Strukturen wie Galaxien). Allerdings handelt es sich bei der Expansion des Universums nicht um eine Klasse von Phänomenen, da eben nur ein Universum existiert. Es wurde deshalb die Vermutung geäußert, daß dieser Zeitpfeil den sogenannten *Ur-Zeitpfeil* darstelle, der allen anderen Zeitpfeilen seine Struktur aufprägt. In der Tat werden auch die im nächsten Abschnitt folgenden Argumente auf diese Schlußfolgerung abzielen. Wie bereits von Ludwig Boltzmann ausgesprochen, ist die für das Verständnis der

Irreversibilität benötigte spezielle Randbedingung eine Anfangsbedingung für das Weltganze. Allerdings wird sich auch herausstellen, daß für ein wirkliches Verständnis die Quantentheorie wesentlich in die Beschreibung einbezogen, die Anfangsbedingung also im Rahmen einer Theorie der *Quantenkosmologie* formuliert werden muß.

Die Suche nach dem Ur-Zeitpfeil

Gibt es einen gemeinsamen Ursprung für die beobachteten Zeitpfeile? Um dies schlüssig beantworten zu können, sollen die verschiedenen Zeitpfeile im Hinblick auf mögliche Gemeinsamkeiten genauer untersucht werden.

Der Strahlungszeitpfeil drückt aus, daß nur sogenannte retardierte elektromagnetische Felder beobachtet werden, also Felder, denen eine Ursache – die Quelle der Felder – zeitlich vorausgeht. Die grundlegenden Gleichungen des Elektromagnetismus, die Maxwellschen, erlauben aber auch die nicht beobachtete zeitumgekehrte («avancierte») Lösung für die Felder. Diese Tatsache war zunächst übersehen worden. So versuchte Max Planck im neunzehnten Jahrhundert verzweifelt (und vergebens), den Zweiten Hauptsatz der Thermodynamik aus diesen Gleichungen abzuleiten. Später, nachdem die Zeitumkehrinvarianz der Maxwell-Gleichungen erkannt worden war, gab es eine interessante Diskussion zwischen Albert Einstein und Walter Ritz über den Ursprung der mit den elektromagnetischen Feldern verknüpften Irreversibilität. Ritz war der Meinung, daß die retardierte Natur der Felder exakt gelte und ein neues fundamentales Naturgesetz darstelle. Einstein hingegen war der Ansicht, daß diese nicht exakt gelte, sondern auf der Gültigkeit des Zweiten Hauptsatzes beruhe. Im Jahre 1909 veröffentlichten die beiden eine kurze gemeinsame Arbeit, in der sie ihren jeweiligen Standpunkt darlegten. Einsteins Erklärung ist die heute allgemein akzeptierte – der Strahlungszeitpfeil beruht auf dem thermodynamischen Zeitpfeil. Um dies verstehen zu können, müssen wir uns zunächst über einen wichtigen Umstand im klaren sein: Die Anwesenheit eines rein retardierten Feldes ist äquivalent dazu, daß es keine einlaufenden Felder gibt (das sind Felder, die von vornherein unabhängig von allen Quellen vorhanden sind). Dies folgt aus dem mathematischen Randwertproblem für die Maxwellschen Gleichungen.

Eine zentrale Rolle bei der Rückführung auf den thermodynamischen Zeitpfeil spielt die angenommene Existenz von sogenannten *Absorbern.* Darunter versteht man Objekte, die einfallende Strahlung absorbieren, indem sie sofort mit ihnen ins thermische Gleichgewicht kommen, idealerweise bei einer vernachlässigbar kleinen Temperatur. «Thermisches Gleichgewicht» bedeutet, daß es keine Temperaturunterschiede mehr gibt. Diese Annäherung an das Gleichgewicht beruht auf dem Zweiten Hauptsatz der Thermodynamik, von dem noch die Rede sein wird. Da diese Absorber keine Strahlung mehr abgeben, gibt es für das weitere keine einlaufenden Felder mehr, und das Auftreten des Strahlungszeitpfeils wird verständlich. Sicherlich ist diese Situation sehr gut im Labor erfüllt, wo die Wände alle einfallenden Felder verschlucken. Interessant ist, daß eine solche Anfangsbedingung auch auf einem kosmologischen Maßstab sehr gut erfüllt ist. Den Hinweis darauf bietet die Dunkelheit des Nachthimmels. Was ist daran so erstaunlich?

Nach der Entwicklung des Fernrohrs im siebzehnten Jahrhundert hatte man festgestellt, daß die Anzahl der Sterne jene der mit bloßem Auge sichtbaren bei weitem überstieg, ja daß mit jeder weiteren Vergrößerung neue Sterne auftauchten. Das Universum schien unendlich groß zu sein. Dieser Gedanke lenkte den großen Astronomen Johannes Kepler auf ein Problem. Wenn das Universum wirklich unendlich groß und gleichmäßig mit Sternen ausgefüllt ist, müßte der Nachthimmel unendlich hell erscheinen, da sich das Licht dieser unendlich vielen Sterne aufsummiert. Nach dem Arzt Wilhelm Olbers, der sich zu Beginn des neunzehnten Jahrhunderts damit befaßte, ist dieses Problem allgemein als *Olberssches Paradoxon* bekannt: Warum ist es nachts dunkel? Heute wissen wir, daß das Universum vor etwa zehn bis zwanzig Milliarden Jahren aus einer heißen dichten Anfangsphase, dem «Urknall», heraus entstand und sich seither ausdehnt. Die Sterne fingen also alle erst vor einer endlichen Zeit an zu leuchten. Zudem wird die heiße Anfangsstrahlung durch die Expansion des Universums «abgekühlt», das heißt die Strahlung unterliegt einer Rotverschiebung. Heute besitzt sie nur noch eine Temperatur von etwa drei Kelvin – es handelt sich dabei um die berühmte kosmische Hintergrundstrahlung. Es ist nun gerade das endliche Alter des Universums, zusammen mit seiner Expansion, die für die Dunkelheit des Nachthimmels verantwortlich sind. «Wir sehen nachts die Expansion der Welt mit freiem Auge» (Rudolf

Kippenhahn). Wir sehen nachts auch einen Hinweis auf den kosmologischen Ursprung der Irreversibilität – bis auf das schwache Glimmen der Hintergrundstrahlung sind keine elektromagnetischen Felder vorhanden. Die «Abkühlung» durch die kosmische Rotverschiebung ermöglichte auch die Ausbildung eines Nichtgleichgewichts – die Entstehung von heißen Sternen in einem kalten Weltraum. Damit ist auch bereits die Brücke zur Thermodynamik geschlagen, wo solche Temperaturunterschiede eine zentrale Rolle spielen.

Ein wichtiger Schritt für das Verständnis von thermodynamischen Systemen war die Formulierung des Ersten Hauptsatzes der Thermodynamik durch Julius Robert Mayer und James Prescott Joule. Dieser Hauptsatz drückt die Erhaltung der Energie auch unter Einbezug von *Wärme* aus: Wärme ist nichts anderes als eine spezielle Energieform. Insbesondere kann mechanische Arbeit vollständig in Wärmeenergie gleicher Größe umgewandelt werden. Auch der umgekehrte Vorgang – die vollständige Umwandlung von Wärmeenergie in mechanische Arbeit – wird durch den Ersten Hauptsatz nicht ausgeschlossen. In der Tat wäre dies von großem gesellschaftlichen Nutzen, da man die in den Weltmeeren und der Atmosphäre vorhandene Wärmeenergie direkt in mechanische oder elektrische Energie umwandeln könnte. Die Erfahrungstatsache, daß dies leider nicht möglich ist, drückt der Zweite Hauptsatz der Thermodynamik aus. Wie es einer seiner Begründer, Sir William Thomson, formulierte: «Es ist unmöglich, eine periodisch arbeitende Maschine zu konstruieren, die weiter nichts bewirkt, als Arbeit zu leisten und ein Wärmereservoir abzukühlen.» Um dies zu quantifizieren, führte Rudolf Clausius 1865 den Begriff der *Entropie* (von griechisch *trépein* = drehen, wandeln) in die Physik ein. Der Zweite Hauptsatz besagt dann, daß die Entropie eines abgeschlossenen Systems niemals abnehmen kann. Die vollständige Verwandlung von Wärme in Arbeit ist «verboten», da die Entropie bei diesem Prozeß abnehmen würde.

Der Zweite Hauptsatz gibt auch die obere Grenze für den Wirkungsgrad einer Wärmekraftmaschine an. Um Arbeit zu gewinnen, muß man Wärme von einem Reservoir höherer Temperatur (der «Quelle») zu einem Reservoir niedrigerer Temperatur (der «Senke») transportieren. Will man mehr Arbeit gewinnen, muß man mehr Wärme an die Senke abgeben; haben Quelle und Senke gar die gleiche Temperatur, kann ohne zusätzliche Prozesse keine Arbeit gewonnen werden. Wenn man umgekehrt Wärme von der Senke zur Quelle transportieren will, muß man Arbeit leisten, also Energie hineinstecken (das ist das Prinzip des Kühlschranks).

Da das Universum als Ganzes ein abgeschlossenes System darstellt, muß seine Gesamtentropie zunehmen. In letzter Konsequenz heißt dies aber, daß das Universum einem Zustand des thermischen Gleichgewichts zustrebt. Dieser angestrebte *Wärmetod* hat die Physiker im neunzehnten Jahrhundert zutiefst beunruhigt.

Der Zweite Hauptsatz war zunächst rein phänomenologisch auf makroskopischem Niveau postuliert worden, um Erfahrungstatsachen präzise ausdrücken zu können. Kann man ihn auch *erklären*? Ludwig Boltzmann versuchte dies auf der Grundlage einer *mikroskopischen* (molekularen) Beschreibung der Materie. Die Entropie betrachtete er als ein Maß für die Anzahl der verschiedenen Möglichkeiten, mit der eine gewisse Energie auf die verfügbaren Moleküle verteilt werden kann. Gibt es zu einem gegebenen Makrozustand sehr viele Mikrozustände, so spricht man von einem wahrscheinlichen («ungeordneten») Zustand. Dem entspricht eine hohe Entropie. Gibt es hingegen nur sehr wenige Mikrozustände, so spricht man von einem unwahrscheinlichen («geordneten») Zustand, der eine niedrige Entropie besitzt. Demzufolge drückt der Zweite Hauptsatz die Tatsache aus, daß ein unwahrscheinlicher Zustand (also mit kleiner Entropie) im Laufe der Zeit in einen wahrscheinlicheren (also mit größerer Entropie) übergeht. Dieses Argument greift freilich nur, wenn die Existenz eines unwahrscheinlichen Anfangszustandes vorausgesetzt wird.

Wegen der Zeitumkehrinvarianz der Grundgleichungen, welche die Moleküle beschreiben, müßte natürlich der umgekehrte Vorgang – der Übergang eines wahrscheinlichen in einen unwahrscheinlichen Zustand – genauso auftreten. Dieser *Umkehreinwand* war von Josef Loschmidt vorgebracht worden. Noch viel häufiger sollten natürlich Vorgänge sein, bei denen ein wahrscheinlicher Zustand in einen ebenfalls wahrscheinlichen übergeht. Das Universum müßte demnach bereits im Zustand des Wärmetodes, also im thermischen Gleichgewicht, sein.

Woher kommt aber der unwahrscheinliche Anfangszustand? Wie schon erwähnt, hat die Expansion des Universums die Ausbildung von Temperaturunterschieden (heiße Sterne – kalter Weltraum) ermöglicht, also einen Zustand weitab vom thermischen Gleichgewicht. Der unwahrscheinliche Anfangszustand ist also im Rahmen der *Kosmologie* zu suchen – anstatt des «Wärmetodes» ist die «Kaltgeburt» zu begründen.

Ein weiterer Einwand, der gegen Boltzmanns Interpretation des Zweiten Hauptsatzes vorgebracht wurde, der sogenannte *Wiederkehreinwand*, beruht auf einem Theorem von Henri Poincaré, wonach ein mechanisches System nach einer endlichen Zeit seinem Anfangszustand wieder beliebig nahekommt. Demzufolge müßte sich auch die Entropie irgendwann wieder ihrem kleinen Anfangswert nähern. Allerdings sind die entsprechenden «Poincaré-Zeiten» selbst für Systeme mit relativ wenigen Teilchen größer als das Alter des heutigen Universums. «... es wird ausreichen, ein wenig Geduld zu haben» (so Poincarés Worte), doch wird diese Geduld sehr strapaziert. Der Wiederkehreinwand greift deshalb aus rein praktischen Gründen nicht.

Für mikroskopische Systeme muß eine quantenmechanische Beschreibung angewandt werden. Bringt die Quantenmechanik einen eigenen Zeitpfeil ins Spiel? Johann (John) von Neumann hat 1932 zwei Dynamiken unterschieden, die in der Quantenmechanik eine Rolle spielen. Zum einen gibt es die Schrödinger-Gleichung für die einem isolierten quantenmechanischen System zugeordnete *Wellenfunktion*. Diese Gleichung ist invariant unter Zeitumkehr. Findet jedoch ein Eingriff von außen statt (eine sogenannte «Messung»), wird angenommen, daß die Wellenfunktion auf irreversible Weise in eine ihrer Komponenten «kollabiere». Dadurch wird eine Zeitrichtung de facto ausgezeichnet. Allerdings wird dieses «Meßpostulat» nur phänomenologisch benutzt; eine adäquate Gleichung für diesen Vorgang konnte nicht formuliert werden.

Eines der fundamentalsten Prinzipien der Quantenmechanik ist das *Superpositionsprinzip*. Es besagt, daß die Summe von zwei erlaubten physikalischen Zuständen (Wellenfunktionen) wieder ein erlaubter Zustand (Wellenfunktion) ist. Eine unmittelbare Folge des Superpositionsprinzips ist die Vorhersage von nichtklassischen Zuständen – in seiner populärsten Version der Überlagerung von einer toten mit einer lebendigen Katze. Um solche «absurden» Zustände wie bei der Schrödinger-Katze zu vermeiden, die noch niemand beobachtet hat, wurde das nicht weiter begründete Meßpostulat von dem «Kollaps der Wellenfunktion» eingeführt.

Heute hat man allerdings erkannt, daß die Annahme, man könne makroskopische Objekte wie die Schrödinger-Katze im Rahmen der Quantenmechanik als isoliert betrachten, eine Illusion ist. Vielmehr besteht eine starke Korrelation mit Zuständen der natürlichen Umgebung dieser Objekte (beispielsweise Luftmolekülen oder Licht). Wenn man diese Umgebung konsistent in die quantenmechanische Beschreibung einbezieht, erkennt man, daß klassische Eigenschaften durch irreversible Wechselwirkung mit der Umgebung *entstehen*. Der Schlüsselbegriff heißt *Dekohärenz*: Quantenmechanische Interferenzterme etwa zwischen einer toten und einer lebendigen Katze sind an der Katze selbst nicht wahrnehmbar – die Katze ist tot *oder* lebendig. Allerdings sind die nichtklassischen Superpositionen am Gesamtsystem (Katze plus Luftmoleküle plus Strahlung plus ...) gemäß der Schrödinger-Gleichung noch immer vorhanden: nur *lokal* sind sie nicht mehr feststellbar (und alle Beobachter sind von lokaler Natur).

Auch für den Dekohärenzmechanismus ist die Existenz eines speziellen Anfangszustandes erforderlich, bei dem keine für die Zukunft relevanten Korrelationen zwischen dem betrachteten System und der Umgebung bestehen. So entwickelt sich auf irreversible Weise ein makroskopisch verschränkter Gesamtzustand, der für die klassische Erscheinungsweise des lokalen Systems verantwortlich zeichnet. Die dem System allein zugeordnete Entropie ist anfänglich gleich Null, nimmt dann aber mit der Entstehung der Korrelationen zur Umgebung zu, da ein Teil der Information in eben diesen unzugänglichen Korrelationen steckt. Zunahme von Entropie heißt hier nichts anderes als Umwandlung von *relevanter* in *irrelevante* Information – ein interessanter Aspekt des Zweiten Hauptsatzes. Es bleibt aber auch hier die Frage: Woher kommt der spezielle Anfangszustand kleiner Entropie?

Der kosmologische Ursprung der Zeitrichtung

Offensichtlich ist das heutige Universum sehr weit von einem thermischen Gleichgewichtszustand maximaler Entropie entfernt. Andernfalls könnten solch «unwahrscheinliche» Strukturen wie etwa die irdischen Lebewesen nicht existieren. Woher kommt aber die niedrige Entropie im Universum? Wie bereits oben festgestellt, spielt die «kolossale Temperaturdifferenz» (so Boltzmann) zwischen Sonne und Erde die entscheidende Rolle. Sie ermöglicht es, daß relativ wenige hochenergetische «Lichtteilchen» (Photonen) von der Sonne auf der Erde eintreffen, jedoch sehr viele niederenergetische Photonen die Erde wieder verlassen. Da die Gesamtenergie konstant ist (und auf der Erde nur ein Bruchteil der Energie verbleibt), wird die Energie bei der Abstrahlung von der Erde also auf sehr viele Photonen verteilt. Dem entspricht aber ein Zustand viel höherer Entropie, da der gleiche Makrozustand durch eine weitaus größere Zahl von Mikrozuständen realisiert werden kann.

Es sind im wesentlichen die Pflanzen, die durch den chemischen Prozeß der Photosynthese diese «Umwandlung» der Photonen dazu benutzen, die eigene Entropie niedrig zu halten. Niedrige Entropie bedeutet hier, einen so unwahrscheinlichen Zustand, wie ihn das Leben darstellt, zu ermöglichen. Natürlich wird der Zweite Hauptsatz dabei nicht verletzt, da die Entropie des Gesamtsystems (Pflanzen plus Licht plus ...) zunimmt.

Von der niedrigen Entropie der Pflanzen profitieren wiederum Tier und Mensch durch die Nahrungsaufnahme, die es ihnen ermöglicht, ihre eigene Entropie (den eigenen geordneten Zustand) aufrechtzuerhalten. Wir essen also nicht in erster Linie, um Energie aufzunehmen (die in anderer Form, beispielsweise als Wärme, wieder abgegeben wird), sondern um unsere Entropie niedrig zu halten. Diesen Aspekt hat insbesondere der österreichische Physiker Erwin Schrödinger in seinem Werk *Was ist Leben?* betont. Energie nützt somit nur, wenn sie in geordneter und konzentrierter Form mit niedriger Entropie bereitgestellt wird, wie es bei Nahrung oder fossilen Brennstoffen (die zur «Energiegewinnung» dienen) der Fall ist.

Die entscheidende Frage nach dem Ursprung der Irreversibilität ist also die Frage nach dem Ursprung der Temperaturdifferenz zwischen Erde und Sonne beziehungsweise allgemein zwischen heißen Sternen und kaltem Weltraum. Es ist offensichtlich, daß die Entstehung dieser Strukturen im Universum nur im Rahmen der Kosmologie verstanden werden kann.

Natürlich wäre es wünschenswert, den Entropiegehalt des Universums quantitativ zu erfassen, das heißt anzugeben, wie *speziell* das Universum ist. Läßt man die Gravitation zunächst unberücksichtigt, so findet man, daß der Hauptbeitrag zur Entropie von der bereits erwähnten kosmischen Hintergrundstrahlung herrührt. Die Entropie etwa des Sternenlichts ist im Vergleich dazu vernachlässigbar klein. In der natürlichen Entropieeinheit (der «Boltzmann-Konstanten») ergibt sich ein Wert von etwa 10^{88} für die Hintergrundstrahlung.

Da die Gravitation die dominierende Wechselwirkung im makroskopischen Bereich ist, sollte deren Beitrag zur Entropiebilanz unbedingt berücksichtigt werden. Schließlich ist diese Wechselwirkung dafür verantwortlich, daß sich durch Kondensation Galaxien und Sterne überhaupt bilden können. Leider ist bisher kein allgemeiner Ausdruck für die Entropie des Gravitationsfeldes bekannt. Eine Ausnahme bildet die Physik Schwarzer Löcher. Diese Gebilde weisen eine erstaunliche Analogie zu thermodynamischen Systemen auf. Insbesondere kann man Schwarzen Löchern eine gewisse Entropie zuordnen, was auf dem Zusammenspiel von Gravitation und Quantentheorie beruht. Diese Entropie ist direkt proportional der Horizontoberfläche des Schwarzen Loches. Anschaulich kann die Entropie mit den möglichen Zuständen des verborgenen «Lochinneren» verknüpft werden, die mit dem im Außenbereich wahrgenommenen «Makrozustand» des Loches verträglich sind. In diesem Sinne stellt der innere Teil des Loches «irrelevante» Information dar. Dieser Makrozustand ist für ungeladene kugelsymmetrische Löcher durch die *Masse* des Loches vollständig bestimmt.

Nimmt man an, daß die gesamte Masse des Universums in Schwarzen Löchern von jeweils einer Sonnenmasse steckt, so ergibt sich ein Wert für die Entropie von etwa 10^{100} Einheiten, der weit über den 10^{88} Entropieeinheiten der Hintergrundstrahlung liegt. Der *maximal mögliche* Entropiewert ergibt sich jedoch, wenn man sich die gesamte Masse des Universums in *einem* Schwarzen Loch konzentriert denkt: Er beträgt etwa 10^{123} Einheiten. Der wahre «Wärmetod» wäre also erreicht, wenn das Universum aus einem gigantischen Schwarzen Loch bestünde!

Diese Betrachtungen lehren, daß sich gravitative Systeme bezüglich der Entropie umgekehrt wie nichtgravitative verhalten. Ein Gas in einem Behälter etwa hat die Tendenz, sich über den gesamten verfügbaren Raum auszubreiten und so seinen Zustand maximaler Entropie zu erreichen. Spielt die Gravitation hingegen die dominierende Rolle, so hat das System die Tendenz, sich zusammenzuklumpen – im Extremfall zu einem Schwarzen Loch. Wenn man also für das Universum als Ganzes einen annähernd homogenen Anfangszustand annimmt, sorgt der Trend zur höheren Entropie dafür, daß sich Strukturen wie Galaxien und Sterne bilden können. (Die quantitativen Details dieser Strukturbildung sind allerdings noch nicht voll verstanden.)

Die entscheidende Frage für den Ursprung der Zeitrichtung lautet somit: Woher kommt der unwahrscheinliche homogene Anfangszustand des Universums? Wie unwahrscheinlich das Universum tatsächlich ist, kann aus dem Vergleich der heute vorliegenden 10^{88} Entropieeinheiten mit den maximal möglichen 10^{123} Entropieeinheiten abgeschätzt werden. Nach einer von Albert Einstein aufgestellten grundlegenden Beziehung[1] ergibt sich eine Wahrscheinlichkeit von der Größenordnung $10^{-10^{123}}$, das heißt, von 0.00...1, wobei die 1 an der 10^{123}-sten Stelle hinter dem Komma steht! Selbst die schnellste Maschine, die diese Nullen ausdrucken könnte, würde in einer Zeitspanne von zehn Milliarden Jahren, was dem Alter des heutigen Universums entspricht, nur einen winzigen Bruchteil davon schaffen. So wenig wahrscheinlich ist also das Universum, wenn es im Raum aller Möglichkeiten betrachtet wird. Trotzdem ist es extrem viel wahrscheinlicher, daß es – zusammen mit allen Strukturen einschließlich menschlicher Beobachter und deren Gedächtnisinhalten – im Augenblick spontan aus einem chaotischen Zustand entstanden ist, anstatt zuerst all die vielen anderen unwahrscheinlichen Zustände zu durchlaufen, die wir als die Geschichte des Universums interpretieren.

Besteht überhaupt die Möglichkeit, eine derart winzige Zahl wie die obige (Un-)Wahrscheinlichkeit aus einer fundamentalen Theorie abzuleiten? Ein Vorschlag in diese Richtung ist die von Roger Penrose aufgestellte Weyl-Tensor-Hypothese. Worum handelt es sich dabei? In der allgemeinen Relativitätstheorie wird die Gravitation als Krümmung von Raum und Zeit interpretiert. Die entscheidenden physikalischen Größen sind dabei die Komponenten des «Riemannschen Krümmungstensors». Ein wesentlicher Teil dieser Komponenten wird durch die grundlegenden dynamischen Gleichungen der allgemeinen Relativitätstheorie festgelegt – die berühmten Einsteinschen Feldgleichungen. Über die restlichen Komponenten (und diese bilden gerade die Komponenten des «Weyl-Tensors») kann durch Randbedingungen

1 Die Wahrscheinlichkeit für einen Zustand mit der Entropie S ist durch $e^S/e^{S_{max}}$ gegeben, wobei S_{max} die maximal mögliche Entropie bedeutet (jeweils in Einheiten der Boltzmann-Konstanten).

frei verfügt werden. Wichtig ist nun, daß der Weyl-Tensor für homogene und isotrope Raumzeiten verschwindet, während er für die Singularitäten, wie sie bei Schwarzen Löchern auftreten, unendlich groß wird. Penrose postulierte, daß der Weyl-Tensor für solche Singularitäten verschwindet, die in der Vergangenheit liegen, während er für Singularitäten, die in der Zukunft liegen, unendlich groß werden kann.

Physikalisch bedeutet dies, daß der in der Vergangenheit liegende *Urknall* als sehr homogen angenommen wird (dadurch werden insbesondere Weiße Löcher ausgeschlossen), während der in der Zukunft liegende *Endknall* (der natürlich nur auftritt, wenn das Universum rekollabiert) sehr inhomogen sein kann. In dem Beispiel mit der elektromagnetischen Strahlung, das im letzten Abschnitt diskutiert wurde, sind die einlaufenden Felder das Analogon zu dem Weyl-Tensor der Vergangenheitssingularität. Der Forderung nach einem verschwindenden Weyl-Tensor für den Urknall entspricht also exakt die Forderung nach dem Verschwinden der einlaufenden Felder. Deshalb spielt Penrose hier die Rolle, die Ritz in der erwähnten Einstein-Ritz-Debatte zukam.

Freilich kann Penroses Hypothese für sich genommen die Asymmetrie der Zeit noch nicht erklären, da sie diesen Unterschied von Vergangenheit und Zukunft nur postuliert. Die damit verknüpfte Hoffnung ist, daß eine noch aufzufindende fundamentale Theorie die Weyl-Tensor-Hypothese begründen und somit die Asymmetrie der Zeit erklären kann. Eine solche Theorie muß sicher in der Lage sein, die Frühphase unseres Universums zu beschreiben. Da die klassische allgemeine Relativitätstheorie dies nicht vermag, wird allgemein angenommen, daß hierfür eine *Quantentheorie der Gravitation* zuständig ist. Obwohl eine solche Theorie noch aussteht, hat man ungefähre Vorstellungen darüber, wie eine Quantengravitation beschaffen sein muß. Explizite Modelle erlauben auch eine detaillierte quantitative Untersuchung.

Der naheliegendste Zugang zu einer Quantengravitation besteht darin, «Quantisierungsregeln», die sich bereits in anderen Teilbereichen der Physik bewährt haben, auf die allgemeine Relativitätstheorie anzuwenden. Analog zur gewöhnlichen Quantenmechanik versucht man, die (verallgemeinerten) Orte und Impulse zu identifizieren, denen dann entsprechende «Unschärferelationen» auferlegt werden: Ort und Impuls können nicht beide gleichzeitig genau angegeben werden. Aus diesem Grund besitzt ja der Begriff einer Teilchen*bahn* (die durch Angabe von Ort *und* Impuls zu einem Zeitpunkt festgelegt wird) in der Quantenmechanik keine Bedeutung mehr. Es gibt nur noch Wellenfunktionen, aus denen sich Wahrscheinlichkeiten für Ort *oder* Impuls ermitteln lassen.

In der allgemeinen Relativitätstheorie entspricht dem Ort die Geometrie eines *drei*dimensionalen Raums, während der Impuls die «Einbettung» in die vierte Dimension, also «in die Zeit», beschreibt. Aufgrund der auferlegten Unschärferelationen hat der Begriff der Raumzeit keine fundamentale Bedeutung mehr, genausowenig wie der Begriff der Teilchenbahn in der Quantenmechanik. Eine zentrale Rolle in der Quantengravitation spielen dann Wellenfunktionen, deren einzige gravitative Abhängigkeit die Geometrie eines dreidimensionalen Raums ist. In einfachen kosmologischen Modellen wird diese durch den Radius des Universums festgelegt. Allgemein bezeichnet man die Anwendung einer Theorie der Quantengravitation auf das Weltganze als *Quantenkosmologie*.

Da es auf dem Niveau der Quantengravitation nur noch den Raum, keine Raumzeit mehr, gibt, ist es nicht verwunderlich, daß die grundlegende Gleichung für die Wellenfunktionen keinen Zeitparameter enthält – sie ist «zeitlos». Wie kann aber das Problem der Zeitrichtung diskutiert werden, wenn in der fundamentalen Theorie der Zeitparameter fehlt? Dazu sind zwei Aspekte zu betonen. Zum einen hat die grundlegende Gleichung die Struktur einer Wellengleichung, wie sie etwa von der schwingenden Saite her bekannt ist. Dadurch wird eine «intrinsische Zeitvariable» durch die mathematische Struktur der Gleichung ausgezeichnet. Intrinsisch deshalb, weil sie im Gegensatz zu einem äußeren Zeitparameter aus den dynamischen Variablen bestimmt wird. In den oben erwähnten kosmologischen Modellen kommt gerade dem Radius des Universums die Rolle einer intrinsischen Zeit zu. Diese Struktur ist wichtig für die exakte Dynamik, da die Angabe von Randbedingungen etwa bei kleinen Radien die Wellenfunktion *überall* festlegt.

Eine Anfangsbedingung kleiner Entropie ist dann eine Bedingung bei kleinen Radien des Universums. Wie ist aber der Anschluß an die beobachteten Zeitpfeile vorzunehmen? Hierfür ist der zweite Aspekt von Bedeutung: In einer geeigneten, sogenannten halbklassischen, Näherung kann aus der fundamentalen zeitlosen Gleichung *approximativ* ein «äußerer» Zeitparameter abgeleitet werden, der die Dynamik nichtgravitativer Quantenfelder kontrolliert. In der Tat folgt insbesondere die quantenmechanische Schrödinger-Gleichung als approximative Gleichung aus der Quantengravitation. Zentral für das Wiederauftauchen einer klassischen Raumzeit ist auch der bereits im zweiten Abschnitt erwähnte Begriff der Dekohärenz – die irreversible Entstehung klassischer Eigenschaften von Teilsystemen durch deren quantenmechanische Verschränkung mit dem Gesamtsystem. In gewisser Weise beschreibt die exakte Wellenfunktion der Quantengravitation eine Superposition über alle Zeiten, aus der im halbklassischen Grenzfall durch «spontane Symmetriebrechung» ein klassischer Zeitparameter entsteht. Eine interessante Analogie findet sich beispielsweise bei Zuckermolekülen, bei denen eine gewisse Händigkeit vorliegt (sie sind entweder linkshändig oder rechtshändig), obwohl die exakte Theorie spiegelsymmetrisch ist.

Kann nun Penroses Weyl-Tensor-Hypothese im Rahmen der Quantenkosmologie erklärt werden? Die Antwort ist ein vorsichtiges *Ja, falls* die Wellenfunktion einer einfachen Randbedingung bei kleinen Radien des Universums genügt. Vorsichtig deshalb, weil ein quantitatives Verständnis der Details noch aussteht. Diese einfache Randbedingung drückt im wesentlichen die fehlende Verschränkung der Wellenfunktion mit weiteren Freiheitsgraden aus. Wichtig ist nun, daß die grundlegende Gleichung bezüglich der inneren Zeitvariablen, also dem Radius des Universums, *asymmetrisch* ist. Deshalb ergibt sich mit größer werdendem Radius dann automatisch ein verschränkter Zustand. Dieser führt zur Dekohärenz und der damit verknüpften Zunahme der Entropie. Zweiter Hauptsatz der Thermodynamik, quantenmechanische Irreversibilität und Expansion des Universums haben somit alle den gleichen Ursprung – die Existenz einer simplen «Anfangsbedingung» für die quantenkosmologische Wellenfunktion. Es wurde vermutet, daß eine solche Bedingung aufgrund der Struktur der Theorie sogar zwingend ist, was die Frage nach dem Ursprung der Irreversibilität abschließend beantworten würde. Eine Entscheidung darüber läßt sich freilich erst nach einem vollen Verständnis einer Theorie der Quantengravitation fällen.

Was passiert mit dem Zeitpfeil, wenn das Universum rekollabiert?

Nach den Ausführungen des vorigen Abschnitts sind die in der Natur beobachteten Zeitpfeile mit der Expansion des Universums korreliert, weshalb es auch gerechtfertigt ist, von *einem* Zeitpfeil zu reden. Was passiert aber, wenn das Universum seine Ausdehnung irgendwann umkehrt und wieder kollabiert? Kehrt sich dann die Zeitrichtung ebenfalls um, fügen sich die Scherben der Teetassen wieder zusammen und springen auf den Tisch? Natürlich wissen wir noch nicht, ob das Universum tatsächlich einmal rekollabiert (das hängt von der im Universum vorhandenen Masse ab, die noch nicht genau genug bekannt ist), doch läßt sich die Diskussion des Zeitpfeils unabhängig davon als prinzipieller Diskurs durchführen.

Die Debatte um das Verhalten des Zeitpfeils begann schon in den sechziger Jahren. Thomas Gold hat 1962 die Frage nach der Umkehr der Zeitrichtung bejaht, wobei er freilich rein klassische Argumente verwandte. Stephen Hawking kam 1985 zu dem gleichen Ergebnis, allerdings aufgrund einer speziellen Randbedingung an die quantenkosmologische Wellenfunktion, die er gemeinsam mit James Hartle aufgestellt hatte und die unter der Bezeichnung «Keine-Grenzen-Bedingung» bekannt ist. Erstaunlicherweise widerrief Hawking diese Behauptung drei Jahre später und bezeichnete sie als seinen «größten Fehler». Woher kommt dieser Sinneswandel?

Hawking interpretiert die Wellenfunktion, die sich aus seiner Randbedingung ergibt, nur in einem halbklassischen Limes. Dort wird durch die Vorgabe der Wellenfunktion eine bestimmte Klasse von möglichen klassischen Universen ausgewählt. Hawking war zunächst irrtümlich der Meinung, daß hierdurch nur eine solche Klasse ausgewählt wird, die Urknall und Endknall in symmetrischer Weise behandeln. Nach einem Einwand des amerikanischen Physikers Don Page erkannte Hawking, daß in der Tat Urknall und Endknall in diesen halbklassischen Lösungen im allgemeinen verschieden eingehen. Diese Asymmetrie interpretierte er dann dahin gehend, daß der Zeitpfeil vom Urknall bis zum Endknall seine Richtung beibehält.

Im Rahmen einer halbklassischen oder gar klassischen Theorie ist diese Betrachtungsweise sicher konsistent. Der springende Punkt ist aber, daß die quantenkosmologische Wellenfunktion selbst prinzipiell *keinen* Unterschied zwischen Urknall und Endknall machen kann: Die Wellenfunktion hängt (in den diskutierten Modellen) nur von dem Radius des Universums nebst Materiefreiheitsgraden ab. Urknall und Endknall entsprechen aber beide dem Gebiet eines kleinen Radius und können nur unterschieden werden, wenn eine klassische Raumzeit vorliegt. Diese steht aber in der Quantengravitation nicht zur Verfügung. *Falls* somit eine Randbedingung kleiner Entropie bei kleinem Radius gilt (und nur so kann die beobachtete Irreversibilität erklärt werden), *muß* sie für «Urknall» und «Endknall» gleichermaßen gelten. Der Zeitpfeil muß sich also umkehren, wenn das Universum rekollabiert.

Allerdings ist diese Umkehr nur formal zu verstehen, da sie von keinem Beobachter wahrgenommen werden kann. Der Grund dafür ist die Tatsache, daß natürlich auch alle Beobachter (ob Menschen oder Computer) dem Zeitpfeil unterliegen und somit keinen Unterschied zwischen Expansion und Kontraktion feststellen können. Alle Beobachter nehmen nur ein expandierendes Universum wahr, da die Expansion über die durch die Entropie festgelegte Zeitrichtung definiert ist. Die detaillierte Diskussion ergibt, daß der Übergang von der expandierenden in die (formal) kontrahierende Phase durch ein Gebiet verläuft, in dem Quanteneffekte dominieren, und daher für normale informationsverarbeitende Systeme nicht möglich ist. Diese Quanteneffekte am Umkehrpunkt verhindern auch, daß Information (beispielsweise elektromagnetische Strahlung) aus der Zukunft zu uns gelangen kann. Auf diese Weise wird ein neues «Olberssches Paradoxon» verhindert, da eine solche Strahlung nicht beobachtet wird. Da nur *eine* Randbedingung existiert (nämlich für die Wellenfunktion bei kleinen Radien), entsteht im Quantenkosmos auch kein Problem mit den Poincaréschen Wiederkehrzeiten, da es in keinem Sinne eine Rückkehr zu diesen Anfangswerten gibt.

Auch wenn diese Betrachtungen zum Teil noch spekulativ sind, so beruhen sie doch entweder auf etablierten physikalischen Theorien oder der Extrapolation bewährter Konzepte über ihren bisherigen Anwendungsbereich hinaus. In diesem Sinne bietet das obige Szenario ein mit dem gegenwärtigen Wissen verträgliches Bild. Albert Einstein schien diese Lösung des Zeitproblems geahnt zu haben, als er schrieb: «Für uns gläubige Physiker hat die Scheidung zwischen Vergangenheit, Gegenwart und Zukunft nur die Bedeutung einer wenn auch hartnäkkigen Illusion.»

Weiterführende Literatur

Atkins, P. W., 1986: *Wärme und Bewegung*, Heidelberg: Spektrum.

Davies, P. C. W., 1977: *The Physics of Time Asymmetry*, Berkeley: University of California Press.

Giulini, D., Joos, E., Kiefer, C., Kupsch, J., Stamatescu, I.-O., und Zeh, H. D., 1996: *Decoherence and the Appearance of a Classical World in Quantum Theory*, Berlin u. a. O.: Springer.

Halliwell, J. J., Perez-Mercader, J., und Zurek, W. H. (Hg.), 1994: *Physical Origin of Time Asymmetry*, Cambridge: Cambridge University Press.

Hawking, S. W., 1988: *Eine kurze Geschichte der Zeit*, Reinbek: Rowohlt.

Kiefer, C., 1990: «Der Zeitbegriff in der Quantengravitation», *Philosophia naturalis* 27, S. 43–65.

Kiefer, C., 1993: «Kosmologische Grundlagen der Irreversibilität», *Physikalische Blätter* 49, S. 1027–1029.

Kiefer, C., 1997: «Quantenaspekte Schwarzer Löcher», erscheint in *Physik in unserer Zeit.*

Kiefer, C., und Zeh, H. D., 1995: «Arrow of time in a recollapsing quantum universe», *Physical Review* D 51, 4145–4153.

Kippenhahn, R., 1987: *Licht vom Rande der Welt*, München: Piper.

Penrose, R., 1992: *Computerdenken*, Heidelberg: Spektrum.

Price, H., 1996: *Time's Arrow and Archimedes' Point*, Oxford: Oxford University Press

Zeh, H. D., 1992: *The Physical Basis of the Direction of Time*, Berlin u. a. O.: Springer.

Giuseppe O. Longo

Technologie und Erkenntnis
Eine problematische Interaktion

Aus dem Italienischen von Anita Ehlers

I. Allgemeine Überlegungen

1. Einleitung

Wie der Mythos erzählt, entwendet Prometheus den Göttern das Feuer und bringt es auf die Erde, wodurch er das dem Untergang geweihte Menschengeschlecht rettet und die Menschen, wenn auch nicht auf die Höhen des Olymp, so doch über die Tiere erhebt. Seitdem hat die Technik (oder Technologie, wie man heute gewöhnlich sagt), deren erstes und wichtigstes Element und Symbol das Feuer ist, unablässig Fortschritte gemacht und viel zur Steigerung unseres Wohlbefindens beigetragen. Auch wenn der Begriff des Fortschritts in der Antike unbekannt war und heute, nach wenigen Jahrzehnten begeisterter Fortschrittsgläubigkeit, in Frage gestellt wird, läßt sich doch eine aufsteigende Linie vom rauhen Leben der Höhlenbewohner bis zu unserer hochentwickelten und höchst reichhaltigen Kultur ziehen.

Aber der Prometheus-Mythos endet nicht mit dem großzügigen Akt des Schenkens, denn die Götter rächen sich für den so folgenreichen Diebstahl. Prometheus wird im Kaukasus an einen Felsen geschmiedet und zu einer entsetzlichen Strafe verdammt. Der Adler, der ihm tagtäglich die Leber aus dem Leib reißt, könnte ein Symbol für die Gier sein, mit der der unersättliche Moloch Technologie heute die materiellen und menschlichen Ressourcen unseres Planeten verzehrt. Ausmaß und Geschwindigkeit der technischen Entwicklung sind inzwischen tatsächlich besorgniserregend: Nicht nur wissen wir jetzt, wie gefährlich manche Nebenprodukte (und auch einige Hauptprodukte) der modernen Technik sind; die Technologie ist auch zum Motor einer Verwandlung geworden, die Außen- und Innenwelt des Menschen einbezieht und selbst sein Wesen erfaßt. Die Technologie berührt unser Wertesystem, sie verändert unsere Werte von Grund auf und versucht sogar, sie auszurotten, indem sie sich selbst zum Wert, zum einzigen Wert, macht.

In relativ kurzer Zeit ist die Gabe des Prometheus selbst zu einem Gott geworden, zu einem eifersüchtigen Gott, der keine Konkurrenten oder Rivalen duldet und der seinen eigenen Kult gern in einen exklusiven *Monotheismus* verwandeln würde; seine unbeugsamen Priester sind Leistung, Effizienz, Konsum und Geschwindigkeit, und sein einziges Sakrament ist das Geld.[1]

Auf diesen Seiten möchte ich einige Gedanken zur Technologie entfalten, die heute, ob zum Guten oder Schlechten, den Treffpunkt oder die Schnittstelle zwischen der Komplexität der Welt und der Komplexität des Menschen darstellt. Dieser Beitrag hat zwei Teile: Der erste ist allgemeinerer Art, der zweite widmet sich dem außerordentlich wichtigen Sonderfall der Informationstechnologie, die nicht nur eine Technologie ist, sondern in dem Sinne zugleich eine *Metatechnologie*, als sie die Planung und die (theoretische und praktische) Entwicklung anderer Zweige menschlichen Handelns ermöglicht und katalysiert.[2]

Bei den folgenden Betrachtungen (die sich auf die industrialisierte Welt beziehen) habe ich mich bemüht, das unausweichliche Thema der Ökologie im Blick zu behalten; ich verstehe darunter nicht nur das Umweltproblem, sondern vielmehr den begrifflichen und sozusagen

1 Der Hinweis auf das Geld ist angebracht, weil es, wie die Technologie, eine Art Eindimensionalität verkörpert, die Unterschiede, Qualitäten und Werte aufheben kann und zur Vereinfachung der soziokulturellen (und wirtschaftlichen) Welt und zur Beschleunigung ihrer Fortschritte beiträgt. Diese Beschleunigung führt dann, wenn sie eine gewisse Grenze überschritten hat, zur Verschwendung der Ressourcen. Man bemerke, daß auch die von Galilei durch die Abschaffung der Sekundäreigenschaften eingeführte Vereinfachung eine wunderbare Beschleunigung der Physik bewirkte; deren Preis war jedoch gerade eine exzessive Vereinfachung der Modelle, die sie weit von der Komplexität der Wirklichkeit entfernte, und erst heute bemüht man sich, diese wieder herzustellen.

2 Eine Metatechnologie ist ein strukturierter, aber leerer Behälter, der jeden möglichen Inhalt aufnehmen kann; beispielsweise kann ein Kommunikationsmittel alle möglichen Botschaften übermitteln. Leer bedeutet hier nicht *untätig*, denn die syntaktische Struktur der technischen Hilfsmittel prägt sich von selbst den Produkten und dem Inhalt auf (in diesem Sinne ist, wie McLuhan sagt, *das Medium die Botschaft*).

philosophischen Rahmen, in dem das Gesamtsystem Mensch und Welt betrachtet werden sollte. Mit diesen Überlegungen versuche ich, einen, wenn auch impliziten, Beitrag zu einer strengen und klaren Definition des ökologischen Problems zu leisten. Ich schlage keine Lösungen vor (denn es handelt sich um ein «fast unlösbares Problem»[3]), aber meiner Meinung nach könnte das Nachdenken darüber an sich nützlich sein; jedenfalls ist es eine für eine spätere Handlungsphase notwendige Vorbedingung.

Heute zwingt uns der von der Technologie ausgeübte Druck, atemlos einem Wachstum hinterherzujagen, das wir nur in beschränktem Maße verstehen und nur teilweise unter Kontrolle halten können. Wir müssen deshalb unbedingt darüber nachdenken und, wenn irgend möglich, herausfinden, in welche Richtung die Entwicklung läuft, um die begrifflichen und praktischen Hilfsmittel zu entwickeln und zu schärfen, die uns möglicherweise dabei helfen könnten, diese Richtung zu ändern. Dazu müssen nicht nur die alltägliche Praxis (Umweltpolitik, Arbeitsbeschaffung, die zu wählende Technologie) oder die langfristige Planung (das Entwicklungsmodell und die praktische Durchführbarkeit) in Frage gestellt werden, sondern auch die theoretischen Grundlagen (die Konstruktion komplexer Modelle, die den Phänomenen der Emergenz und der Selbstorganisation der Umwelt gerecht werden) sowie die kulturellen Aspekte (Wiedergewinnung der Geschichte, die Anerkennung der Unumkehrbarkeit, der Komplexität und der Unterschiede) und sogar die Ethik (Achtung vor dem Leben, Mäßigung und Selbstbeschränkung anstelle von Weiterentwicklung um jeden Preis im Zeichen wissenschaftlicher und technologischer Fortschrittsgläubigkeit).

Dazu brauchen wir artikulierte und differenzierte begriffliche Hilfsmittel, die der Komplexität der zu lösenden Probleme angemessen sind und sowohl kartesischen Reduktionismus als auch aufklärerischen Rationalismus hinter sich lassen. Die Spezialisierung, der die Menschheit soviel Fortschritt verdankt und die unser Vertrauen in die Wissenschaft des Abendlands enorm gestärkt hat, genügt nicht mehr: Zwischen Zweifel und Verblüffung, oft unter dem ausdrücklichen Mißtrauen der Verfechter der Tradition, bahnt sich eine neue Sehweise an, die nicht

3 Siehe Longo 1988.

nur den Dingen Bedeutung zugesteht, sondern auch den Beziehungen der Dinge untereinander, die *Komplexität*, Struktur, Prozeßdynamik, dynamische Nichtgleichgewichtszustände, die Wechselwirkung zwischen Subjekt und Objekt der Erkenntnis an die erste Stelle setzt.

2. Die Grenzen der planenden Vernunft

Die Geschichte der Menschheit ist gekennzeichnet durch eine immer größere Kluft zwischen den biologisch-emotionalen und den kulturellen Komponenten: Während die biologischen Anteile im wesentlichen seit Jahrtausenden konstant sind, entwickelt sich die Kultur mit enormer Geschwindigkeit; zu ihr gehört außerdem eine wissenschaftliche und technische Komponente, die sich noch rascher verändert und zudem stetig beschleunigt. Das hatte unter anderem zur Folge, daß der moderne Mensch mit Atomwaffen und den gewaltigen Energie- und Informationsmengen genauso aggressiv umgeht, wie die Höhlenmenschen Keulen schwangen und Steine schleuderten. Unsere Sinne und unsere Fähigkeiten sind der von uns geschaffenen Welt immer weniger angemessen, deshalb verstärkt sich der Druck, Zuflucht zur *Spezialisierung* und *Technologie* zu nehmen. Die wachsende Komplexität der künstlichen Umwelt zwingt uns immer mehr, unser Leben als Einzel- wie als Gemeinschaftswesen von Spezialisten und Maschinen bestimmen zu lassen, und die Folgen lassen sich nur schwer absehen.

Gleichzeitig haben die Triumphe der Naturwissenschaft und Technik, der weltlichen Zweige von Herrschaft und Macht, den Mythos der Allwissenheit und der Allmacht neu belebt, indem sie Hoffnung auf vollkommene Rationalität und totale Kontrolle weckten. Dazu gesellt sich der unerschütterliche Optimismus vieler Technologen und Wissenschaftler, der sich in einem zwanghaften Drang zu wissenschaftlicher Wahrheit und technologischer Effizienz zeigt. Sie werden zum höchsten Gut und absoluten Wert erhoben, denen sich alles andere, auch Leben, Solidarität und Glück, unterordnen muß.[4]

4 Technik und Wissenschaft bemühen sich um eine *rationale Rekonstruktion* der Welt, die sie entweder beschreiben (Naturwissenschaft) oder durch eine künstliche Welt ersetzen (Technologie). Die Rationalität der technologischen Ergebnisse wird übrigens durch die Komplexität stark eingeschränkt.

In einem komplexen System aber lassen sich niemals einzelne Komponenten aussondern, die den Gang des globalen Systems in eine bestimmte Richtung drängen. Watts Fliehkraftregler beeinflußte die Geschwindigkeit der Lokomotive, aber die Geschwindigkeit der Lokomotive beeinflußte ihrerseits den Regler. Ein solcher *Rückkopplungsprozeß*, der die ersten Eisenbahningenieure sehr verwirrte, ist zwar heute in der Technik selbstverständlich, aber vielleicht noch nicht tief genug in die allgemeine Kultur eingedrungen. Komplexe Systeme verfügen über ein wichtiges Regelsystem, die *Homöostase*, das über alle Teilsysteme hinausgeht und dem sich alle Teilsysteme unterordnen müssen. Dies führt oft dazu, daß die Beeinflussung einer Komponente der globalen Entwicklung unvorhergesehene Auswirkungen hat, die der ursprünglichen Absicht sogar entgegengesetzt sein können. Diese Homöostase, die sich auf gewissen Stufen mit irritierender Zufälligkeit vermischt und verwebt, setzt Verstehen und vernünftigem Handeln enge Grenzen.

Im Evolutionsprozeß, der von den allerersten präbiologischen Organismen bis zum Menschen führte, spielt der Zufall eine offensichtliche Rolle. Fast alle biologischen Organismen müssen Funktionen erfüllen, für die sie nicht gemacht wurden und an die sie oft nicht gut angepaßt sind. Ein Ingenieur könnte sich viel «bessere» (also vernünftigere) Lösungen ausdenken. Auch das menschliche Gehirn verfügt über Möglichkeiten, die nicht lebensnotwendig und noch verbesserungsfähig sind. Ein Beispiel ist die Fähigkeit, Differentialgleichungen zu lösen. Unsere Rechner leisten jetzt zwar nur auf gewissen Gebieten mehr, könnten aber in Zukunft möglicherweise viel leistungsfähiger sein. Diese Verflechtung von Zufall und Notwendigkeit zeigt sich, wenn auch weniger deutlich, in der kulturellen Entwicklung; in sie kann absichtsvolles, stark zielgerichtetes Verhalten einen verdächtigen Grad an vorsätzlichem Determinismus einführen.[5] Verstand oder Sprache sind immer in einem materiellen Substrat verkörpert, das seine eigene Kom-

5 Die Mechanismen der kulturellen Evolution sind viel diverser als die der biologischen Evolution, denn in ihnen verflechten sich Darwinsche und Lamarcksche Elemente. Man kann jedoch sagen, daß der Lamarckismus (insbesondere die Vererbung erworbener Eigenschaften) zum Teil die Revanche für den Darwinismus und die Mechanismen von Mutation und Selektion ist. Unter dem begrifflichen Aspekt muß man also Gedanken wiederaufnehmen, die wir einige Jahrzehnte lang abzulehnen gezwungen waren.

plexität aufweist, die oft beispielsweise aufgrund der physikalischen Natur und seiner Verbindungen mit dem Rest der Welt vorgegeben ist und nicht konstruiert wurde. Wenn die Komplexität eines Vorhabens mit der ihres materiellen Übermittlers zusammentrifft, geht Kontrolle verloren; am Ende löst sich das Vorhaben, das zu Beginn so klar zu sein schien, in einer unscharfen Näherung auf, die allmählich einer vagen und fast fatalen Zufälligkeit ähnelt.

Von einem bestimmten Komplexitätsgrad an läßt sich nicht mehr vorhersagen, wie sich das Ergebnis verhalten wird: In komplexen Systemen gibt es *Komplexitätsschwellen*, an denen das stabile und geordnete Verhalten des Systems plötzlich umschlägt und unseren Modellen und unserem Verständnis entflieht. Auch die Geräte, mit denen wir diese Systeme erforschen und simulieren, haben ihre eigene Komplexität: Die Computer, die der rechnerischen Vernunft den Weg ebnen sollen, sind immer komplexere Systeme und könnten früher oder später, vielleicht schon bald, unserer Kontrolle entkommen und ihrerseits Zufallselemente in die unkontrollierte Entwicklung des globalen Systems hineinbringen.

So gesehen folgt das *bewußte* Handeln des Menschen, insbesondere im Bereich von Technik und Wissenschaft, einem Pfad der Entwicklung, der den Menschen transzendiert. Die schon immer so verdächtige bewußte Zwecksetzung bleibt letztlich auf lokales Niveau beschränkt und dient unabsichtlich den großen phylogenetischen Tendenzen, auch wenn sie auf Fiktionen beruht (wie der des isolierten Systems), die in gewissen begrenzten Bereichen paradigmatischen und pädagogischen Wert haben, aber in größeren Bereichen irreleiten und Schaden anrichten können. Die bewußte Endlichkeit mündet recht bald in eine zufällige und unausweichliche, über den Menschen hinausgehende Kette von Ereignissen.

3. Der planetarische Mensch

Ein Beweis für diese über die bewußte Finalität hinausgehende Transzendenz der biokulturellen Evolution ist die schon erwähnte Notwendigkeit, der Technologie Macht zu überlassen. Sie bringt blinde Automatismen mit sich, in die der Mensch nicht eingreifen kann und darf, weil jeder Versuch der Einmischung zu Unannehmlichkeiten führen kann, die mit einer so enthüllenden wie unfreiwilligen Ironie «menschlichem Versagen» zugeschrieben werden. Aus meiner Sicht ist dieser immer stärkere Ausschluß des Menschen ein eindeutiges Zeichen für den Beginn eines neuen, *gesellschaftsübergreifenden* Stadiums menschlichen Zusammenlebens, das zur zunehmenden Spezialisierung des einzelnen führt. Diese Spezialisierung, die von der untereinander und mit den Menschen vernetzten massiven Informationsmaschinerie unterstützt wird, zwingt dazu, außer Wissen und Handeln auch fast alle Verantwortung anderen zu überlassen. Dieses neue integrierte System wird viele Kennzeichen eines echten Organismus haben und, wie alle Organismen, stark zur Autonomie und zum Anwachsen neigen, was auf Kosten eines *anderen* geht, dessen Entropie dann unverhältnismäßig stark zunimmt. Unter dieser Entropie werden vor allem Randgruppen zu leiden haben, denn die Gesellschaft, auf die wir zustreben, wird höchstwahrscheinlich durch starke Differenzierung und Randgruppenbildung geprägt sein, deren Anzeichen sich heute im Phänomen der Aussonderung zeigen. Diese Diskriminierung ist typisch für eine Struktur, in der das vorherrschende Kriterium für Akzeptanz und Integration vor allem die *Nützlichkeit* ist und immer mehr wird, also Anpassung, die dem Erhalt und der Verbreitung des globalen Systems dient. Die Übergabe der Macht an Spezialisten und Technologen kostet ihren Preis: Man denke an die zunehmende Entpersönlichung der Medizin und das Schwinden vieler Fähigkeiten und Kompetenzen nicht nur auf der untersten Stufe.[6]

Schon heute versuchen viele, die am Rande leben oder auf dem Weg zum Außenseiter sind, sich im Bewußtsein der Risiken jener neuen Integration dagegen zu wehren, indem sie auf die Zerbrechlichkeit und die daraus folgende Instabilität des sich bildenden hyperkomplexen Systems verweisen, eine auf ungenügender Redundanz und der Verschlechterung der Umweltbedingungen beruhende Zerbrechlichkeit, die das immer größer werdende Risiko in sich birgt, daß es zu einem teilweisen oder totalen Kollaps kommt. Diese Risiken werden erkannt; das zeigt sich deutlich im Produktionssektor, der auf die Gefährdung mit einer Erhöhung der Versicherungsprämien reagiert.

6 Wer weiß, wie fremd sich die Zellen gefühlt haben, als sie die ersten vielzelligen Organismen bildeten und damit begannen, sich zu vergesellschaften, zu spezialisieren und Aufgaben und Verantwortung zu delegieren!

Oft werden in Anbetracht der Risiken Moratorien gefordert, die nicht nur die Anwendung gewisser wissenschaftlicher Entdeckungen und Erfindungen verbieten sollen, sondern auch die theoretische Forschung, in der man jetzt eine der Hauptantriebsquellen dieser Entwicklung erkannt hat, denn der Schritt von der theoretischen Entdeckung zur Anpassung ist fast unvermeidlich. Gewisse Bereiche, wie Nuklear- und Gentechnik, werden mit Verachtung und zunehmender Angst beobachtet; man versucht, sie der Kontrolle der Spezialisten zu entziehen, weil diese ungenügend oder nicht gewährleistet zu sein scheint. Aber auch ein mächtiger, zutiefst von Wirtschaftsinteressen und Machtstreben durchsetzter *supranationaler Apparat* widersetzt sich solchen Moratorien; er steckt, wie jetzt ans Licht kommt, im Kern eines hyperkomplexen Gesamtsystems, das alle Ideologien nivelliert und annulliert und alle Unterschiede verwischt. Dieser Apparat stellt alles Geschehen immer mehr in den Dienst seiner eigenen Sache und seiner eigenen Entwicklung und bezieht sogar seine Gegner in seine eigene kopflose und totale Sicht ein, wenn er im Namen wissenschaftlicher Objektivität und wirtschaftlichen Nützlichkeitsdenkens handelt, gegen die einfach nichts zu machen ist und der man sich nur durch unmotivierte absolute und unvernünftige Verweigerung entziehen kann, was wiederum Absonderung und Ausschluß bedeutet.[7] Zu dieser unausweichlichen kulturellen Evolution, die eine zuvor einigermaßen zweckfreie biologische Evolution weiterführt und deren fatalistische Automatismen ich der Klarheit zuliebe überbetont habe, gehören ganz wesentlich die Naturwissenschaften und vor allem die Technologie. Sie sind ebenso Motor wie auch berechtigter und beruhigender Trost. So betrachtet, läßt sich dem Gespann von Naturwissenschaft und Technik nichts entgegensetzen. Dieser Doppelbegriff widersetzt sich allem anderen; er setzt auch der Ethik, der Solidarität, dem Gefühl Grenzen, indem er alle Dogmen, alle Wertekanons, alle Werte relativiert und historisiert, alle Empfin-

7 Ich beziehe mich hier auf die industrialisierte Welt. Der Unterschied zwischen der ersten und der dritten Welt ist enorm und nimmt immer weiter zu. Nach Meinung einiger Beobachter hat die dritte Welt, wenn man linear extrapoliert, in vorhersehbarer Zukunft keinerlei Möglichkeit, die Kluft zu überbrücken, die sie von der westlichen Welt trennt. Die ganze dritte Welt wird also ebenso ausgeschlossen wie viele Randgebiete der industrialisierten Welt.

dungen abstumpfen läßt und alle Skrupel betäubt. Das, was heute für das Gewissen unannehmbar ist, könnte morgen annehmbar, sogar wünschenswert sein.[8]

Der Weg dieser möglichen Evolution zum planetarischen Menschen ist unvorhersehbar, was zum Teil an der Beschränktheit gewisser Ressourcen (Raum, Energie, aber auch der Qualität von Wasser und Luft) liegt und zum Teil an der enormen Komplexität des menschlichen Gehirns und der Informationsmaschinerie. Diese Komplexität bringt in Verbindung mit der Beschränktheit der Ressourcen eine gewisse *Instabilität* in das von mir umrissene Bild, das dadurch radikal verändert werden könnte. Der oben angedeutete Verlust der Kontrolle könnte planetarische Ausmaße annehmen, wenn die Unbeherrschbarkeit, die fast alle Prozesse aufweisen, mit denen wir es zu tun haben (Verkehr, Luftverschmutzung, Kriminalität, Drogenmißbrauch, ungleiche Güterverteilung), um sich greift und die Richtung der Evolution verändert. Die Begriffe und theoretischen Mittel, mit denen wir die Fehlfunktionen des nach unserem Willen geschaffenen Systems zu korrigieren suchen, wurden ja in einem viel weniger komplexen Ambiente (unter genetischen und kulturellen Aspekten) entwickelt und lassen sich nicht ohne weiteres auf viel komplexere Bereiche anwenden; deshalb könnte ihre Nützlichkeit allmählich abnehmen. Wir können für komplexe Probleme keine einfachen Lösungen finden. Unzulässige Vereinfachungen könnten sehr gefährlich werden.[9]

8 Es gab eine Zeit, in der das Sezieren von Leichen als gottlos galt. Eines Tages könnten die gewagtesten Verfahren der Gentechnik für von höchsten moralischen Prinzipien inspirierte Wohltaten gehalten werden. Das könnte ein Hinweis auf den historischen und zufälligen Charakter der Moral sein und vielleicht auch auf die Möglichkeit, daß die wissenschaftliche und technische Entwicklung eine *ontologische* Veränderung des Menschen bewirkt.

9 Auch aus ethischer Sicht wird ein Ungenügen der Tradition erkennbar. In einer Zeit, in der das Können des Menschen die ganze Erde erfaßt und dauerhafte Wirkungen zeitigt, kann man nicht an Normen appellieren, die gültig waren, als die Folgen des Handelns einen höchst beschränkten Raumzeitbereich betrafen. Nach Meinung mehrerer Forscher ist es an der Zeit, eine neue Ethik zu entwickeln (siehe Jonas 1990).

4. Wissenschaft und Werte

Die Technologie wird sich wohl kaum selbst Grenzen setzen, auch wenn die negativen Folgen ihrer exzessiven und allzu großen Anwendung immer deutlicher werden, denn diese Negativität ist immer auch relativ zu den Parametern, die uns heute gegeben sind. Die Wissenschaft verspricht, diese Parameter morgen in solche zu verwandeln, die sich auf einen durch eben diese Technologie modifizierten Menschen beziehen. Nur wenigen geht es heute darum, die Neutralität der Naturwissenschaft zu bewahren oder den Antrieb der Wissenschaft in dem altruistischen Wunsch der Wissenschaftler zu sehen, der Menschheit Gutes zu tun. Aber selbst wenn die von Wissenschaft und Technik ausgehende Destabilisierung und mögliche Gefahr von allen erkannt würde, müßten sie weiterhin betrieben werden, denn sie sind Teil einer unausweichlichen, im weitesten Sinne biologischen Evolution, der nur äußere Grenzen der von mir erörterten Art gesetzt sind.[10] Und jetzt muß ich in einem letzten Schritt einen oft verschwiegenen Schluß ziehen: Der Weg, auf den wir uns eingelassen haben, hat kein klar ausgesprochenes Ziel (nur Werte könnten Ziele darstellen, aber die herkömmlichen Werte sind tot oder liegen im Sterben oder kränkeln; die Wissenschaft aber ist nicht die Gebärmutter der Werte). Darum sind wir von einer latenten oder expliziten Furcht beherrscht, die immer größer werden wird, denn wir leben am Rand eines möglichen Zusammenbruchs, in einem intellektuell und materiell instabilen Gleichgewicht, der in vielen Angst oder Verzweiflung weckt. Wir laufen, um nicht zu fallen, und die süße Geborgenheit einer sicheren Existenz bleibt uns versagt. Unter dem Druck, mit immer größerer Geschwindigkeit immer neue Hindernisse überwinden zu müssen, eilen wir mit untauglichen Flügeln dem Traum von der Unendlichkeit nach. Das aber beeinflußt die Protagonisten und ihre Beziehungen untereinander:

10 Diese Behauptung hat den fatalistischen Geschmack des Sozialdarwinismus oder der Soziobiologie, ist aber sehr plausibel. Es stimmt, daß unsere Gene das Ergebnis einer Reihe willkürlicher Ereignisse sind, die nicht unbedingt hätten passieren müssen, aber weil es nun einmal so gekommen ist, tragen sie heute das *Schicksal* der Technologie in sich. Übrigens ist dieses Schicksal durch die kulturellen und technischen Zufälle der Geschichte besiegelt und unumkehrbar.

Mit dem Umfeld verändert sich allmählich auch der Mensch. Schneller jedoch verändern sich die mächtigen künstlichen, von ihm geschaffenen Partner, die Maschinen, die diesen mühsamen Weg viel besser bewältigen können. Vielleicht kommt sogar einmal der Tag, an dem der Mensch diesen Weg nicht nur weniger gut gehen kann als sie, sondern dazu nicht einmal mehr notwendig ist.[11]

Es stimmt, daß Naturwissenschaft und Technik den Menschen von Sklaverei und Barbarei befreit haben, aber man muß sich auch vor der Zukunft hüten, einer Zukunft, die gar nicht mehr so fern ist: Der Mensch, wie wir ihn heute kennen, mit seinen Grenzen und seinen Unvollkommenheiten, ist nicht nur nicht mehr im Zentrum des Universums, sondern nicht einmal mehr im Zentrum der Interessen der von ihm geschaffenen Maschinen. Die Apparate sind dabei, einen neuen Menschen zu schaffen, der körperlich und geistig vernünftig ist und in *Symbiose* mit seiner Technologie lebt. Die Ethik ist (oder war?) im Grunde eine Art Bollwerk gegen diese neue *Eugenik*, denn um eine solche handelt es sich, aber wenn die begrenzte und überzeugte Rationalität der Naturwissenschaft der Ethik und ihrer skandalösen Unvernunft weiterhin eine Absage erteilt, wenn sie sich wie bisher zum Maß von allem macht, müssen wir nicht nur mit einer anderen Welt, sondern auch mit einem anderen Menschen rechnen. Der heutige Mensch mit seinen Grenzen und seinen menschlichen und allzu menschlichen Neigungen kann nicht in einer Atmosphäre exzessiver wissenschaftlicher Rationalität leben, denn allumfassende Rationalität ist für ihn Gift: Der Mensch wird also nach dem Maß der Technologie ausgelesen werden.

11 Gelegentlich (siehe Minski 1994, Moravec 1988) wird von einer bevorstehenden Integration von Mensch und Maschine gesprochen, durch die die Unterscheidung zwischen natürlich und künstlich weniger deutlich wird und schließlich verschwindet. Wenn heute schon fast alle Körperteile durch Prothesen ersetzt werden, könnte dies bald auch für das Gehirn und seinen kognitiven und affektiven Inhalt gelten, was unberechenbare Folgen haben würde (siehe auch «Il calcolatore biologico» in Longo 1986).

II. Die Technologie der Information

5. Die Explosion der Information

In den letzten Jahren hat die Menge neugewonnener Information in nie dagewesener Weise zugenommen. Dieses Phänomen spielte sich im Rahmen eines Übergangs ab, der von einer traditionellen Kultur, in der die Technik einem sozialen oder religiösen Wertesystem untergeordnet war, zu einer Technokratie führte, in der die Technik und ihre Hilfsmittel nicht nur in die Kultur integriert sind, sondern sie zu überlagern und zu ersetzen versuchen. Vor allem macht sich diese enorme Beschleunigung der Informationsvermittlung im allerneuesten Übergang von der Technokratie zu dem bemerkbar, was Neil Postman *Technopol* nannte: Mit der Ankunft von Technopol – zugleich Ursache und Wirkung der Informationsrevolution – öffnet sich eine tiefe Kluft zwischen moralischen Werten einerseits und Vernunft und Technik andererseits, die im Zeichen eines zermürbenden *Utilitarismus* und einer zum Selbstzweck gewordenen *Effizienz* die Moral verdrängen. So bildet sich ein *technologischer Monotheismus* heraus, der weder Geschichte noch Tradition respektiert (siehe Postman 1993).

Die Flut oder auch das Chaos der Information, die uns heute von allen Seiten überspült, entspringt sowohl dem technologischen Fortschritt als auch dem Verschwinden oder der Schwäche sozialer und kultureller Strukturen, die früher einmal wirksame Informations*filter* waren. Dazu gehörten die Religion (die Heilige Schrift enthält alles, was zu wissen wichtig ist: der Rest zählt nicht oder ist verdammungswürdig), die Schule (sie führt die kulturelle Tradition fort, indem sie sich allen Neuerungen widersetzt), die Wissenschaft selbst (ihr konservatives Wesen zeigt sich darin, wie sie Heterodoxien ablehnt und wie sie Schulen bildet, und ihr Hang zur Vereinfachung zeigt sich im Rückgriff auf die Stenographie der Symbole und in der Suche nach den wenigen endgültigen Gesetzen) und auch die Familie (die Eltern förderten oder verboten den Kontakt mit anderen, bestimmten, welche Bücher gelesen, welche Themen besprochen wurden und so weiter). Diese Filter bezogen Wirksamkeit und Legitimation natürlich auch durch den hohen Preis des Nachrichtenaustausches.

Ein solches Immunsystem, das uns vor Information schützen kann, ist der heutigen Gesellschaft verlorengegangen. Im biologischen Bild

Postmans sind wir Opfer einer Art kulturellen Aids (*Anti-Information Deficiency Syndrome*). Tradition und institutionalisiertes Leben sind uns weder Orientierungshilfe, noch machen sie uns Vorschriften, und das führt zu einem technologischen Teufelskreis: Um all diese Daten zu verdauen, brauchen wir immer mehr Informationstechnologie, die es wiederum ermöglicht, mehr Daten zu erheben, was zu mehr Technologie führt. Besonders bemerkenswert ist, daß dank der Revolution der Mikroelektronik Information immer leichter zu gewinnen, weiterzugeben und zu speichern ist und *immer weniger kostet.*[12]

Dieser enorme Datenaustausch und die Vermehrung der dazu nötigen aktiven und passiven Hilfsmittel (Speicher, Netze, Rechner, Workstations, Datenbanken) wurde von vielen freudig begrüßt, weil sie eine Fülle *leicht zugänglicher* neuer Möglichkeiten der Verständigung, des kulturellen Austausches und der Gemeinsamkeit eröffnet. So können sich kleine und große vernetzte Gemeinschaften bilden, die sich entsprechend ihrer gemeinsamen mehr oder weniger dauerhaften Interessen finden und wieder auflösen. Die im Netz geknüpften Kontakte sind gelegentlich Vorspiele zu reicheren und befriedigenden persönlichen Begegnungen; sie überwinden geographische Schranken und nutzen sonst unzugängliche Ressourcen.

Nicholas Negroponte ist einer der wohl übermäßigen Optimisten, wenn er eine vernetzte Welt voraussieht, in der die teuren, langsamen und widerspenstigen Atome fast immer durch Bits ersetzt sind, die gewichtlos, fast umsonst und unendlich formbar sind. Er sagt Maschinen voraus, die «Menschen genauso gut und scharfsinnig verstehen, wie wir es von Menschen erwarten», weil sie nach einem Bild genau dieses Menschen geschaffen sind. Negroponte sieht eine Welt der *Post-Information* vorher, einen Teil der Postmoderne, der durch Dezentralisierung, Harmonisierung und Potenzierung der menschlichen Fähigkeiten gekennzeichnet ist. Die Bevölkerung der Zukunft wird unter dem Aspekt der Bits aus demographischen Gesamtheiten bestehen, geformt von einem einzigen Menschen, dessen Geschmack und Eigenheiten dann die zur Verfügung gestellte Information bestimmen (siehe Negroponte 1995).

12 Die Mikroelektronik ist die einzige Technologie, deren Leistungsfähigkeit steigt, während die Kosten sinken.

Während Negroponte die anregenden Gedanken zur Futurologie optimistisch sieht, behauptet Postman, die Vermehrung der Information habe zu einer *Theologie der Technologie* geführt – und tue das immer noch –, die sich selbst rechtfertige und in der der Sinn der Kommunikation verwässert werde oder verlorengehe: Wenn die Mitteilung für wichtiger gehalten wird als das Mitgeteilte und das einzige Ziel technologische Effizienz ist, entwickeln sich Formen des technokratischen Totalitarismus, in der statt eines Despoten oder der herrschenden Klasse oder der Partei ein anonymer und nicht lokalisierbarer Tyrann an den Hebeln der Macht sitzt, der sehr schwer zu bekämpfen ist, weil jede erkennbare Ideologie und jede vernünftige Strategie fehlt.[13]

6. Technologie der Information und Kultur

Die Einführung einer wichtigen Technologie ist sofort unumkehrbar: Sie wirkt sich auf alle Schichten der sozialen Physiologie aus und ist folgenreich für Kultur und Weltanschauung. Von allen Technologien hat die Informationstechnologie die weitestreichenden und insgesamt subtilsten Wirkungen. Die durch die Revolution der Mikroelektronik ermöglichte unsichtbare und allgegenwärtige Kommunikationstechnologie entfaltet ihre Möglichkeiten, zum Guten oder Schlechten, jetzt schon, und sie wird dies auch weiterhin tun und kümmert sich dabei wenig um die Versuche, die Vielzahl der ausgetauschten Botschaften zu disziplinieren, einzudämmen oder zu kontrollieren.[14]

Was die Kultur betrifft, hat die Informationstechnologie alle uns wichtigen Begriffe gebieterisch neu definiert. Begriffe wie *Freiheit, De-*

13 Der *Sinn* der Kommunikation liegt zu einem großen Teil außerhalb ihrer selbst und steckt in den Problemen, Zielen und Hoffnungen derer, die kommunizieren. Der Sinn der Kommunikation geht somit der Kommunikation voraus und rechtfertigt sie. Deshalb ist eine autonome Kommunikation, die vom Mittel zum Zweck wird und sich nur entwickelt, weil die Technologie die Kosten gesenkt hat, sinnentleert; besser gesagt, sie überträgt den Sinn auf das Mittel und entzieht ihn dem Menschen (jedenfalls dem Menschen, wie er heute ist).

14 Man sollte bedenken, daß diese gewaltigen Entwicklungen in Technik und Wissenschaft oft durch Willkür gekennzeichnet sind, was denen recht gibt, die den Zufall für den wahren Motor der Geschichte halten (siehe Bocchi und Ceruti 1994).

mokratie, Intelligenz, Wirklichkeit, Geschichte, Zeit, Gedächtnis haben heute neue und zuweilen schwer erkennbare und überraschende Bedeutungen. Es gibt keinen außerkontextuellen Rahmen, in dem diese neuen Definitionen explizit erläutert werden, sondern Begriffe und Regeln werden im Laufe des Spiels neu definiert, was oft zu Unverständnis, Mehrdeutigkeit und Störungen führt.

Was die Erkenntnistheorie betrifft, so hat man entdeckt, daß es neben der schon seit Jahrhunderten erforschten Welt der Materie eine Welt der Information, der Struktur, der Bedeutsamkeit und der Ordnung gibt, und festgestellt, daß in der Welt der Information gelegentlich recht überraschende Gesetze herrschen, die ganz anders sind als jene der klassischen Physik. Nach dem Ende des zweiten Weltkriegs begann eine systematische Suche nach dieser Welt; sie führte zur Formulierung einer Art *allgemeiner Informationstheorie*, die sehr interessante Ergebnisse lieferte.[15]

Die Überhitzung der Kommunikation hat eine Art weltweites Nervensystem entstehen lassen, das zu einem immer noch dichteren und größeren Netz verflochten wird; seine Knoten stellen die Berührungspunkte zwischen Informationsmittel und Mensch dar. In diesem Prozeß wird deutlich, welche Kluft sich zwischen den menschlichen Informationsmöglichkeiten, die Jahrtausende hindurch mehr oder weniger gleich waren, und denen der Maschine auftut, die sich mit beeindrukkender Geschwindigkeit vermehren. Die Technologie wird dadurch immer beherrschender: Wir können diese imponierenden Massen an Botschaften nur verarbeiten, wenn wir wiederum Maschinen zu Hilfe nehmen, die sie empfangen und bearbeiten können. Das immer deutlicher werdende Ungenügen unserer Sinne und unserer Fähigkeiten führt also zu immer größerer Abhängigkeit von der Technologie. Jetzt helfen uns die Maschinen bei der Analyse und beim Handeln; später könnten sie uns auch Entscheidungen abnehmen, was unter anderem die Frage nach der Verantwortung problematisch macht, jedenfalls solange die Maschinen keine juristischen Personen sind. Die gegenwärtige ungeheure Masse der untereinander und mit Menschen vernetzten Informationsmittel, die Intelligenz und Kompetenz manifestieren, werden noch systemischer und verteilter sein als heute; überdies wird In-

15 Siehe beispielsweise Bateson 1976 und als Zusammenfassung Longo 1991.

formation immer weniger zwischen Menschen ausgetauscht werden und immer mehr zwischen Mensch und Maschine.[16]

Aber dieser neue *planetarische* Mensch wird in seiner Schwäche und Kleinheit durch die unausweichliche Gegenwart der Produkte seines Stoffwechsels bedroht, ist also dem Abbau ausgesetzt, den er in seine eigene begriffliche und physikalische Umwelt einführt (denn die Information ist ja immer in einem materiellen System verkörpert). Indem der Mensch sich immer weiter ausbreitet und seine Abfälle irgendwo ablagert, vergiftet er sich selbst. Wenn seiner Entwicklung Grenzen gesetzt sind, sind sie also in *Sättigungs-* und *Rückkopplungseffekten* zu suchen. Es handelt sich vor allem um physische Grenzen, die Folgen der Energie- und Rohstoffknappheit, fehlender Freiräume und der Ausbeutung der Umwelt sind. Auch der Information sind Grenzen gesetzt, die weniger faßbar, aber nicht weniger wirklich sind: Tatsächlich kann die Überhitzung der Information, Ursache und Wirkung einer totalen kommunikativen Durchlässigkeit, eine Datenflut mit sich bringen, die das System einfach durch ihre Anhäufung oder durch pathogene Rückwirkungen lähmt (man denke an logische Paradoxa, aber auch an die rapide Ausbreitung der Informationsepidemie). Paradoxerweise könnte also eine Welt ohne den Schatten der totalen Kommunikation für die Kommunikation nicht geeignet sein: Es ist kein Zufall, daß der Informationsprozeß einer Gesellschaft ihren Mitgliedern größtenteils unbekannt ist oder, im Fall eines Organismus, im Unbewußten bleibt.[17]

Auch andere mögliche Grenzen der allgemeinen technologischen Entwicklung haben mit ähnlichen Phänomenen der Sättigung oder einem *Verlust an Flexibilität* zu tun; beispielsweise könnten die Eingriffe der Genetiker ins Erbgut, die Erbkrankheiten ausrotten sollen, auf Dauer zu einer starren Stabilisierung dieses Erbguts führen und damit die biologische Evolution des Menschen behindern, die ja gerade auf der von Umwelteinflüssen und Übertragungsfehlern bewirkten Vielfalt beruht (die Variabilität wäre auf die technologischen Komponenten der Symbiose beschränkt). Lassen wir außer acht, daß die von der Naturwissenschaft vorgeschlagenen rationalen Lösungen sich

16 Zum systemischen und geschichtlichen Aspekt der Intelligenz siehe Longo 1985.
17 Zum Thema des Unbewußten und seiner Beziehung zum Sakralen siehe Bateson 1989.

möglicherweise nicht mit der unvollkommenen, aber bewährten «Rationalität» der Natur vertragen: Auch wenn die natürlichen Lösungen nicht die bestmöglichen sind, haben sie doch eine Widerstandsfähigkeit, die dank einer absoluten Gleichgültigkeit gegenüber dem Schicksal des Einzelwesens (der Individuen, die erzeugt werden und sich vermehren) alle Bewährungsproben bestanden (siehe Dawkins 1995).[18] Ich möchte nicht ausschließen, daß es in unserer höchst rationalisierten Welt schon bald zu einer solchen von der Objektivität der Naturwissenschaft und der Effizienz der Technik begünstigten Gleichgültigkeit kommen könnte.

7. Die Wiederkehr der Mythen

Die Verbreitung der Kommunikation weist wieder auf den tiefen mythologischen Gehalt der Information hin, der sich in einem Streben nach Allwissenheit und damit zur Allmacht zeigt. Wissen ist heute anscheinend mehr denn je gleich Macht; schon gibt es Wirtschaftswissenschaftler, die die Ergebnisse wissenschaftlicher Forschung und technischer Erfindungen zu den Produktionsfaktoren zählen. Ware und Formeln scheinen, wenn auch implizit, beide Verdichtungen des kollektiven Bewußtseins zu sein, aus dem späterer Fortschritt hervorgeht.[19] Paradoxerweise geht dieses Streben mit einem tiefen Unverständnis für die Welt der Technik einher. Fast jeder benutzt Geräte, Systeme und Vorrichtungen, von denen er nicht weiß und auch gar nicht wissen will,

18 Man darf nicht vergessen, welche Bedeutung die Zeit bei der Erprobung biologischer Neuerungen gespielt hat. Die Evolution verlief äußerst langsam (vgl. Tiezzi 1984), und deshalb hatte die Biosphäre Zeit, ohne allzu große Spannungen vom einen dynamischen Gleichgewichtszustand in einen anderen überzugehen. Im Fall der Technologie sind die Zeiten kürzer, und der Evolutionsprozeß ist durch ein starkes Ungleichgewicht gekennzeichnet, dessen Auswirkungen unvorhersehbar sind. (Tatsächlich ließe sich der Unterschied zwischen Gleichgewicht und Ungleichgewicht darauf zurückführen, daß die Wiederherstellung von Ordnung unterschiedlich viel Zeit braucht.)

19 Es wird oft gesagt, man wisse heute viel mehr als früher. Aber wer ist das Subjekt dieses Wissens? Es ist nicht das einzelne Individuum, sondern eine vage und wimmelnde Gesamtheit von Menschen, Maschinen, Bibliotheken, Formeln, Produkten und so weiter, die aus kognitiver Sicht der Geburt des planetarischen Menschen vorangeht.

wie sie eigentlich funktionieren. Es ist, als sei technisches Wissen von bewußter Erkenntnis in einen Bereich gesunken, der dem Unbewußten der körperlichen Mechanismen entspricht (siehe Longo 1994–95). Damit zersplittert es, und das geht einher mit mangelnder Wahrnehmung der Widersprüche und Mehrdeutigkeiten, die unser Wissen und immer mehr auch unsere Wissenschaft duldet.

Die Einführung immer flächendeckenderer und interaktiverer Telekommunikationsnetze, die über immer größere Datenbanken verfügen und deren Knotenpunkte von immer kleineren, wirtschaftlicheren und leistungsfähigeren Computern gesteuert werden, beginnt die Gesellschaft zu verändern. Unter dem Druck dieser internen Informationsvermehrung wird die Gesellschaft offener, flexibler und vielfältiger. Es kommt zu vorübergehenden und zufälligen Verknüpfungen und Trennungen, welche die für die Vergangenheit typischen robusten und dauerhaften Strukturen ersetzen.

Die Kultur, früher einmal klar strukturiert und organisch gewachsen, wird aufgebläht und bruchstückhaft und von der ungeheuren Kapazität der Datenbanken und der unbegrenzten Geschwindigkeit der Datenverarbeiter gespeist. Man lernt nicht mehr, sondern hält fest, man studiert nicht mehr, sondern schlägt nach, man ordnet Wissen nicht mehr in grundlegenden Begriffen und Gedanken, sondern sammelt Daten, die sich auf ein Schlüsselwort beziehen. Der Gedanke der Dokumentation kreist um den Mythos der allumfassenden Enzyklopädie, der vollständigen Bibliothek. Dies ist der wesentliche und empfindlichste Berührungspunkt zwischen dem einzelnen und dem Gesamtwissen, die Verbindung, durch die sich das Gesamtwissen der Welt auf den einzelnen ergießen kann, der dann auf unbestimmte Zeit seinen Durst zu löschen vermag.

Aber der Mythos der Allwissenheit bleibt, denn diese Nabelschnur ist nur begrenzt durchlässig. Auch wenn die Bibliothek noch so vollständig und die Enzyklopädie noch so umfassend und die Datenbank noch so unerschöpflich ist, bleibt doch die Menge an Information, die jeder einzelne daraus entnehmen kann, durch seine eigenen Fähigkeiten begrenzt. Alles Weitere ist überflüssig, stellt sogar einen Exzeß dar, der zu Verwirrung, Besorgnis und Angst führen kann. Sonst wird der Besitz der Enzyklopädie mit der Beherrschung ihres Inhalts, die Kontrolle der Daten mit der Beherrschung der Kommunikation verwechselt.

Im besonderen Fall des Fernsehens tragen die Fortschritte der Technologie zur Verwechslung von Inhalt und Form bei: Die Grenze zwischen Film und Wirklichkeit, zwischen Erinnerung und Gegenwart wird oft in beiden Richtungen überschritten. Die Vielfalt der Auswahl und die Einfachheit der Wiederholung und der Reproduktion verführen zu Zerstreuung, zu Oberflächlichkeit, zu Konsum in einem Wirbel der Möglichkeiten und Verlockungen, der durch den reichlichen und gelegentlich hysterischen Gebrauch der Fernbedienung symbolisiert wird (Caprettini 1994). Schweigen und Konzentration, in denen die Kultur und das Wissen früherer Zeiten heranreiften, gehören der Vergangenheit an, und aller Wissenserwerb ist zufällig und spontan. Oft ersetzt das Merkwürdige das Wichtige; angesichts der Vielfalt der Möglichkeiten bleibt die Auswahl dem Zufall und der Aufdringlichkeit okkulter Überredungskünstler überlassen.

Insgesamt hat die Vielfalt der Telekommunikation mit all ihren Querverbindungen durch ihre tendenzielle Transparenz und das Streben nach unbegrenztem Zugang schon zu einer Reihe von *Pathologien* geführt; sie erstrecken sich von Angriffen auf die Informationsgüter (Datenbanken und so weiter) über die Einführung und Verbreitung von *Computerviren* bis hin zu Verbrechen wie der *elektronischen Fälschung* von Unterschriften und Kreditkarten. Außerdem besteht ein deutlicher Widerspruch zwischen dem Schutz der Privatsphäre und der Daten, den einander entgegengesetzten Tendenzen zur sogenannten totalen Informationsgesellschaft einerseits und der Wiedereinführung von Filtern und Schranken andererseits, die der wirtschaftliche Wert der Information bedingt.

Die Welt ist also in rascher und turbulenter Entwicklung, und es ist wichtig, ihre Dynamik zu verfolgen, ohne der Versuchung nachzugeben, aus den fluktuierenden und fast zufälligen Mikrotendenzen weitreichende Schlüsse zu ziehen, die gewöhnlich von den Fakten Lügen gestraft werden. Diese Versuchung wird noch stärker, weil die der Informatik innewohnenden Möglichkeiten der *Simulation* die Unterschiede zwischen der Evolution der Modelle und der Evolution der Wirklichkeit verwischen: der Unterschied zwischen Modell und Wirklichkeit wird allmählich geringer, weil die Verfahren der Simulation enormen Einfluß auf die Wirklichkeit haben (siehe Longo 1994).

Die Verwechslung von Realität und Virtualität wirkt sich auch auf die Entwicklung des politischen Lebens aus. Schon heute haben Meinungsumfragen (die viel mit Simulation und Virtualität zu tun haben) verdächtige Auswirkungen auf Meinungen und Einstellungen. Selbst der Begriff der Demokratie unterliegt tiefgehenden Veränderungen, auch wenn wir sie uns noch nicht leicht vorstellen können. Schließlich beobachtet man, daß die mythopoetische Kraft der Information sich auch auf irrationale und gefühlsbetonte Komponenten auswirkt. Diese Komponenten können und dürfen wir nicht ignorieren. Wir müssen sie berücksichtigen, weil sie Teil einer Wirklichkeit sind, die viel größer ist als jene, die sich in unserer höchst willentlichen Rationalität widerspiegelt. Wir werden sie nicht dadurch los, daß wir sie ignorieren oder mißbilligen.

Literatur

Bateson, Gregory, 1981: *Ökologie des Geistes*, Frankfurt a. M.: Suhrkamp.

Bateson, Gregory, 1982: *Geist und Natur*, Frankfurt a. M.: Suhrkamp.

Bateson, Gregory und Mary Catherine, 1993: *Wo Engel zögern*, Frankfurt a. M.: Suhrkamp.

Bocchi, Gianluca, und Ceruti, Mauro, Hg., 1985: *La sfida della complessità*, Mailand: Feltrinelli.

Bocchi, Gianluca, und Ceruti, Mauro, 1993: *Origini di storie*, Mailand: Feltrinelli; als Kommentar dazu Giuseppe O. Longo, «Ordine nel caos», *La Rivista dei Libri*, Nr. 2, Februar 1994.

Caprettini, Gian Paolo, 1994: *Totem e tivù*, Marsilio.

Casati, Giulio, Hg., 1991: *Il caos*, Milano: Le Scienze.

Ceruti, Mauro, 1986: *Il vincolo e la possibilità*, Mailand: Feltrinelli.

Cini, Marcello, 1990: *Trentatre variazioni su un tema*, Rom: Editori Riuniti.

Dawkins, Richard, 1996: *Spektrum der Wissenschaft*, Januar 1996.

Jacobelli, Jader, Hg., 1990: *Scienza ed etica: Quali limiti?* Roma-Bari: Laterza.

Jonas, Hans, 1990: *Das Prinzip Verantwortung*, Frankfurt a. M.: Suhrkamp.

Longo, Giuseppe O., 1985: «Il sogno della macchina», in: Giuseppe O. Longo (Hg.), *Intelligenza Artificiale, Le Scienze Quaderni*, Nr. 25.

Longo, Giuseppe O., 1986: *Il fuoco completo*, Pordenone: Studio Tesi.

Longo, Giuseppe O., 1986: «L'informatica e i limiti della moderna utopia», Politica Internazionale, Ipalmo, Nr. 8–9, August–September 1986.

Longo, Giuseppe O., 1987: «Riflessioni su Cernobil», in: Riccardo Calimani (Hg.), *Energia e Informazione*, Padua: Franco Muzzio.

Longo, Giuseppe O., 1988: «Il sistema experto nell'organissazione della città», in: A. Gasparini, A. De Marco und R. Costa (Hg.), *Il futuro della città*, Mailand: Franco Angeli.

Longo, Giuseppe O., 1990: «Complessità e ipercomplessità: il punto di vista di un

cibernetico», in: Achille Ardigò und Graziella Mazooli (Hg.), *L'ipercomplessità tra sociosistemica e cibernetiche*, Mailand: Franco Angeli.
Longo, Giuseppe O., 1991: «Mente e informazione», in: Bateson, *KOS*, Nr. 75.
Longo, Giuseppe O., 1992: «Matematica e arte», *La Rivista dei Libri*, Nr. 11, November 1992.
Longo, Giuseppe O., 1993: «L'ambiguità tra scienza e filosofia», *Nuova Civiltà delle Macchine*, IX, Nr. 3/4, 1993.
Longo, Giuseppe O., 1994: «La simulazione tra uomo e macchina», in: E. Kermol (Hg.), *La Simulatione*, Triest: Proxima Scientific Press.
Longo, Giuseppe O., 1994–1995: «Dal Golem a Gödel e ritorno», *Nuova Civiltà delle Macchine*, XII, Nr. 4 (48), 1994; nachgedruckt in *Macchine e automi*, Neapel 1995: CUEN.
Minsky, Marvin, 1995: *Spektrum der Wissenschaft Spezial: Leben und Kosmos*, Heidelberg: Spektrum Akademischer Verlag.
Moravec, Hans P., 1988: *Mind children: Der Wettlauf zwischen menschlicher und künstlicher Intelligenz*, Hamburg: Hoffmann und Campe.
Negroponte, Nicholas, 1995: *Total digital*, Gütersloh: Bertelsmann.
Postman, Neil, 1992: *Technopol*, Frankfurt a. M.: S. Fischer.
Prigogine, Ilya, und Stengers, Isabelle, 1990: *Dialog mit der Natur*, München: Piper.
Prigogine, Ilya, 1995: *Die Gesetze des Chaos*, Hamburg: Hoffmann und Campe.
Ruelle, David, 1992: *Zufall und Chaos*, Berlin u. a. O.: Springer.
Sacchetti, Aldo, 1985: *L'uomo antibiologico*, Mailand: Feltrinelli.
Tiezzi, Enzo, 1984: *Tempi storici, tempi biologici*, Mailand: Garzanti.
Tiezzi, Enzo, 1991: *Il capitombolo di Ulisse*, Mailand.
Varela, Francisco J., 1992: *Un know-how per l'etica: Lezioni italiane*, Fondazione Sigma-Tau, Roma-Bari: Edizioni Laterza.
Zanarini, Gianni, 1990: *Diario de viaggio*, Mailand: Guerini e associati.
Zanarini, Gianni, 1992: *L'ambigua scienza*, Abhandlungen des «Convegno sull'Ambiguità», hg. v. G. O. Longo und C. Magris, Triest, November 1992.
Zanarini, Gianni, 1993: «Il senso del tempo: La prospettiva temporale nella scienza», *Cultura e Scuola*, Nr. 127.

Die Autoren

Alfred Gierer
Geboren 1929 in Berlin, Studium der Physik. Leiter der Abteilung Molekularbiologie am Max-Planck-Institut für Entwicklungsbiologie, seit 1965 Direktor am Institut und Professor für Biophysik an der Universität Tübingen. Buchveröffentlichungen: *Die Physik, das Leben und die Seele* (1985) und *Die gedachte Natur* (1991).

Ernst von Glasersfeld
Als Österreicher in München gboren, wuchs er in Südtirol und der Schweiz auf, studierte drei Semester lang Mathematik in Zürich und Wien und überlebte den zweiten Weltkrieg als Farmer in Irland. Ab 1947 Journalist und Mitarbeiter der «Scuola Operativa Italiana». 1962 bis 1970 Leiter eines von der U.S. Air Force finanzierten Forschungsprojekts in maschineller Sprachanalyse. 1970 bis 1987 Professor für Kognitive Psychologie, University of Georgia. Zur Zeit Mitarbeiter am Scientific Reasoning Research Institute, University of Massachusetts, Amherst. 1991 Warren McCulloch Memorial Award der American Society for Cybernetics. Hauptinteressen: Sprachanalyse, Epistemologie, Kybernetik, Didaktik der Wissenschaft und Mathematik. Deutsche Buchveröffentlichungen: *Wissen, Sprache und Wirklichkeit* (1983); *Grenzen des Begreifens* (1995); *Radikaler Konstruktivismus* (1996).

Claus Kiefer
Geboren 1958 in Karlsruhe; Studium der Physik und Astronomie in Heidelberg und Wien; Promotion 1988 an der Universität Heidelberg. Danach bis 1993 Wissenschaftlicher Assistent an der Universität Zürich. Seit 1993 an der Universität Freiburg. Habilitation 1995.

Giuseppe O. Longo
Professor für Informationstheorie an der Universität Triest. Er befaßt sich mit Erkenntnistheorie und den Beziehungen zwischen Naturwis-

senschaft, Technik und Gesellschaft. Ferner ist er Autor und Übersetzer von Romanen, Essays und Erzählungen.

Peter Mulser
Geboren 1936 in Völs/Südtirol, studierte Physik und Mathematik an der Scuola Normale Superiore in Pisa und an der Ludwig-Maximilians-Universität, München, wo er promovierte. Bis 1976 Forschungsarbeiten am Max-Planck-Institut für Plasmaphysik, 1976 bis 1981 am Max-Planck-Institut für Quantenoptik (beide Garching bei München). Seit 1981 Professor für Theoretische Physik an der Technischen Hochschule Darmstadt.

Gerhard Roth
Geboren 1942 in Marburg; Studium: 1963 bis 1969 Philosophie, Germanistik, Musikwissenschaft an den Universitäten Münster und Rom. 1969 Promotion in Philosophie. 1969 bis 1974 Biologie an den Universitäten Münster und Berkeley (Kalifornien). 1974 Promotion in Zoologie. Seit 1976 Professor für Verhaltensphysiologie im Studiengang Biologie der Universität Bremen. Direktor des Instituts für Hirnforschung der Universität Bremen. Buchveröffentlichungen: *Das Gehirn: Schnittstelle zwischen Welt und Geist, Das Gehirn und seine Wirklichkeit* und, als Herausgeber, *Was der Geist über das Gehirn wissen kann* (alle 1995).

Eva Ruhnau
Studium der Physik, Mathematik und Philosophie; 1980 Diplom in Theoretischer Physik; 1995 Promotion in Mathematik; Lehraufträge für Medizinische Psychologie in München und Jena und für Philosophie in Hamburg; seit 1989 Wissenschaftliche Angestellte bei der Max-Planck-Gesellschaft, Werner-Heisenberg-Institut für Physik, seit 1990 darüber hinaus an der Ludwig-Maximilians-Universität, Institut für Medizinische Psychologie, beides München; seit 1995 zusätzlich Gastwissenschaftlerin am Forschungszentrum Jülich. Arbeitsthemen: Zeit in Philosophie, Physik, Neurowissenschaften und ihre mathematische Modellierung; Bewußtsein; Grundlagen der Quantentheorie.

Thomas Bernhard Seiler
1925 in Dietikon bei Zürich geboren, erwarb nach Abschluß philosophischer und theologischer Studien an der Universität Fribourg,

Schweiz, das schweizerische Sekundarlehrerpatent (1960) in den Fachrichtungen Naturwissenschaften, Mathematik und Französische Literatur. Danach widmete er sich dem Studium der Psychologie in Fribourg, Paris und Berlin, wo er 1966 zum Dr. phil. promovierte. 1971 Professor für Psychologie an der Freien Universität Berlin, seit 1976 an der Technischen Hochschule Darmstadt. 1993 wurde er emeritiert. Seine Forschungsschwerpunkte liegen im Bereich der Kognitionsentwicklung, wo er sich in den letzten Jahren vor allem mit Begriffs- und Bedeutungsentwicklung beschäftigt hat.

Andrea Sgarro
Professor für Computerwissenschaften an der Universität Triest. Zu seinen Forschungsschwerpunkten gehören Informationstheorie, Kryptographie und der Umgang mit Unbestimmtheit in Artificial-Intelligence-Systemen.

Gianfranco Soldati
1959 in Locarno geboren, studierte Philosophie in Genf und Berlin. Seit 1987 ist er am Philosophischen Seminar der Universität Tübingen tätig, wo er 1991 mit einer Arbeit über den frühen Husserl promovierte. Er hat Aufsätze zur Geschichte und Interpretation der Phänomenologie, zur analytischen Sprachphilosophie und zur Philosophie des Geistes veröffentlicht. 1994 erschien sein Buch *Bedeutung und psychischer Gehalt.*

Register